运输类飞机燃油箱可燃性与适航符合性方法

刘卫华　刘春阳　薛　勇　著

科学出版社

北京

内 容 简 介

本书简要地介绍了燃油箱可燃性及其相关概念，系统地总结分析了降低燃油箱可燃性技术措施的发展和运输类飞机燃油箱可燃性适航条款演变历史，详细地介绍了运输类飞机燃油箱可燃性暴露时间蒙特卡罗计算方法及其应用、燃油箱可燃性适航符合性验证方法、燃油温度变化的热力学分析方法和燃油箱空余空间氧浓度变化的数学分析方法。

本书适用于国内从事飞机燃油惰化系统设计和适航审定的工程技术与管理人员，也可供相关专业本科生、研究生和感兴趣的读者参考。

图书在版编目(CIP)数据

运输类飞机燃油箱可燃性与适航符合性方法/刘卫华，刘春阳，薛勇著.—北京：科学出版社，2018.11
　ISBN 978-7-03-059522-5

Ⅰ.①运… Ⅱ.①刘… ②刘… ③薛… Ⅲ.①运输机-油箱-可燃性-研究 Ⅳ.①V271.2

中国版本图书馆 CIP 数据核字(2018) 第 259073 号

责任编辑：惠　雪　曾佳佳／责任校对：彭　涛
责任印制：师艳茹／封面设计：许　瑞

科学出版社 出版
北京东黄城根北街 16 号
邮政编码：100717
http://www.sciencep.com
三河市荣展印务有限公司 印刷
科学出版社发行　各地新华书店经销
*
2018 年 11 月第　一　版　开本：720×1000　1/16
2018 年 11 月第一次印刷　印张：16
字数：320 000
定价：99.00 元
(如有印装质量问题，我社负责调换)

前　　言

飞机燃油箱的防火抑爆能力不仅关系到飞机的生存和易损性，同时也关系到飞机利用率、成本及乘员安全，因而一直以来都是飞机燃油惰化系统设计师、制造商、维修者和适航审定人员所关注的重点。

2008 年 9 月 19 日，美国联邦航空管理局 (FAA) 颁布了 14CFR 25 部 125 修正案，该修正案要求运输类飞机的营运人和制造商采取措施大幅度减小燃油箱爆炸等灾难性事件的发生概率；在中国民用航空局 (CAAC)2011 年 11 月 7 日颁布的《运输类飞机适航标准》(CCAR-25-R4) 中，全面采纳了 FAA 的 25 部 125 修正案规则与要求，强调了民用运输类飞机降低燃油箱可燃性的重要性。

我国飞机设计人员、制造商和适航审定部门在运输类飞机设计与适航工作方面经验不足，在适航取证过程中遇到了许多技术难题，为了攻克这些难题，工信部组织开展了 "C919 大型客机动力装置相关特殊风险专题审定技术研究"，本专著即为该专题的研究成果之一。

作为国内外第一部专门论述运输类飞机燃油箱可燃性与适航符合性方法的研究著作，本书简要地介绍了燃油箱可燃性及其相关概念，系统地总结分析了降低燃油箱可燃性技术措施的发展和运输类飞机燃油箱可燃性适航条款演变历史，详细地介绍了运输类飞机燃油箱可燃性暴露时间蒙特卡罗计算方法及其应用、燃油箱可燃性适航符合性验证方法、燃油温度变化的热力学分析方法和燃油箱空余空间氧浓度变化的数学分析方法。

本书内容主要来源于作者科研团队近十年来在飞机燃油箱惰化与适航符合性验证方法等方面的研究心得、学术论文、科学报告和系统设计的工作总结，同时也部分参考了国内外在该领域的最新研究成果、文献资料和专利，在此对被索引的文献作者表示衷心的感谢。

本书由南京航空航天大学刘卫华教授、中国民航上海航空器适航审定中心刘春阳高级工程师和中国商飞上海飞机设计研究院薛勇高级工程师负责撰著，其中，刘春阳同志撰写了第 2 章和第 4 章，薛勇同志撰写了第 6 章，其余部分由刘卫华同志撰写并承担全书统稿工作。

在近十年漫长的飞机燃油箱防爆技术探索和研究过程中，作者先后得到了合肥江航飞机装备有限责任公司孙兵研究员、赵宏韬研究员、钱国城研究员、黄雪飞研究员，西安飞机设计研究院蒋军昌研究员、刘苏彦研究员、林厚焰研究员，上海飞机设计研究院周宇穗研究员、雷延生高级工程师、张斌高级工程师、毛文懿高级工程师，南京机电液压工程研究中心郭生荣研究员、王小平高级工程师、蒋红彦高级工程师、潘俊高级工程师、刘文怡工程师，成都飞机设计研究所熊斌研究员、钟发扬研究员、蒋平研究员，沈阳飞机设计研究所董世良研究员、徐猛高级工程师、单玉伟高级工程师、刘静高级工程师，中航工业直升机研究所叶宁武研究员、杨小龙研究员，西安飞机工业 (集团) 公司技术中心赵亚正研究员、黎洪高级工程师、刘维蟠高级工程师，成都飞机工业 (集团) 公司技术中心练夏林高级工程师、邢荣英高级工程师，江西洪都飞机工业 (集团) 公司 650 所邓新华研究员、古远康研究员，中国民航上海航空器适航审定中心李新研究员、王志超高级工程师，南京航空航天大学冯诗愚副教授、李凤志副教授、文格副教授、曹业玲副教授，南京理工大学王学德副教授等同志的大力支持与帮助，在此深表谢意；同时作者还要衷心感谢这些年在飞机燃油箱防爆技术探索中付出辛勤劳动的研究生们，他们是：刘小芳、鹿世化、汪明明、付振东、王盛园、卢吉、冯晨曦、吕明文、魏树壮、邵垒、李超越、王洋洋、许滢等；最后，作者还要衷心感谢科学出版社惠雪同志为本书高质量的出版所付出的努力和贡献。

限于作者学识水平，书中不足与疏漏之处在所难免，恳请读者批评指正。

作　者
2018 年 8 月

目　　录

第 1 章　燃油箱可燃性

开展燃油箱可燃性问题研究，其前提就是对燃油箱 "燃烧" "可燃" "惰化" 等基本概念的准确掌握。为此，本章将就 "可燃" "可燃性暴露时间" "惰化" 等涉及飞机燃油箱可燃性和适航符合性方法的一些基本概念及其计算分析方法进行简单介绍。

1.1　"可燃" 与 "惰化"

燃烧是可燃物质与助燃物质 (氧或其他助燃物质) 产生的一种发光、放热的氧化反应，更广泛的燃烧定义是指任何发光放热剧烈的反应，它不一定要有氧气参加，但本书中的燃烧特指飞机燃油箱空余空间中燃油蒸气与氧气混合物所发生的氧化反应 [1]。

燃烧时常伴有爆炸，爆炸属于一种特殊形式的燃烧。书中论述的燃油箱可燃性是泛指燃油箱中发生燃烧及由此引发爆炸的概率，并不对燃烧和爆炸进行严格的区分。

根据燃烧发生时特点的不同，可将燃烧分为闪燃、点燃和自燃三类 [2]。

可燃液体表面的蒸气与空气混合后，接近火源出现瞬间火苗或闪光，这种现象称为闪燃，其对应的最低温度称之为闪点。可燃液体之所以会发生一闪即灭的闪燃现象，主要是因为液体在闪燃温度下蒸发速度慢，蒸发出来的燃料蒸气仅能维持短时间的燃烧。

可燃物与火源接触，达到某一温度，产生有火焰的燃烧并在火源移去后持续燃烧一段时间的现象称为点燃，发生点燃现象所需的最低温度称为燃点。

在无外界点火源的条件下，物质自行引发的燃烧称为自燃，自燃的最低温度称为自燃点。

与 "燃烧" 的动态氧化反应有所区别，"可燃"，顾名思义，就是可以燃烧，它表明物质所处的状态。依据美国联邦航空管理局 (FAA) 官方资料 [3]，飞机燃油箱是否处于 "可燃" 状态，与燃油箱所存储燃油的 "闪点" 和 "可燃界限"("可燃上限" "可燃下限") 紧密相关。

1.1.1　燃油 "闪点"

如上所述，燃油闪点与闪燃现象息息相关，它是指被加热的燃油样本所挥发出的蒸气能被火焰瞬时点燃 (或闪燃) 时的最低温度。

确定航空燃油闪点的标准方法是 ASTM D56 和 ASTM D3828，这两种方法都是将燃油样本置于一封闭杯中并以固定的速率加热，一个小火花引入杯中，观察到的着火最低温度即为闪点。

燃油闪点是由其馏分组成中初馏点和 10% 馏出温度共同决定的，它是燃油重要的理化性能指标之一，通常可采用式 (1.1) 经验式进行估算 [4]。

$$\text{FP} = 0.653t_{10\%} - 0.537(t_{10\%} - t_{0\%}) \tag{1.1}$$

式中，FP 为燃油闪点，℃；$t_{0\%}, t_{10\%}$ 为燃油的初馏点和 10% 馏出温度，℃。

1.1.2   燃油 "可燃界限"

燃油的 "可燃界限" 即可燃范围，它是由 "可燃上限" 和 "可燃下限" 组成的某个区域，位于该区域内可燃蒸气混合物遇到明火将会产生持续性的燃烧。

"可燃上限"(upper flammability limit，UFL) 是可燃区域的上边界，高于可燃上限时，由于油气混合物中可燃物浓度过浓而不可燃；"可燃下限"(lower flammability limit，LFL) 则指可燃区域的下边界，低于可燃下限时，由于油气混合物中可燃物浓度过稀而不可燃。

在实际应用中，航空燃油的 "可燃界限" 有 "可燃温度界限" 与 "可燃浓度界限" 两种表示方法 [4]。

1. "可燃温度界限"

可燃温度界限亦称为生成可燃混合物的温度极限，它由温度上限和下限组成。温度下限的物理意义是：燃油上部密闭空间在某个最低温度下所生成的可燃混合物，该可燃混合物遇有外部火源能产生稳定燃烧，这个最低温度称为可燃温度下限，它与可燃浓度下限相对应。

可燃温度下限与闪点的区别在于：后者系在不完全密闭系统中生成的油气-空气混合物遇到外部火源时的闪燃，燃烧过程不稳定；而在温度下限时则能产生稳定燃烧。因此，闪点与可燃温度下限并不完全一致，一般而言，闪点温度较可燃温度下限更低。

在某个最高温度下燃油箱空余空间中油气-空气混合物仍能保持稳定燃烧的能力，这一温度称为可燃温度上限，与之相对应的是可燃浓度上限。

由上述定义可知，可燃温度界限是针对液体燃油可燃性而言的，它反映出由于温度变化引起液体燃油蒸发，从而导致燃油箱空余空间中可燃蒸气的浓度变化。即它采用了燃油箱内燃油温度高低来表征燃油箱空余空间气体混合物的可燃性。

可燃温度界限随外界压力降低而向较低温度方向移动, 可燃区宽也随之变窄。表 1.1 为用钢弹法则获得的我国两种航空喷气燃料在不同压力下的可燃温度界限[4]。

表 1.1   在不同压力下两种国产航空燃油的可燃温度界限   (单位: ℃)

燃油	0.03MPa			0.1MPa			0.2MPa		
	上限	下限	区宽	上限	下限	区宽	上限	下限	区宽
1#	31.7	9.1	22.6	55.9	27.7	28.2	72.3	39.2	33.1
2#	38.3	17.1	21.2	61.3	35.6	25.7	81.8	47.5	34.3

已知可燃浓度极限值的余气系数 α_L 和 α_H 时, 在给定的总压下, 可按式 (1.2) 计算出相应的燃油蒸气分压 P_f, 然后从燃油饱和蒸气压与温度的关系 $P_s = f(t)$ 的表或图上, 求出对应于 P_f 值的温度, 即为所求的可燃温度界限。

$$P_f = \frac{P}{1 + \alpha L_0(M_f/M_a)} \tag{1.2}$$

式中, P 为系统总压, Pa; L_0 为化学当量系数, kg空气/kg燃油, 即完全燃烧 1kg 燃油所需的理论空气量; α 为余气系数; M_f 为空气的分子量, 可取 28.959kg/kmol; M_a 为燃油蒸气的分子量, kg/kmol。

由表 1.1 可知, 可燃温度界限随燃油箱内压力降低而降低。在飞机飞行过程中, 燃油箱内的气压随飞行高度增加而降低, 为此, FAA 通过大量的研究, 总结出如式 (1.3)、式 (1.4) 所示 JET A 燃油的可燃温度界限的计算公式[5]:

$$LFL = (Flash\ Point - 5.56) - 0.56 \times Altitude/246 \tag{1.3}$$

$$UFL = (Flash\ Point + 35.28) - 0.56 \times Altitude/156 \tag{1.4}$$

式中, 闪点温度单位为 ℃; 高度单位为 m。

值得注意的是: 在 CAAC 和 FAA 指定的燃油箱可燃性计算分析方法中, 采用的是航空燃油可燃温度界限, 且该可燃温度界限仅为燃油闪点温度和燃油箱气压高度 (对于运输类飞机常用的开式燃油箱而言, 它取决于飞行环境高度与 NACA 通气勺的恢复系数) 的函数, 其中: 可燃温度界限与闪点–燃油箱气压高度关系采用式 (1.3)、式 (1.4) 计算。例如: 海平面上闪点为 0 ℉[①]燃油的可燃界限计算结果如图 1.1 所示。

从图 1.1 中可以看出, 可燃温度上、下限是两条不平行的直线, 随着燃油箱气压高度的增加, 两者之间所构成的区域不仅变窄, 且 LFL 变化较平缓, 而 UFL 变化较显著。

---

①非法定单位, 1 ℉ ≈ −17.2℃。

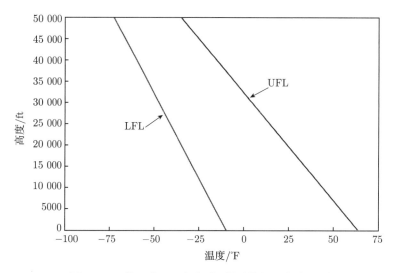

图 1.1　可燃温度界限与闪点–燃油箱气压高度关系

在 FAR25 部和 CCAR25 部附录 N 的表 1 中 [3,6]，均规定了民用运输类飞机燃油的 "平均闪点温度" 为 120 °F，标准差为 8 °F，这个平均闪点温度和标准差是 FAA 基于 1998~1999 年收集世界范围内调查数据总结出来的 (这其中也包含我国民航目前大量使用的 3# 喷气燃料)，在燃油箱可燃性分析中，CAAC 和 FAA 所指定的蒙特卡罗 (Monte Carlo) 分析程序将基于高斯分布规律而随机变化闪点。据 FAA 相关资料介绍：这与飞机机队因使用了不同炼油厂和原油产地燃油而预期出现的情况相类似。

2. "可燃浓度界限"

可燃浓度界限亦称燃油–空气混合物中火焰传播浓度极限。它指在能够进行火焰传播的混合物中，燃油的最小和最大的体积分数，相应地称为可燃浓度下限和可燃浓度上限。它与燃油及燃油–空气混合物整体的化学活性、导热系数、热容、压力和温度等有关。

鉴于所有航空燃油的可燃浓度下限 (贫油极限) 均含有大致相同量的可燃物，从而可得出可燃浓度下限计算式 [7]：

$$L_{\rm L} = \frac{43.54 \times 10^3}{Q_{\rm P} \times M} \tag{1.5}$$

可燃浓度上限则可采用式 (1.6) 计算：

$$L_{\rm U} = L_{\rm L} + 143/M^{0.7} \tag{1.6}$$

式中，L_U 和 L_L 为分别为可燃浓度上限和下限，%(体积分数)；Q_P 为燃油净热值，kJ/kg；M 为燃油平均分子量，kg/kmol。

表 1.2 为按上述两公式计算所得国产燃油的可燃浓度极限。

表 1.2　国产航空燃油可燃浓度极限计算值　　　　(单位：%)

可燃浓度极限	1#	2#	3#	4#	5#	6#
可燃浓度上限	5.28	5.21	5.19	5.26	4.84	4.68
可燃浓度下限	0.73	0.71	0.71	0.72	0.65	0.62

不同温度下可燃浓度下限有下列关系：

$$L_L = L_{L(293)} \times \left(\frac{T_1 - T}{T_1 - 293} \right) \tag{1.7}$$

式中，L_L 和 $L_{L(293)}$ 为分别为温度 T(K) 和 293K 的可燃浓度下限，%(体积分数)；T_1 为对应于 293K 的可燃浓度下限混合气的燃烧产物温度，K。

式 (1.7) 虽有较宽的温度范围适用性，但不适用于接近燃油自燃点的温度。

与可燃温度界限有所区别，可燃浓度界限是直接针对气体混合物中燃油蒸气浓度而言的 (可燃温度界限概念为：液体温度 — 蒸发量 — 可燃气体浓度)。

需要注意的是：在适航符合性方法中，虽然燃油的可燃界限有上述两种表述方式，且 CCAR 和 FAR 在定义 "可燃的" 时采用的也是燃油蒸气浓度界限的概念 (由于蒸气浓度过稀或过浓而不可燃)，但在实际的燃油箱可燃性评估计算中，所采用的则是可燃温度界限判据。著者认为：这是由于可燃温度界限与可燃浓度界限虽然可以相互换算，但从采集与计算难易程度来看，确定燃油温度比确定燃油箱空余空间燃油蒸气体积浓度更为方便，因此采用温度界限计算实属必然。尽管如此，读者清晰地掌握 "温度界限" 与 "浓度界限" 这两个概念的异同还是必要的，例如：如果实施了燃油蒸气冷却技术，它将直接破坏 "温度界限" 与 "浓度界限" 的对应平衡关系，此时，表征燃油箱可燃性则必须是 "浓度界限"。

1.1.3　可燃界限的影响因素

实践表明，燃油的可燃界限并不是一个固定值，它会随着某些因素的变化而变化。初步分析，影响燃油可燃界限的主要因素有闪点、混合物初始温度、蒸气压、初始压力、点火能量、氧浓度、惰性气体浓度等 [7]。

1. 闪点

航空燃油的闪点对航空安全至关重要，它是衡量航空燃油火灾危险性的一个重要参数。根据各类航空燃油闪点的不同，可以区分出其火灾危险性的大小。

表 1.3 为我国各类航空燃油的闪点及其可燃性分类 [4]。显然，燃油闪点越低，火灾危险性就越大。

表 1.3　我国各类航空燃油的闪点、适用标准及主要用途 [4]

代号	闪点/°C	可燃性	适用标准	主要用途
1#	30 ∼ 36	II	GB 438—1988	民用机、军用机
2#	30 ∼ 36	II	GB 1788—1988	民用机、军用机
3#	41 ∼ 51	II	GB 6537—2006	民用机、军用机
4#	< 28	I	SY 1009—1980	备用
5#	59 ∼ 69	III	CPPC 004—1983	舰载机
6#	62	III	未定	特种军用

为了降低燃油箱的爆炸风险，国外曾有机构向 FAA 建议，禁止在民用运输类飞机中使用较低闪点的燃油，如 JP-4 或 JET B 等，为此，在 FAA 颁布的标准 AC25.981-2 中 (现已作废，由 AC25.981-2A 取代)，还专门就偏远机场运行时暂时允许较低闪点类燃油的有限使用问题进行了讨论。FAA 的观点是：已有数据表明这类燃油并不是美国运输类飞机运行中的常规燃油，但在某些情况下，飞机可能飞行至仅能提供 JP-4 等低闪点燃油的地方，临时允许使用这类燃油将使飞行继续，而不需要将 JET A 燃油运到偏远的备降机场，不然将引起飞行延误和对公众的不便；但如果因为市场原因导致了较低闪点燃油使用的增加，FAA 将考虑立法来限制它们的使用 [8]。对于该问题，CAAC 没有专门的论述，而 AC25.981-2A 也未再次提及。

在燃油箱可燃性评估中，燃油闪点直接影响着可燃界限，也可从式 (1.3)、式 (1.4) 中获得此结论。

2. 温度

初始温度对大多数燃油可燃界限是有一定影响的，温度越高，可燃下限降低而上限升高，可燃范围越大，如图 1.2 所示 [7]，这是因为温度升高，其分子反应的活性增加，从而使得原来不可燃混合物变成可燃，增加了混合物的燃爆危险性。

除式 (1.2)、式 (1.7) 外，Zabetaki 在研究了众多的碳氢化合物后，还提出计算不同温度下可燃界限的经验公式 (1.8) 和式 (1.9)[4]。

$$\frac{\text{LFL}_T}{\text{LFL}_{25}} = 1 - 0.000784(T - 25) \tag{1.8}$$

$$\frac{\text{UFL}_T}{\text{UFL}_{25}} = 1 + 0.000721(T - 25) \tag{1.9}$$

式中，LFL_{25} 为 25°C 下燃油蒸气的可燃下限；UFL_{25} 为 25°C 下燃油蒸气的可燃上

限；LFL$_T$ 为温度 T 下燃油蒸气的可燃下限；UFL$_T$ 为温度 T 下燃油蒸气的可燃上限。

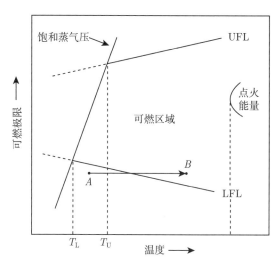

图 1.2 可燃界限随温度的变化规律

3. 蒸气压

常用的燃油饱和蒸气压有两种：①真实饱和蒸气压 (true vapor pressure, TVP)；②里德蒸气压(Reid vapor pressure, PVP)。燃油的饱和蒸气压指一定温度下燃油在密闭容器内与液相处于动态平衡时蒸气所具有的压力，其压力大小与容器的气液比相关。在温度为 38℃、气相与液相的容积比为 4：1 的特定条件下所测得的饱和蒸气压称为里德蒸气压，而气相与液相的容积比为 0 时的饱和蒸气压称为真实饱和蒸气压。

燃油蒸气压反映了燃油蒸气与其液体在一定温度下所处的动态平衡关系。它的大小取决于燃油蒸气在飞机燃油箱空余空间的含量。

饱和蒸气压对可燃界限是有一定影响的，这也可从图 1.2 中得到反映。虽然饱和蒸气压不会影响到可燃上、下限，但是，随着饱和蒸气压这条线的变化，可燃区域也相应地会发生改变。如果饱和蒸气压随温度变化斜率越大，可燃区域也越大，相反，可燃区域就越小。

4. 初始压力

一般来说，初始压力对可燃下限的影响较小，但对可燃上限的影响却显著。在一定的温度下，可燃界限随初始压力的变化情况如图 1.3 所示 [7]。从图中可以看出，随着压力的增大，可燃下限变化缓慢，而可燃上限则变化迅速，并且在低压范围内，变化速率最大。

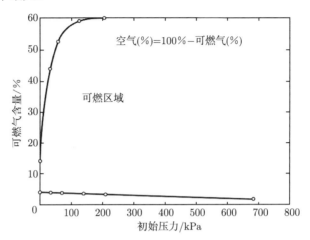

图 1.3　可燃界限随初始压力的变化规律

产生该现象的原因是由于可燃气体的火焰温度为气体浓度和压力的函数，压力增大，富油混合物的火焰温度将增加，贫油混合物则不受压力影响。因此，如果火焰温度在可燃性极限中被假定为恒定的，那么可燃上限将随着压力的增加而上升，可燃下限则不变。

Melhem[4] 给出了计算燃油可燃界限随压力变化的经验公式：

$$\mathrm{LFL}_P = \mathrm{LFL}_{1\mathrm{bar}} - 0.31 \ln P \tag{1.10}$$

$$\mathrm{UFL}_P = \mathrm{UFL}_{1\mathrm{bar}} + 8.9 \ln P \tag{1.11}$$

式中，$\mathrm{LFL}_{1\mathrm{bar}}$ 为 1atm① 下燃油蒸气的可燃下限；$\mathrm{UFL}_{1\mathrm{bar}}$ 为 1atm 下燃油蒸气的可燃上限；LFL_P 为压力为 P 下燃油蒸气的可燃下限；UFL_P 为压力为 P 下燃油蒸气的可燃上限。

5. 点火能量

可燃油气混合物燃烧需要一定的点火能量，其开始燃烧时所需的最小能量被称为最小点火能量(minimum ignition energy，MIE)。一般来说，很多易燃混合物被火花点燃需要相对少的能量 (1～100mJ) 和相对较大的功率密度 (大于 1MW/cm³)。图 1.4 表示了可燃蒸气含量对点火能量的影响 [6]。从图中可以看出，该混合物依赖于点火源的强度，被定义为点火极限，它表示了能量源的点火能力。与点火极限不同，可燃界限基本上是独立于点火源强度的，因此相对于极限可燃物浓度，需要更大的火花能量来产生点燃。

①非法定单位，1atm= 1.01325×10^5 Pa。

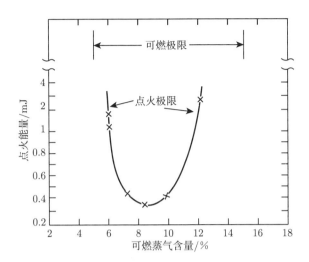

图 1.4　可燃蒸气的含量对点火能量的影响

图 1.5 给出了 JET A 燃油的可燃界限与燃油温度、飞行高度的关系曲线以及点燃所需能量 (mJ)[9]。6 区之外，需要相当大的能量等级 (超过 25J) 来点燃燃油蒸气。

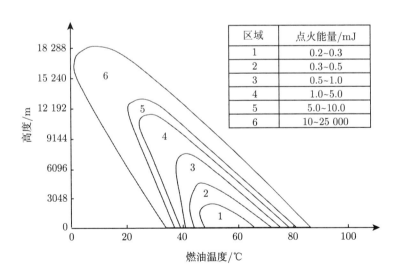

区域	点火能量/mJ
1	0.2~0.3
2	0.3~0.5
3	0.5~1.0
4	1.0~5.0
5	5.0~10.0
6	10~25 000

图 1.5　JET A 燃油的可燃界限

由于燃油内存在静电荷或由于燃油晃动，图 1.5 所有区域的边界可略加延伸。静电使富油边界线向右移动，而晃动使贫油边界线向左移动。

6. 氧浓度

通常情况下，燃油在各种氧浓度下的可燃下限值与空气中的可燃下限值几乎相同。这可理解为，在可燃下限为贫油条件时，在氧浓度为 21% 或更加过量的情况下，氧气都被简单地作为了稀释剂，由于氧氮的摩尔热容是相似的，因此在 100% 的氧气环境中，可燃下限值将不会改变。

可燃上限值随着氧浓度的增加将急剧增加。图 1.6 为可燃蒸气的可燃界限图 [7]，其横坐标为氧气的浓度，左侧坐标为可燃蒸气的含量，右侧坐标为氮气的浓度，由图中最小氧浓度线可以确定出支持燃烧所需要的最小氧浓度值。从图中可以看出，可燃下限并不随氧浓度变化而变化，但是可燃上限随着氧浓度的增加从 10% 上升到 60% 多，可见氧浓度的含量对可燃上限的影响是巨大的。

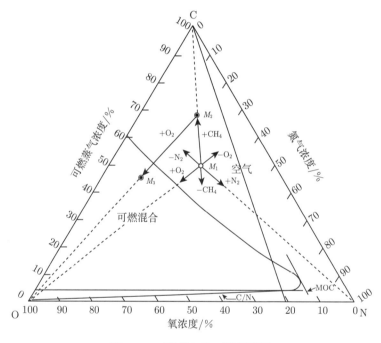

图 1.6 可燃蒸气的可燃界限图

当可燃气体中氧气含量超过 21% 以后，可以按照经验公式 (1.12) 来估算可燃气体的可燃上限 [4]。

$$L_{上} = L_{f上} + 70 \times (\lg O_2 - 1.321) \tag{1.12}$$

式中，$L_{f上}$ 为可燃气体在空气中的可燃上限；O_2 为富氧空气中氧气的体积分数。

7. 惰性气体浓度

为控制燃烧和爆炸的发生, 惰性添加剂(既不是燃料, 也不是氧化剂的物质) 有时会被添加到混合物中, 以便减少混合物的可燃性区域或使混合物完全处于可燃范围以外。

从 20 世纪 60 年代开始, 美国军方就开展了燃油箱惰性添加剂的研究工作。研究表明: 不同的惰化气体, 其燃爆抑制效果是不同的。例如, 采用哈龙气体 (Halon 1301) 惰化装载 JP-4 燃油的燃油箱, 当其气相空间哈龙气体浓度大于 20% 时, 可有效防护 23mm 直径高能燃烧弹 (high-energy incendiary, HEI); 而采用氮气惰化时, 则需控制氮气浓度大于 91% 才可实现同样的目标 [1]。

Besnard 等 [7] 曾系统地研究了一些惰性气体, 发现: 它们有着不同的惰化能力来减少易燃的燃料–空气混合物的可燃范围, 如图 1.7 所示。图中表明了在标准条件下加入一组惰性气体后, 空气中甲烷可燃界限的变化情况。从图中可以看出, 适量的惰性添加剂, 其效果主要体现在可燃上限 ($C_2H_2F_4$ 除外), 如果加入足够数量的添加剂能够使混合物变得不可燃。从图中还可以看出, 就阻燃效果而言, 从低到高依次是氖气、氮气、氦气、二氧化碳、四氟化碳、六氟化硫。

Besnard 提出的计算可燃气体和惰性气体混合物的可燃极限经验公式为 [7]

$$L = \frac{L_f \left(1 + \dfrac{B}{1-B}\right) \times 100}{100 + \dfrac{L_f B}{1-B}} \tag{1.13}$$

式中, L_f 为可燃气体的可燃上限或者下限; B 为惰性气体体积浓度, %。

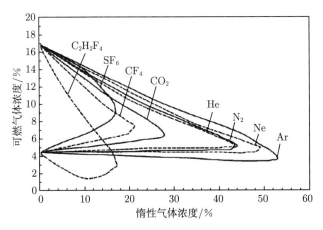

图 1.7 惰性气体浓度对可燃性界限的影响

事实上，除上述因素外，燃油箱容积、尺寸、结构形式等因素对于可燃界限也有一定的影响，但在燃油箱可燃性评估中，为了突出主要矛盾，仅假定了燃油的可燃界限与闪点、燃油箱气压高度相关，而忽略了其他因素。

1.1.4 "可燃的"与"惰性"

依据 FAR25 部和 CCAR25 部附录 N 中的定义，对于液体或气体，"可燃的"是指容易被点燃或爆炸。一个不可燃的燃油箱空余空间是指燃油蒸气过贫或过富而不能燃烧或者该空间已被惰性化；"惰性化" 是指将不可燃气体注入燃油箱内的空余空间，使之变得不可燃的过程；"惰性" 则反映燃油箱空余空间中氧浓度大小 [3,6]。

当燃油箱内燃油平均温度处于"可燃温度界限"范围内时，没有被惰性化的燃油箱则被认为是可燃的。对于被隔板或隔舱分隔成各个小部分的燃油箱，如果该燃油箱没有被惰性化，则当其中任一小部分的平均燃油温度在所使用燃油的可燃界限范围内时，该燃油箱被认为是可燃的 [6]。

事实上，在飞机燃油箱中，航空燃油会以气体的形式从液体燃油中蒸发出来，并聚集于液体燃油上方。在稳定条件下，液体燃油上方的燃油蒸气大致可分为贫油、可燃烧和富油三层。贫油层远离液体航空燃油，其燃油蒸气浓度较低，小于航空燃油起火燃烧的浓度下限要求，所以不可燃；可燃烧层介于贫油层和富油层之间，燃油蒸气浓度适中，是可燃的；富油层位于液体航空燃油表面，在这一区域中有大量的燃油蒸气分子存在，已经超过航空燃油起火燃烧的浓度上限要求，所以也不可燃。由于飞机燃油箱所处环境的动态变化，上述三层分布也是动态变化的，并没有严格的区分。

早期美国适航审定部门和航空工业界总是预先假定飞机燃油箱内的燃油-空气混合物均匀同性，且在任何时刻都是可燃的；但在当前的燃油箱可燃性评估中，该假定发生了改变，即仅假定燃油箱上部空余空间油气混合物均匀同性，是否可燃则涉及燃油温度界限和氧浓度界限，当位于温度可燃界限范围内，如果未对燃油箱空余空间油气混合物采用惰性化等技术措施，则可燃；反之，则为不可燃 [11]。

著者认为，使得上述假定发生改变的根本原因是：早期美国适航审定部门和航空工业界采取确保飞机燃油箱安全的原则是排除燃油箱内一切可能出现的点火源，这一原则要求飞机燃油系统设计基于"失效安全性"的设计准则，即当发生失效、故障或遭遇闪电袭击时，要求飞机燃油箱内外均不得有点火源的产生，以此来防范燃油箱燃爆事故的发生。但大量的运行实践和维修案例已表明：在飞机设计阶段，不可能识别和根除所有潜在的点火源。基于该认识，目前 FAA 适航审定部门要求采用双轨平衡方法来降低燃油箱燃爆发生的概率，即在努力根除点火源产生的同时，还推荐采用燃油箱惰性化等技术措施来控制燃油箱内可燃性暴露时间，这自然要求修正以前不恰当的假定，使之符合当前的适航审定条款要求。

目前，从点火源与可燃性暴露时间控制两方面着手的双轨平衡制飞机燃油箱防火抑爆方法已摈弃早期燃油箱始终可燃的假设，新的假定为：在飞行包线内，如燃油温度落入可燃温度界限之外，则燃油箱空余空间因燃油蒸气浓度过稀或过浓而不燃；当燃油温度落入可燃温度界限之内，燃油箱空余空间还可能因其氧浓度不足而不可燃。因此，其适航符合性方法是：在尽可能根除所有点火源的基础上，还可进一步通过技术措施 (如降低燃油温度、惰化等) 来限制燃油箱可燃性的暴露时间，以降低燃油箱燃烧爆炸的风险。

事实上，批准用于运输类飞机的各种燃油燃烧特性也决定了在飞机运行中、什么温度下会有可燃蒸气出现在燃油箱的空余空间内。如：当装载 JET A 燃油的飞机燃油箱在地面时，如果燃油温度低于 100 ℉，则因燃油蒸气过于稀薄而不能燃烧；而在较高高度飞行中，燃油温度高于 45 ℉(在 40 000ft①高) 时，燃油箱空余空间燃油蒸气是可燃的。由此可见，确定飞行过程中燃油温度和可燃界限的变化规律是燃油箱可燃性评估的关键。

在 FAA 和 CAAC 燃油箱可燃性适航审定中，对于燃油是否处于可燃状态的直接判据就是 "可燃温度界限" 和 "氧浓度界限"，它由燃油闪点、燃油箱气压高度、燃油温度和燃油箱空余空间氧浓度等因素共同决定。

值得注意的是：虽然 "惰性" 与 "不可燃的" 均反映的是燃油箱内空余空间油气混合物所处状态，但 "惰性" 与 "不可燃的" 并不是完全对应的两个概念；这两个概念有密切的关联，但 "不可燃的" 状态的内涵比 "惰性" 更广。这是因为 "惰性" 仅反映燃油箱空余空间氧浓度存在的状况；而 "不可燃的" 则需从空余空间氧浓度、可燃蒸气浓度两个方面来考核。

"可燃的" "可燃界限" 与 "惰性" 概念之间的差异还可以用燃油箱起火三要素之间的关系来简要论述。

众所周知，飞机燃油箱火灾是飞机燃油箱起火、失去控制且传播蔓延的一种灾害性燃烧现象。如图 1.8 飞机燃油箱起火三角形所示，当航空燃油、助燃氧气与点火源三者同时存在时，就有可能起火燃烧。如果燃烧过程中聚集的热量大于散失的热量，燃烧就会发展并蔓延，并有可能发生爆炸。

所谓 "可燃的" 是指燃油与氧气混合物在点火情况下，能产生自持的燃烧波或爆炸行为；而可燃界限是指可燃与不可燃状态之间的边界。即是否 "可燃" 取决于混合物中的两方面条件：燃油蒸气浓度和氧浓度。如果蒸气浓度过浓或过稀，不可

①非法定单位，$1ft = 3.048 \times 10^{-1}m$。

燃；如果氧浓度过低，也有可能不可燃。

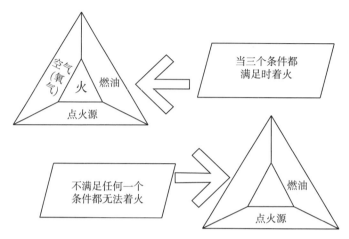

图 1.8 飞机燃油箱起火三要素

与 "可燃的" 概念有所不同，"惰性" 是专门用于反映混合物中氧气浓度状态。即燃油箱空余空间氧浓度低于支持燃油蒸气燃烧所需要的氧浓度水平 (氧浓度过低)，则定义为 "惰性"，这时燃油箱所处于的状态称为 "惰性" 状态，而使得燃油箱空余空间氧浓度下降的过程则称为 "惰性化"。

在 FAR25 部和 CCAR25 部附录 N 中规定 [3,6]，如果燃油箱每个舱室内的总体平均氧气浓度在海平面到 3048m(10 000 ft) 高度之间不超过 12%，3048m (10 000 ft) 到 12 192m(40 000 ft) 高度之间该浓度值从 12% 线性增加至 14.5%，高于 12 192m(40 000 ft) 线性外推，则该燃油箱被认为是惰性的。

1.2 燃油箱的可燃性暴露时间

所谓的 "可燃性暴露时间" 是指燃油箱处于 "可燃的" 状态时间，具体反映在非惰性状态下，燃油箱内燃油温度落入可燃温度界限范围内的时间，它的统计计算涉及燃油温度变化规律、可燃界限及燃油箱空余空间氧浓度等问题。

1.2.1 可燃性暴露时间

CAAC 和 FAA 适航审定部门在飞机燃油箱可燃性暴露时间评估中已明确规定：在非惰化状态下 (氧浓度大于 12% 的状态下)，当燃油箱内燃油温度落入可燃温度界限范围内时，燃油箱被认为处于可燃状态，如图 1.9 所示，在整个飞行包线范围内，燃油温度落入这个区域的时间称为 "可燃性暴露时间"。

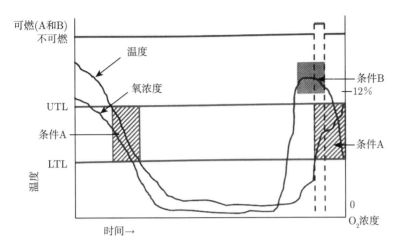

图 1.9 燃油温度、氧浓度与可燃性暴露时间

所谓的 "可燃性暴露时间" 计算是指采用经过适航审定部门批准的计算方法，统计出的在整个飞行包线内，燃油温度处于可燃界限区域的全部时间。当该时间小于相关适航条款所规定的时间，虽然燃油箱也存在着燃爆风险，但从概率统计角度分析，该燃爆风险所导致灾难性事故发生的概率很小 (产生概率一般应小于 10^{-9})，综合飞机运营的经济性和安全性，认为可以通过适航审定。

如前所述，燃油箱是否处于可燃状态将由 "可燃温度界限" 和 "可燃氧浓度界限" 两方面判据共同决定，因此，降低燃油箱可燃性暴露时间的技术措施自然也有两种不同的技术途径。例如：为了降低燃油箱可燃性暴露时间，FAA 建议采用 FRM 技术 (推荐采用燃油箱惰性化技术来降低燃油箱空余空间氧浓度) 来对 "可燃性暴露时间" 进行有效的控制 (即使得燃油箱空余空间处于 "惰性" 状态)[10]；而欧洲航空安全局 (EASA) 则建议首先采取设计措施降低燃油温度以减少燃油箱的可燃性 (即使得燃油箱空余空间可燃蒸气浓度处于可燃浓度界限之外)，当该设计措施不方便实施或实施后未能满足适航指标要求，则再考虑采取 FRM 等技术措施来减少燃油箱可燃性暴露时间 [11]。

产生上述技术路线差异的主要原因在于：虽然 FAA 并未明确拒绝其他有效降低燃油箱可燃性暴露时间的技术措施应用，但它对机身燃油箱的可燃性暴露时间提出了更严苛的限制要求，且传统设计的冷却方式可能无法满足该要求，为此推荐了直接采用 FRM 措施来降低机身燃油箱可燃性暴露时间作为适航符合性方法；而 EASA 则不赞成对机身燃油箱可燃性提出更高标准的要求，主张机身燃油箱可燃性暴露时间要求应与机翼燃油箱一致，为此，首推了通风冷却降低燃油温度等技术措施 (使得机身燃油箱具有与机翼燃油箱相似的冷却能力)，并建议当这些技术措施实施不方便或不能有效确保燃油箱可燃性暴露时间要求时，再考虑采用 FRM

等措施。

在可燃性暴露时间统计计算中, FAA 与 EASA 均假定: 未采用惰化系统 (FRM) 的燃油箱时刻处于氧浓度可支持燃烧的状态 (非惰性状态); 已采用惰性化系统 (FRM) 的燃油箱, 其 "非惰性状态" 时间将由两部分组成, 一是机载惰性化系统虽然正常工作, 但由于该系统设计不当或其他因素的影响使得燃油箱惰化效果不佳, 即并未能对燃油箱空余空间氧浓度形成有效的控制, 使得燃油箱空余氧浓度仍处于可支持燃烧的范围内; 二是机载惰性化系统由于故障等原因而不能正常工作, 这时, 燃油箱空余空间氧浓度将自然地处于可以支持燃烧的水平。

也就是说, 对于已采取 FRM 技术措施的燃油箱, "非惰性状态" 主要取决于 FRM 装置的性能和可靠性, 而如何计算与统计出燃油箱处于 "非惰性状态" 的时间则是安装 FRM 系统后燃油箱可燃性评估的核心内容。

基于上述可燃性暴露时间的内涵, FAR25 部和 CCAR25 部附录 N 给出了 "可燃性暴露评估时间"(flammability exposure evaluation time, FEET)和 "机队平均可燃性暴露" 两个名词的定义, 其中, "可燃性暴露评估时间"(FEET) 是指从飞机航前准备开始, 历经飞行和着陆, 直至所有商载卸下、所有旅客和机组人员离开飞机的这一段时间; "机队平均可燃性暴露" 是指按照 25 部附录 N 规定的环境条件和燃油特性, 一个机型的机队在全世界范围内运行的各个航段距离范围上, 每个燃油箱的空余空间处于可燃状态的时间占可燃性暴露评估时间 (FEET) 的比例。

在此, 值得再次强调的是: 理论上燃油箱是否可燃直接取决于燃油箱空余空间中的可燃蒸气浓度和氧气浓度, 但由于可燃蒸气浓度与液体燃油温度直接相关, 因此, 在燃油箱可燃性评估中, 采用的是液体燃油温度 (而不是可燃蒸气浓度) 和空余空间氧浓度两个评价指标。

1.2.2　液体燃油温度变化规律

影响飞行包线下燃油温度变化的因素有很多, 如大气环境温度、飞行马赫数、飞行时间、飞行高度、燃油量及其消耗规律等, 理论上获得整个飞行包线内燃油温度变化规律的方法有飞行试验法和理论分析法两种[12]。

通过飞行试验获取整个飞行包线内燃油温度变化规律的具体步骤是: 首先, 分析飞机燃油箱结构特征、燃油消耗和流动情况, 并依据隔舱内燃油温度基本一致这个条件来初步对燃油箱隔舱进行划分; 其次, 在所划分的隔舱内布置一定数量的温度传感器, 并实时采集飞行过程中燃油温度、燃油箱中空余空间内气体温度以及燃油箱壁面温度等参数; 再次, 分别在标准天气、热天气及其他气象条件下进行短航程、长航程等不同航程的飞行试验, 并根据飞行试验所获取的温度数据, 修正燃油箱隔舱划分方式及温度传感器布置; 最后, 重新开展不同气象条件、不同航程的飞行试验, 以获得准确的燃油温度变化规律。

虽然试验法可以获得相对精确的燃油温度变化规律曲线,但由于飞行试验所需的费用高、周期长,且不同类型的飞机得到的试验数据各不相同,很难获得通用性比较强的数据资料,同时,要获取适航评估所需的整个机队所有飞行包线下的燃油温度变化的实测曲线事实上也是不现实的,因此,该方法并不实用,一般仅采用试验法获得某些气象条件下飞行包线内燃油温度变化数据作为理论分析法的验证手段。

理论分析法就是通过建立燃油箱热模型,在热模型中充分考虑各种影响燃油温度变化的因素,并采用理论建模与试验结果验证相结合的科学研究手段来进行燃油箱的热力学分析,以准确获得燃油温度变化规律。该方法可显著降低评估费用和研究周期。

具体而言,理论分析法首先是基于能量守恒基本原理,对燃油箱的热特性进行建模,并简化典型的系统部件和热源,对各部件所涉及的流动和换热问题进行分析,建立各部件间以及与热源间的换热关系,通过计算获取燃油温度、气相空间温度和燃油箱壁面温度等参数,并利用数字仿真技术实现在各种飞行状态下的动态仿真计算,得到燃油箱每个隔间的动态温度参数;在此基础上,采用部分地面和飞行试验数据对计算得到的温度数据进行验证、校核,并不断完善所建立的燃油箱热模型。

事实上,在 FAR25 部和 CCAR25 部所指定的燃油箱可燃性评估方法 —— 蒙特卡罗 (Monte Carlo) 方法中,对于燃油温度计算采用的就是理论分析法,它综合考虑了大气环境温度、飞行马赫数、飞行时间、飞行高度、航程、引擎等众多因素,并规定了燃油消耗顺序,采用指数方程形式来反映燃油温度变化规律。

值得说明的是,虽然理论分析方法简单易行、成本低、计算周期短,但是由于每次飞行的条件都不相同,这种方法得到的燃油温度偏差比较大,必须通过与具体飞行试验校核修正后才能得到较为真实可信的数据。

燃油箱燃油温度变化规律准确获取方法将是运输类飞机燃油箱可燃性评估所关注的重点问题之一,对此,本书将在第 5 章再给予详细介绍。

1.2.3 燃油箱空余空间氧浓度变化规律

与燃油箱燃油温度变化规律获取方法一样,燃油箱空余空间氧浓度变化规律也有两种确定方法:试验法和理论分析法。所谓的试验法就是通过氧浓度传感器实时检测燃油箱空余空间的氧浓度变化,理论分析法则通过建立燃油箱空余空间气体流动数学模型,通过数值模拟仿真技术来获取,这也是燃油箱可燃性评估的重要内容之一,本书将在第 6 章给予详细介绍。

值得注意的是,与燃油温度有所不同,在 CCAR 和 FAR 指定的燃油箱可燃性评估程序中,并没有给出通用的燃油箱空余空间氧浓度计算程序。它仅仅规定:如果未安装 FRM 系统，燃油箱空余空间氧浓度始终处于可支持燃油燃烧的氧浓度水平之上；如果安装了 FRM 系统，燃油箱空余空间氧浓度变化规律将由 FRM 系统性能和可靠性决定，申请人必须通过自编 FRM 性能和可靠性的程序来反映出燃油箱空余空间的氧浓度变化规律，而申请人自编的 FRM 性能和可靠性程序的正确性则需经适航审定部门审定与批准。

1.3　可燃性暴露时间计算方法

1.3.1　可燃性暴露时间计算方法

当前为 CAAC 和 FAA 适航部门认可的可燃性暴露时间计算方法就是 FAA 提出的蒙特卡罗计算分析方法 [3,6]。

蒙特卡罗计算分析方法是基于蒙特卡罗统计思想、具有通用性的一种计算分析方法。所谓的蒙特卡罗方法又称为计算机随机模拟方法，它是一种基于 "随机数" 产生的计算方法。蒙特卡罗方法的思想起源于 17 世纪，那时候人们就知道用事件发生的 "频率" 来确定事件的 "概率"；19 世纪人们用投针试验的方法来确定圆周率 π；20 世纪 40 年代电子计算机的出现，特别是近年来高速电子计算机的出现，使得用数学方法在计算机上大量、快速地模拟这样的试验成为可能。

相比传统的计算方法，蒙特卡罗方法具有以下优点：①能够比较逼真地描述具有随机性质事物的特点及物理试验过程；②受几何条件限制小；③收敛速度与问题的维数无关；④具有同时计算多个方案与多个未知量的能力；⑤误差容易确定；⑥程序结构简单，易于实现等。

基于蒙特卡罗随机数产生，美国 FAA 提出了一套计算燃油箱可燃性暴露时间的分析方法 (fuel tank flammability analysis method，FTFAM)，亦称蒙特卡罗分析方法 [13]。

FTFAM 的核心就是蒙特卡罗随机数产生，计算目标就是燃油温度。研究某燃油箱可燃性时，采用的是在数万次以上的不同飞行条件下该燃油箱可燃时间长度占可燃性暴露评估时间 (FEET) 的比例，即机队平均可燃性暴露时间。

燃油箱可燃性评估方法对每一个时间单位的可燃性的判定过程都可以看作是一个 "微型的" 比较模型。此模型包含两类判据：第一类判据针对温度可燃界限提出，称为可燃界限判据，第二类判据针对燃油箱空余空间氧浓度界限提出，称为氧浓度界限判据。这两类判据具体含义描述如下。

1. 温度可燃界限判据

对于飞机处于飞行任务过程中的任意一段单位时间，若该单位时间内燃油箱中温度落入可燃界限范围内，即温度处于温度可燃上/下限之间时，判定处于该单位时间内燃油箱混合气体浓度状态处于可燃状态。

2. 氧浓度界限判据

对于飞机处于飞行任务过程中的任意一段单位时间,若该单位时间燃油箱温度落入可燃界限范围内且氧气浓度高于氧浓度界限,则判定处于该时间单位的燃油箱处于可燃状态。

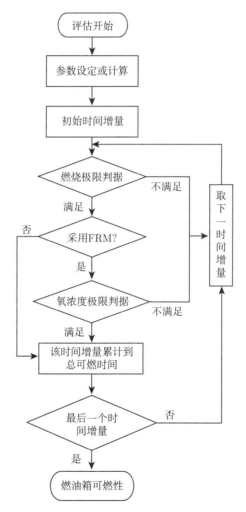

图 1.10 燃油箱可燃性暴露计算流程

对于未采用 FRM 的燃油箱,若某时间单位满足温度可燃界限判据,评估模型认定处于该时间单位内的燃油箱可燃;对于采用了 FRM 的燃油箱,只有同时满足上述两个判据,评估模型才认定处于该时间单位内的燃油箱可燃。将所有的可燃时间单位求和, 得到该次飞行中的燃油箱可燃时间, 该时间占此次可燃性暴露评估时间的比例就是本次飞行中燃油箱的可燃性暴露时间。综合每一次飞行所得到的燃油箱可燃性暴露时间, 就可以求得该型号燃油箱在某种环境特定条件下的平均可燃性暴露时间。

基于蒙特卡罗随机数产生的燃油箱可燃性暴露时间计算方法, 其基本思想可用图 1.10 所示的计算流程来进行描述 [14]。

1.3.2　可燃性计算模型

燃油箱可燃性分析方法 (FTFAM) 是一个计算机模型, 模型使用蒙特卡罗统计方法确定计算所需的未知变量 [5]。模型基于 FAR25 部和 CCAR25 部附录 N 的标准分布随机选择变量, 并能确保分布的准确性 (相对真实分布而言)。这些随机数方法被用来确定燃油闪点温度、航段长度和巡航大气温度。蒙特卡罗理论认为, 通过进行数量足够大的随机数产生, 可将与概率计算相关的误差降至最低。

FTFAM 可作为一种比较分析工具用来辅助确定某一特定机型整个机队燃油箱空余空间的潜在可燃暴露水平。为达到这个目标, 模型模拟了大量航段, 对于航段的每个时间段将总体燃油平均温度 (总体燃油平均温度是指燃油箱内或燃油箱不同区域 (如果燃油箱被隔板或隔舱分隔) 按体积计算的燃油平均温度) 与可燃性下限 (LFL) 和可燃性上限 (UFL) 进行对比及将空余空间的氧浓度与氧浓度界限进行对比。对于未采用 FRM 的燃油箱, 燃油箱可燃性计算方法的实质就是确定各时段的可燃界限和燃油温度, 并通过对落入可燃界限内的时间统计来获得燃油箱的可燃性暴露时间, 然后通过可燃性暴露时间与适航指标要求的对比来确定该燃油箱可燃性暴露是否满足适航安全性要求。对于已采用 FRM 的燃油箱, 燃油箱可燃性暴露计算方法的实质就是确定各时段的可燃界限、燃油温度和燃油箱空余空间氧浓度, 并通过对同时落入可燃界限和氧浓度界限内的时间统计来获得燃油箱可燃性暴露时间; 然后通过可燃性暴露时间与适航指标的对比来确定该燃油箱可燃性暴露是否满足适航安全性要求。

用户使用燃油箱可燃性分析方法 (FTFAM) 在反复计算每个飞行航段, 输入相关参数的基础上, 计算出每个航段的可燃性暴露时间。通过对大量航段可燃性暴露时间的计算, 可以产生在统计学上可靠的可燃性暴露水平数据。用户可以对任何类型的飞机燃油箱 (机身燃油箱、机翼燃油箱、辅助燃油箱等) 完成这些计算, 无论燃油箱是否采取了降低可燃性措施。

有关可燃性计算模型结构与应用问题, 本书将在第 3 章给予详细论述。

参 考 文 献

[1]　刘卫华, 冯诗愚. 飞机燃油箱惰化技术 [M]. 北京: 科学出版社, 2017.

[2] 童升华. 国产燃油理化性能与易燃性研究 [D]. 南京：南京航空航天大学，2013.

[3] 14 CFR Part25. Reduction of Fuel Tank Flammability in Transport Category Airplanes. Final Rule[S]. Federal Aviation Administration, 2008.

[4] 刘济瀛，等. 中国喷气燃料 [M]. 北京：中国石化出版社，1991.

[5] FAA. Fuel Tank Flammability Assessment Method(Monte Carlo Model) Version10[S]. Federal Aviation Administration, 2007.

[6] 中国民用航空局. 运输类飞机适航标准 CCAR-R4[S]，2011.

[7] 王盛园. 基于国产燃油物理–化学特性的油箱可燃性评估技术研究 [D]. 南京：南京航空航天大学，2012.

[8] 白杰. 运输类飞机适航要求解读 (第四卷)：动力装置 [M]. 北京：航空工业出版社，2013.

[9] 罗伊·兰顿，等. 飞机燃油系统 [M]. 颜万亿，译. 上海：上海交通大学出版社，2010.

[10] AC25.981-2A.Fuel Tank Flammability Reduction Means[S]. Federal Aviation Administration, 2008.

[11] Notice of Proposed Amendment (NPA) No 2008-19[S]. European Aviation Safety Agency, 2008.

[12] 付振东. 燃油中溶解氧逸出规律与油箱热模型技术研究 [D]. 南京：南京航空航天大学，2013.

[13] Summer S M. Fuel Tank Flammability Assessment Method User's Manual[R]. DOT/ FAA/AR-05/8. Washington, DC, USA: Air Traffic Organization Operations Planning Office of Aviation Research and Development, 2008.

[14] 温博. 基于蒙特卡罗仿真的民用飞机燃油箱可燃性评估方法研究 [D]. 南京：南京航空航天大学，2016.

第2章　燃油箱可燃性适航条款演变历史与要求解读

飞机燃油箱的可燃性不仅关系到飞机的生存力和易损性，同时也关系到飞机的利用率及成本，更是乘员安全的技术保障。因此，如何降低民用飞机燃油箱的可燃性、提高燃油箱的安全防爆能力一直都是国内外关注的焦点，也是适航审定工作中重点考查的对象。

为了便于准确理解与掌握燃油箱可燃性适航条款内涵，在前述基本概念的基础上，本章对 FAR25 部中涉及燃油箱可燃性适航条款的修订历史与背景、条款修订时主要考虑因素、立法建议 (notice of proposed rulemaking, NPRM) 与实践、条款修订中行业专家评述等文献资料按适航条款演变时间历程进行了总结；系统地梳理、分析了 CAAC 对在役型号、在审型号、新型号以及新生产民用运输类飞机的燃油箱可燃性要求；并针对适航条款内涵展开了探讨。

2.1　FAA 适航条款演变历史与分析

尽管近几十年来民用航空的安全性取得了长足进步，但涉及燃油箱安全的飞机事故还时有发生。据统计 (图 2.1)，截至 2008 年，全球范围内运输类飞机燃油箱爆炸事故共发生了 18 起，总计 542 人遇难，燃油箱的燃烧爆炸已成为民用航空安

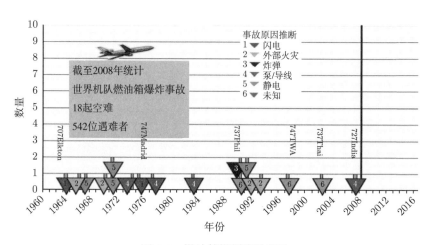

图 2.1　燃油箱燃爆事故统计

全的主要威胁之一 [1]。

早先人们并不能掌握导致燃油箱燃爆发生的潜在安全性原因，因此一直致力于仅通过设计手段控制燃油箱温度来防范燃油箱燃爆事故的出现，直至 TWA800 航班事故的发生，通过对该事故原因的调查分析，人们加深了对燃油箱可燃性危害的认识，强化了防范燃油箱燃爆事故发生的适航符合性要求与技术措施。

TWA800 事故发生于 1996 年 7 月 17 日，一架具有 25 年机龄的波音 747-100 系列飞机，在纽约长岛上空附近发生爆炸并解体，全机 212 名乘客与 18 名机组人员全部丧生 [2]。事后，美国国家运输安全委员会 (NTSB) 对该事故迅速展开了调查。调查结果显示：起因不明的点火源点燃了中央燃油箱内可燃的燃油蒸气/空气混合物从而引起的爆炸。此次事故及其他类似事故的发生，促使美国联邦航空管理局 (FAA) 对围绕燃油箱爆炸的潜在安全性、现有条例的充分性、按这些条例通过合格审定后飞机的服役历史以及与燃油箱系统有关的维修做法等问题展开进一步研究。

针对此次事故的调研结果，美国国家运输安全委员会 (NTSB) 颁布了建议书，试图：①减少现有运输类飞机上中央翼燃油箱内燃油的加热程度；②减少或消除新型号审定合格的飞机燃油箱内存在易燃油气时的运行时间；③重新评定运输类飞机的燃油系统设计和维修措施 [1]。

上述资料表明，自 TWA800 航班事故之后，减少或消除飞机燃油箱内存在可燃油气的运行时间 (减少燃油箱可燃性暴露时间) 才正式进入飞机设计与适航审定人员的视野。

众所周知，飞机燃油箱燃烧爆炸一般需要同时具备：易燃介质、充足的助燃物 —— 氧气以及由点火源触发的化学反应链三个条件。为有效阻止燃油箱燃爆事故的发生，必须排除三个条件中的一个或多个。燃油箱是飞机复杂系统中重要组成部分，承担着存储燃油、调节重心及冷却设备等任务，其内部存放的航空煤油是由多种碳氢化合物混合而成的易挥发性液体，在一定的温度和压力下，分子量较小的烃类物质就会挥发到燃油箱的空余空间中，因此，易燃物质在燃油箱中总是存在的，防范的重点自然落在点火源和氧浓度控制上。但限于当时的技术水平，对于燃油箱空余空间氧浓度进行控制并不是一件容易的事情，它需要付出沉重的经济代价；加之认识上的缺陷，人们寄希望于可以通过 "失效安全设计" 来杜绝一切点火源的产生，因此，工作的重心仍放在点火源防范上。

科技的进步与对燃油箱燃爆问题认知水平的提高，使得 FAR25.981 条款从起初的单纯要求限制 "燃油箱温度" 逐步完善至现今的同时要求限制 "点火源" 和 "燃油箱可燃性暴露时间"；其条款内容的每次修订均可反映出人们对燃油箱燃爆问题认识的深入与技术进步带来的影响，而对这段历史的回顾则有助于更好地理解与掌握现行适航条款的深刻内涵。

2.1.1　FAR25.981 适航条款修订历史回顾

历史上，FAR25.981 条款先后经历了三次修订，分别是修正案 25-11、修正案 25-102、修正案 25-125，其他国家的相关信息资料如表 2.1 所示 [1]。

表 2.1　25.981 适航条款修订历史

颁布机构	条款	关注内容	生效日期
FAA	FAR25.981 11 修正案	燃油箱温度要求	1967.06.04
	FAR25.981 102 修正案	燃油箱点火源防护要求 及初步可燃环境要求	2001.06.06
	FAR25.981 125 修正案	燃油箱点火源防护要求 及细化可燃环境要求	2008.09.19
EASA	CS 25.981	燃油箱温度要求	2003.10.17
	CS 25.981 1 号修正案	燃油箱点火源防护要求 （无 CDCCL 要求） 及初步可燃环境要求	2005.12.12
	CS 25.981 6 号修正案	燃油箱点火源防护要求 （无 CDCCL 要求） 及细化可燃环境要求	2009.06.26
	CS 25.981 9 号修正案	增加 CDCCL，其他同上	2010.08.05
CAAC	CCAR25.981(R3)	燃油箱温度要求	1985.12.31
	CCAR25.981(R4)	燃油箱点火源防护要求 及细化可燃环境要求	2011.11.07
	中华人民共和国 交通运输部令 2016 年第 19 号 《运输类飞机适航标准》	同上	2016.04.17

1. 修正案 25-11

25-11 修正案标题为 “飞机推进系统设计要求”，它从安全性角度对飞机推进系统提出了新的适航符合性审定要求。为此，该修正案修订了 25 部 D 分部、E 分部、F 分部、G 分部的 18 个条款，涉及发动机反推、工作特性、燃油、冷却、操纵器件和防火等多个系统。

对于燃油系统而言，25-11 修正案新增了 FAR25.981 “燃油箱温度” 条款。要求必须确定燃油箱内可能发生的最高温度，该值应低于预计的燃油箱内燃油最低自燃温度，并留有安全裕量；燃油箱内可能点燃燃油的任何部位的温度均不得超过燃油箱最高温度。如果任一部件的工作、失效或故障可能提高燃油箱内的温度，则必须在该部件所有可能的工作、失效或故障情况下表明燃油箱温度的符合性。

25-11 修正案是适航审定部门第一次针对燃油箱燃爆问题提出的审定要求，只不过限于人们的认识水平, 它仅立足于通过限制 "燃油箱温度"、防止燃油蒸气自燃来防范燃油箱爆炸事故的发生, 显然, 从现在的认知来看这也是极不够全面的。

2. 修正案 25-102

在发生数起由于飞机燃油箱爆炸引发的事故, 特别是 TWA800 航班事故后, 美国联邦航空管理局 (FAA) 开始了进一步研究燃油箱燃爆的潜在安全性问题。TWA800 航班事故虽然没有确定点火源具体形成原因和过程, 但是燃油箱爆炸所造成的惨痛后果促使 FAA 在 1999 年发布了立法咨询通告 NPRM No.99-18, 该通告建议了三个不同的立法要求: ①要求特定运输类飞机的设计批准持有人对飞机燃油箱系统进行安全检查, 并对任何确定需要重复检查或维护的事项制定出具体的燃油箱系统维护和检查文件; ②要求禁止这些飞机在指定的时限外运营, 除非这些飞机的运营人将燃油箱系统的维护和检查文件已置入他们的检查程序之中; ③对于新的设计, 建议要求将燃油箱系统的可燃性降至最低, 要求进行详细的失效分析来排除燃油箱内出现点火源的可能, 并在持续适航文件 (ICA) 的限制部分中包含强制的燃油系统维护措施 [3]。

1999 年发布的立法咨询通告 NPRM No.99–18[3], 首次对新设计的飞机提出了将燃油箱可燃性降至最低的建议。(限于当时实施燃油箱惰性化技术带来的经济性影响, 该建议仅针对新设计飞机, 其提出的可行技术措施是控制进出燃油箱的热量, 防止燃油被加热, 而不是惰性化燃油箱; 设计特点是将空调设备远离燃油箱、提供空调包的通风来限制加热并冷却燃油箱, 或使得燃油箱与热源实现隔热等。)

2001 年 5 月, FAA 发布了最终法规《运输类飞机燃油箱系统设计评审、降低可燃性以及维护和检查要求》以及 FAR21 部特别适航条例 SFAR88《燃油箱系统容错评估要求》, 特别要求型号合格证 (TC) 和影响燃油箱系统的补充型号合格证 (STC) 的持有人/申请人对在役飞机和新设计飞机或对现有飞机进行影响燃油箱系统的设计更改进行深入评估, 查明所有潜在点火源, 并制定点火源防护相关的适航限制类维护、检查和关键构型控制限制项目 (CDCCL), 同时也初步提出了对燃油箱可燃环境控制的要求 [4–5]。

在之后发布的 25-102 修正案中, 不仅严格了对燃油箱内点火源的控制要求, 如必须证明在失效情况下不能出现点火源 (三层防护要求) 等内容, 强调了对燃油箱系统, 包括其所有部件在内进行点火源防护; 而且明确提出了 "要求在燃油箱安装设计时必须将燃油箱内可燃蒸气的发展降至最低; 或采用缓解燃油箱内燃油蒸气点燃效果的技术措施来降低点燃影响"。

为了更准确地反映出这些要求, 25-102 修正案将 FAR25.981 条款标题由 "燃油箱温度" 修订为 "燃油箱点燃防护"; 条款中的 (a) 款和 (b) 款分别重新排序为

(a)(1) 款和 (a)(2) 款，并新增 (a)(3) 款、(b) 款和 (c) 款；该修正案适用于所有在 2001 年 6 月 6 日之后提出型号合格证 (TC) 申请的运输类飞机。

修订的 FAR25.981 新增加了 (c) 条款，即要求燃油箱安装设计时必须将燃油箱内可燃蒸气的发展降至最低；或采用缓解燃油箱内燃油蒸气点燃效果的技术措施。该条款的意图是要求不加热燃油箱并且努力使得各类燃油箱具有与被评估的运输类飞机机翼燃油箱相当的冷却速率 (可以采用冷却、通风等技术措施)，通过降低燃油温度来降低燃油箱可燃性；或者采取其他任何可行的措施降低燃油箱内的可燃性水平 (由于当时惰化系统等措施的技术实现手段尚不成熟，条款并未做强制要求)。

与 25-11 修正案进行简要对比，修订前的 FAR25.981 条款仅定义了运输类飞机燃油箱系统表面温度的限值；修订后的 FAR25.981 条款既要求防止燃油箱点火源的产生，又要求降低燃油箱可燃蒸气的发展。即 (a) 条款明确提出了有效排除运输类飞机燃油箱系统内点火源的要求；(c) 条款明确提出了 "降低燃油箱内可燃蒸气的发展" 的要求。无疑，修订后的 FAR25.981 条款涉及内容更为全面、要求更为严格。

25-102 修正案的颁布与贯彻，标志着 "燃油箱可燃性" 已进入了适航审定部门的视野。值得强调的是，虽然此时提出了 "限制燃油箱可燃蒸气发展" 的要求，但工作重心放在 "限制" 上，即通过通风冷却等技术措施降低燃油温度来实现 "降低燃油箱可燃蒸气发展"，而不是 FAA 目前所提倡的通过燃油箱惰化等方式防范燃油箱内可燃混合物的形成。

具体而言，25-102 修正案的提出与制订是基于下述背景条件 [5]。

1) 对燃油蒸气可燃特性的重新认识

燃油的燃烧特性决定了可燃蒸气出现在燃油箱空余空间的时段。燃油箱上部空余空间气体是否可燃将取决于燃油燃烧特性 (闪点)、温度和飞行高度，飞行中存在着由于燃油蒸气过薄或过浓而不可燃的时段，这就更新了早前适航监管部门和航空工业界假定的燃油箱上部空间时刻可燃的假设。

2) 修订前的规章与审定方法回顾

修订前 25 部规章要求的设计是排除飞机燃油箱内点火源的出现，这些规章当施用在典型飞机燃油箱系统时，预期将阻止燃油箱出现点火源，但它并未考虑维修和设备退化等因素带来的影响，而事实上，不当维修和设备退化问题恰是潜在点火源难以根绝的主要原因。

3) 设计和服务历史的总结

适航监管部门检查了运输类飞机的使用历史，并对发生在这些飞机上的燃油箱爆炸历史进行了仔细分析，结果表明：燃油箱内点火源的形成既可能与燃油箱系统的设计相关，也可能与燃油箱系统的维护和设备退化相关。为此，NTSB 颁布了建议, 意在减少燃油箱内有可燃蒸气暴露的运行时间, 并处理已通过运输类飞机初始型号审查的燃油箱系统设计可能的退化问题。其中: A-96-174、A-96-175、A-96-176 和 A-76-177 等建议与 "降低可燃性暴露" 相关; A-98-36、A-98-38 和 A-98-39 等与 "点火源减少" 相关。

与此同时, FAA 在审查运输类飞机机队的使用历史、设计特点和维护指导手册后还发现, 燃油箱系统部件的老龄化、不可预测的燃油箱系统失效和故障已成为运输类飞机一个重要的安全问题, 为此, FAA 决定在如下四个方面修订规章。

第一, 进一步关心现有运输类飞机机队内点火源发展的可能性问题, 并开展一轮旨在排除潜在点火源隐患的燃油箱系统安全审查。由于现有飞机上使用的很多设计方法是相同的, 在特定飞机型号上出现的异常也会在其他飞机型号上出现, 因此, FAA 认为可以依据特定飞机型号上出现的异常来对运输类飞机机队内的燃油箱系统进行一次安全审查。

第二, 要求未来运输类飞机的设计要更完整地处理在燃油箱系统内产生点火源的潜在失效。

第三, FAA 认为燃油箱的安全可以通过减少燃油箱带有可燃蒸气的运行时间来得到改进, 但特定飞机型号的设计在燃油箱附近有热源, 这导致了对燃油加热及燃油箱内可燃蒸气的显著增加, 因此, FAA 将采纳提供措施降低燃油箱内可燃蒸气发展或提供措施阻止点火发生后的灾难性损伤的要求。

第四, FAA 认为需要施加运行要求使得所有要求的维护或检查行动都会包括在 FAA 批准的维护和检查项目中。

上述四个方面修改意见都编入了特殊联邦航空条例 (FAR21 部)、适航规章的修订 (FAR25 部) 和运行要求的修订 (FAR91 部、121 部、125 部、129 部) 中。

4) 从飞机维护实践审查中获得的经验

适航监管部门确定在燃油箱系统初始合格审查时, 并没有对燃油箱污染程度和燃油箱系统部件的特定失效模式给予充分考虑, 它造成了还有不可预测的燃油箱系统失效引起点火源事件的发生, 而对这类潜在点火源提出进一步的防范要求就是 FAA 从飞机维护实践审查中获得的经验。

例如: 在作为波音 747 事故调查而启动的燃油箱检查中发现: 燃油箱系统部件的老龄化、污物、部件腐蚀和部件上硫化物沉积都可能促成燃油箱点火源的发展。没有污染时, 即使燃油量指示系统 (fuel quantity indicating system, FQIS) 导线与飞机较高电压级的导线接触, FQIS 也能排除电弧的产生; 但是, 当燃油探头内的缝隙中存在污染时, 产生电弧所需的电压值则会大幅降低; 这些异常自身在没有额外失效出现时是不会在燃油箱内产生电弧的, 但如果任何一种异常与电气系统失效相结合 (如电路短路、高能辐射场或邻近导线的电流在 FQIS 导线内产生电磁干

扰 (elecotromagnetic interference，EMI) 电压) 时，就会有充足的能量进入燃油箱并产生点火源。

5) 缺陷清单不完善性

缺陷清单来源于长期的使用经验和事故调查报告，它是对可导致飞机燃油箱系统安全降低的燃油箱系统设计缺陷、故障、失效和维护等相关行为的总结，尽管规章和政策尽可能地排除了点火源在飞机燃油箱系统内部的产生，但某些异常还是发生在服役的运输类飞机上。

6) 降低燃油箱可燃性研究工作的进展

在对潜在的点火源进行审查与控制时，FAA 还进行了一个同步的研究工作，即通过消除或显著降低新设计型号、正在制造的和现存机队的运输类飞机燃油箱内爆炸性燃油/空气混合物的出现时长来防范燃油箱爆炸。

1998 年 1 月 23 号，FAA 在联邦公报上发布通知，建立一个航空立法咨询委员会 (ARAC) 工作组和燃油箱协调工作组 (FTHWG)，并责成它们在立法前提供额外的信息。

ARAC 工作组由包括公众在内、感兴趣的社会团体组成，并通过一个公开的过程向 FAA 关注的新规章制订工作提供建议。

1998 年 7 月 23 日，ARAC 向 FAA 提交了档案号为 FAA-1998-4183 的研究报告，报告建议 FAA 启动修订 FAR25.981 条款的立法工作，建议修订的条款适用于新型号设计飞机，要求限制运输类飞机带有可燃蒸气的燃油箱暴露时间。研究报告还讨论了各种表明符合该建议的可选技术措施，包括管理进入燃油箱的热量、安装惰化系统或聚氨酯泡沫，以及发生爆炸时爆炸抑制措施等。

除了建议修订 FAR25.981 条款外，基于机载燃油箱惰化系统的较高营运成本，ARAC 还建议 FAA 继续评估各种降低燃油箱内可燃性蒸气发展的技术措施来确定其他替代方法是否有成本收益，比如基于地面的燃油箱惰化等。

为了响应 ARAC 建议，FAA 启动了基于地面惰化技术可行性的研究工作，其研究成果详见 DOT/FAA/AR-00/19"在商业机队中采用基于地面的燃油箱惰化的成本" 报告 [6]。此外，2000 年 7 月 14 日，FAA 还责成 ARAC 对特定燃油箱惰化方法进行技术评估，这些方法既可用于新型号设计，又可使在役飞机减少燃油箱可燃性暴露水平。

FTHWG 工作组也评估了与燃油箱内可燃性蒸气相关的众多可能的降低或消除风险的措施，并提交了相关的研究报告。

总之，FAA 在制订 25-102 修正案时，基于当时的认知水平和技术条件，已充分考虑了燃油的燃烧特性、前期飞机设计、维修和适航审定中存在的不完善性和各种降低燃油箱可燃性技术措施的经济性与可行性；它不仅提出了 "降低燃油箱可燃性发展" 的要求，而且还宣布，将继续探索其他减少燃油箱可燃性的切实可行技术措施, 并在时机成熟后将再次修订该适航条款。

对 FAR25 部的修订适用于所有该修正案生效后申请型号审查合格证的运输类飞机型号, 无论其载客量或尺寸大小。此外, 正如修订前 21.50 条要求的, 包括 STC 在内的将来对现有的按 FAR25 部型号合格审查的飞机进行的任何修改, 如果会在燃油箱系统内引入点火源, 都要求按 FAR25.1529 条提供必需的持续适航文件, 并更改附录 H 中的 H25.4 要求的适航限制部分。如果确定现有的 ICA 对更改后的产品的持续适航是足够的, 那应在 STC、PMA 补充文件或主更改批准中注明。

25-102 修正案带来了安全性和经济性两方面的影响。

1) 安全性影响

分析 25-102 修正案, 主要有两点变化: 一是提高了对排除点火源和防止点火源发展方面的要求, 明确要求有效地排除运输类飞机燃油箱系统内的点火源, "在可能由于燃油或其蒸气点燃导致灾难性失效发生的燃油箱或燃油箱系统内的任一处不得有点火源存在"; 虽然此前的设计也是基于杜绝燃油箱内点火源的失效安全设计, 但未考虑存在某些无法预见的以及潜在的失效情况, 同时也未考虑到其原始失效安全设计特征会因服役时间或维护水平等因素的影响而退化, 导致点火源发展失控。为此, 它需要从设计和维护两个方面来保证对点火源的控制。其中, 设计方面主要体现在对失效安全分析的要求更全面 (新增 25.981(a)(3) 款); 维护方面体现在对点火源防护的持续适航保证方面提出新要求 (原来只要求持续适航文件中纳入对结构的强制性检查要求, 而没有针对燃油箱系统的要求, 此次新增加的 25.981(b) 款和 FAR25 部附录 H 的 H25.4(a)(2) 款, 要求在持续适航文件的适航限制章节中加入针对燃油箱系统的关键设计构型控制限制 (CDCCL)、强制性检查或维护程序, 以防止燃油箱系统内点火源的发展)。二是新提出了对降低燃油箱系统可燃性的要求, 即新增了 25.981(c)(1) 款。FAA 已认识到针对燃油箱的防爆工作必须 "双管齐下", 即在点火源防护工作基础上, 加强对燃油箱内可燃环境的控制, 降低燃油箱的可燃性暴露程度, 从而达到燃油箱防爆目的。

根据 25-102 修正案, 为确定燃油系统可能出现的失效形式并提出相应的符合性验证方法, FAA 发布了 AC 25.981-1B 《燃油箱点火源预防指南》 和 AC 25.981-2 《使燃油箱点燃性减至最小》 两份咨询通报 (这两份咨询通报均已作废, 并被 AC 25.981-1C 和 AC25.981-2A 替代), 但咨询通报中均未对可燃性指标要求进行细化。

2) 经济性影响

FAA 并没有量化该次修订带来的具体收益, 因为燃油箱内实际起火源有不确定性。FAA 认为符合该条款修订要求后可以预防 75%~90% 的燃油箱爆炸。预防的主要依据是设计更改可以增强失效安全设计特性, 增强燃油箱系统检查可以在燃油蒸发引发火灾之前发现导致点火源的状态。

针对典型商用飞机, FAA 估算 [5], 空中爆炸的估计损失约为 40 160 万美元, 修订后符合性成本是 16 510 万美元, 如果截至 2014 年, 该次修订可以预防一次此类事故发生, 避免的损失比符合性成本要大得多。基于此, FAA 认为, 实施该修订的收益将大于成本。

3. 修正案 25-125

在 25-102 修正案基础上, 2008 年 9 月 19 日, FAA 又颁布了 25-125 修正案[7], 它再次修订了 25.981(b) 款和 (c) 款, 并新增了 (d) 款。要求运输类飞机的营运人和制造商采取措施大幅度减小灾难性的燃油箱爆炸事件发生的机会, 并建立以性能为基础的一系列要求, 这些要求或者在最易爆炸的燃油箱内设定可接受的可燃性暴露值, 或者要求在受影响的燃油箱内安装点火缓解措施。

与 25-102 修正案不同, 25-125 修正案是将降低运输类飞机燃油箱可燃性作为其修订重点。即 25-125 修正案在保持 25-102 修正案中关于对点火源防范严格要求的基础上, 进一步细化了对燃油箱可燃性暴露时间的限制要求, 为此, FAA 还颁布了新的咨询通告 AC25.981-2A《燃油箱可燃性降低措施》替代原咨询通告 AC 25.981-2《使燃油箱点燃性减至最小》作为燃油箱可燃性的适航符合性验证方法的指导。

25-125 修正案提出了被称之为史上最严苛的燃油箱点燃防护要求, 它不仅从设计和维护两个方面来保障对点火源的控制要求; 而且也从设计和维护两个方面提出了对燃油箱可燃性暴露时间的控制要求, 同时针对机身燃油箱还提出了更严格的可燃性控制要求。

著者认为: 25-125 修正案的提出与制订是基于对未来飞机燃油箱燃爆事故发生概率预测、点火源的不可根除性认知和机载空气分离燃油箱惰化技术进步等背景条件, 是技术与认知发展的必然结果。

1) 对 "点火源的不可根除性" 的认知是 25-125 修正案制订的前提

自 1967 年 6 月 4 日 25-11 修正案颁布实施起, FAA 一直都在致力于点火源防范的合格审查工作, 特别是自 1996 年以来, FAA 又颁布多个适航要求 (其中包括 80 多个适航指令) 用于消除燃油箱内的点火源。

14CFR 的第 21 部第 88 号特殊联邦航空条例 (SFAR88) 要求探测和纠正可能引起点火的潜在系统失效, 尽管这些措施预计应该可以阻止 4 次预测爆炸中的一些事故发生, 但 FAA 认为对所有主要制造商的运输类飞机设计的评估已表明不可预测的失效和维修差错将继续产生不可预期的点火源, 为此, 在制造商完成 SFAR88 中的阻止点燃评估后, FAA 收到了在 SFAR88 评估中未识别所有潜在点火源 (不安全状况) 的报告, 例如:

(1)FAA 发布了 AD2006-06-14, 要求检查空客 A320 飞机燃油箱内的油量指示计的安装, 防止被闪电击中后所引起的电火花导致点火源发生, 因为在之前提交给 FAA 的 SFAR88 分析中并没有将这一失效模式识别为可能的点火源。

(2)FAA 还接到了一架波音 777 飞机的勤务报告, 该飞机在中央翼燃油箱和飞机轮舱间有一个通气口未盖上, 在飞机起飞过程中, 飞机刹车的温度通常会超过燃油蒸气的自燃温度; 而过高的刹车温度可能会点燃中央燃油箱中的燃油蒸气, 引起燃油箱爆炸, 这种类型的维修差错也没有在 SFAR88 的安全审查中作为一个可能的点火源。

(3)2006 年 5 月 5 日, 在印度的班加罗尔, 一架停在地面上的波音 727 飞机的机翼燃油箱发生了爆炸。此次事件发生在一次改型之后, 该改型包括使用特殊的特氟龙套筒, 用于防止通往位于燃油箱内金属电路板上燃油泵导线可能的电弧放电; 但该措施不足以阻止燃油箱内点火源的形成, 并且试图提高安全性的更改反而导致套管过早的磨损和不安全状态。波音 737 飞机也报告了特氟龙套筒的过早磨损, 这导致了颁发 AD 来更改设计并替换已有套筒, 但这些更改引发出的不安全状况, 却在提交给 FAA 的 SFAR88 分析中没有被考虑到。

(4)FAA 接到针对合格审定试验的一份报告, 报告说燃油泵内发生的点火源导致了泵失效。该燃油泵的设计满足了 SFAR88 和经修正案 25-102 修订的 FAR25.981 条款 (与 SFAR88 同时发布) 中的严格要求, 但泵还是失效了, 失效模式是电容对泵壳放电而产生一个点火源。申请人已进行设计评估, 并引起泵设计的多次更改。

(5)2006 年 FAA 颁布了 MD-80AD(AD2006-15-15) 来防止辅助液压泵上的导线绝缘层磨损放电, 这种放电会导致飞机轮舱内的火灾。AD 要求检查验证泵导线的完整性并在部分导线上加装保护套。2008 年 4 月, FAA 收到的多份关于为满足 AD2006-15-15 要求而使用了不正确的符合性方法的报告, 完成该 AD 所要求程序时发生的人为差错, 导致飞机运行时没有实现所需的安全性改进。

总之, 根据老龄化飞机的相关现象、不可预测的燃油箱系统失效和对燃油箱系统维护实践的审查, FAA 得出结论, 不可能识别和根除所有可能的点火源。因此, 必须采取全面的安全架构来降低点火源发生率和燃油箱内含有可燃蒸气的运行时间成为 25-125 修正案制订时人们的共识。

2)FAA 对燃油箱爆炸事故原因的调查分析及由此产生的对未来飞机燃油箱燃爆事故发生概率的预测是 25-125 修正案提出与制订的动力

1989 年在哥伦比亚波哥大由恐怖分子引发的阿维安卡航空公司 203 号航班一架波音 727 飞机爆炸, 使得 112 人死亡; 1996 年环球航空 800 号航班一架波音 747 飞机离开纽约长岛时发生爆炸, 造成了 230 人死亡; 这些事故的发生促使了 FAA 对飞机燃油箱防爆能力的进一步思考。

对波哥大事故开展调查分析后，NTSB 认为：尽管是恐怖分子的炸弹引起了波哥大事故中的中央燃油箱爆炸，但炸弹爆炸并没有降低飞机的结构完整性，然而，爆炸刺穿了中央翼燃油箱，点燃了燃油箱无油空间内的油气混合物，导致了飞机的损毁。

另外还有分别发生在菲律宾航空公司 (1990 年马尼拉，波音 737) 和泰国航空公司 (2001 年曼谷，波音 737) 运营飞机上的两起地面爆炸事件，尽管不能识别造成爆炸的点火源，但调查还是在这两起事故中发现了几个相似点：

(1) 气候温暖，室外温度超过 80 ℉；

(2) 爆炸发生在地面上或起飞后不久；

(3) 爆炸涉及空燃油箱或接近空的燃油箱 (内有前次注油的残余燃油)。

此外，调查人员能断定：当燃油箱爆炸时，在 3 架飞机的中央翼燃油箱空余空间内都有可燃蒸气，阿维安卡航空公司的飞机也是如此。FAA 认为，如果设计有降低燃油箱着火可能性或有缓解着火影响的系统，应可阻止这 4 次燃油箱的爆炸。

对上述事故的统计与评估使得 FAA 预测：除非采取补救措施，否则在接下来的 35 年内可能还会有 4 架多在美国登记的运输类飞机因燃油箱爆炸而损坏。FAA 相信，通过采取全面的安全架构降低点火源发生率和燃油箱内含有可燃蒸气的暴露时间至少可以阻止 3 次以上爆炸事故的发生，因此，为防止可预见的未来燃爆事故发生而必须提出全面安全架构方案，这就为 25-125 修正案制订带来了原始动力。

3) 机载空气分离、燃油箱惰化技术进步使得采用经济可行的方法降低燃油箱内可燃蒸气暴露时间成为可能，即技术水平的进步为 25-125 修正案制订提供了可行性物质保障

在点火源出现后，燃油箱爆炸的可能性本质上是与燃油箱可燃蒸气暴露相关的，因此在 25-125 修正案的最终法规 (final rule) 中，要求通过授权安装降低可燃性措施 (FRM) 或有效减轻点燃影响的措施 (IMM) 来缓解可燃性暴露的后果并将其限制在可接受的水平内，无论哪种措施都必须遵循 FAA 制订的包含在 FAR25 部附录 M 和 N 中的性能和可靠性标准。

事实上，基于点火源的不可根除性，早在 25-102 修正案颁布之前，FAA 就已认识到针对燃油箱的防爆工作必须 "双管齐下"，即在点火源防护工作基础上，加强对燃油箱内可燃环境的控制，降低燃油箱的可燃性暴露时间。但在修正案 25-102 颁布之时，关于降低燃油箱可燃性的相关技术可行性研究仍在进行之中，尚无最终定论，为此，FAA 仅提出了 "燃油箱可燃性发展降至最低" 要求，并就 "发展降至最低" 进行了定义，即要求采取可行的设计方法尽量减少可燃蒸气，使可燃蒸气暴露水平降至与无加热的传统机翼燃油箱相当的水平，但并未给出明确的控制指标

要求。

为了确保飞机燃油箱安全，FAA 在 25-102 修正案颁布之后，更加关注了允许发生燃烧的环境因素，希望更好地理解商业航空燃油蒸气的点燃性质，同时也检查了从燃油箱中移走可燃油气混合物的新想法和其他改进燃油箱安全的方法。例如，为了降低坠毁后地面着火引起的燃油箱爆炸危险，考虑了能"擦洗"液面上空间蒸气的系统，即用空气通风燃油箱来阻止可燃燃油蒸气的形成，但 FAA 发现由于它们的质量、复杂性、不可靠度和对环境的破坏，这些系统是不切实际的。

基于 ARAC 的建议，FAA 重新关注了通过氮气惰化、降低燃油箱可燃性的努力。机载空气分离产生富氮气体惰化燃油箱的技术早在 20 世纪 60 年代就由美国军方提出并应用在军用飞机上用于防止燃油箱因为战斗损伤而爆炸，但由于当时的机载空气分离技术应用成本的限制，该技术应用于民用运输类飞机还存在运营经济性等障碍。

20 世纪 80 年代末期，由于中空纤维膜制备技术的进步，机载中空纤维膜空气分离燃油箱惰化的成本大为降低，并可为运输类飞机运营商所接受，它使得燃油箱惰化成为"将燃油箱可燃性降至最低的切实可行措施"之一。

现有技术通过将氧含量降到支持燃烧的级别之下来防止可燃蒸气被点燃，通过使混合气体"惰性"，FAA 认为可以显著降低点火源进入燃油箱后引起爆炸的可能性。

如何才能"惰性"燃油箱呢？在 AC25.981-2 中描述燃油箱内空气中的氧含量不应超过 10%，但新的研究结果表明，氧含量等于或小于 12% 就足以惰性燃油箱，这就降低了对燃油箱惰化时富氮气量的需求。

为了验证机载空气分离燃油箱惰化系统的可行性和可靠性，FAA 开发的机载燃油箱惰化原型系统已成功在空客 A320 和波音 747/737 等飞机上试飞。FAA 也批准了波音 747 和波音 737 等飞机的惰化系统，并且每一型号的 2 架飞机在航空公司运行评估中其性能也如同预期。

通过一系列研究，FAA 逐渐认识到：简单的惰化系统通过使用已有的飞机增压气源可以限制燃油箱氧浓度水平不超过 12%，这一设计不需要空气压缩机，因此降低了系统尺寸和复杂度。FAA 的研究还确定将富氮气体分布到燃油箱也是可以简化的，这就进一步降低了系统的质量和安装成本。FAA 预计，简化的惰化系统足够保护现有机队内飞机上的中央翼燃油箱。基于燃油箱类型，惰化系统质量在 100~250lb[①]，在现役飞机上的安装成本在 12 万 ~22.5 万美元，其安装与运营成本可为航空公司所接受。

①非法定单位，1lb=0.453 592 kg。

2005 年 11 月 23 日, FAA 颁布了 NPRM05-14"降低运输类飞机燃油箱可燃性"[8]。其中, FAA 建议运输类飞机制造商和营运人采取措施显著降低灾难性燃油箱爆炸的可能性, 该建议是在 FAA 和工业界对燃油箱惰化技术进行 7 年大量研究后产生的, 尽管没有具体指出采用何种惰化技术, 但 FAA 提出了一套基于性能要求将燃油箱可燃性降至可接受安全水平的建议。

由此可见, 正是由于对点火源不可根除性和燃油箱燃爆特性的认知水平的提高奠定了 25-125 修正案提出的理论基础, 技术的进步奠定了 25-125 修正案的物质基础, 才使得 25-125 修正案得到最终贯彻与落实。为此, 25-125 修正案最终法规 (final rule) 修改了 FAR25.981 条中已有适航标准, 要求所有未来运输类飞机新型号合格证的申请人都要将燃油箱可燃性暴露降低到可接受的水平, 即 FAA 通过规章修订来要求制造商和运营人减小受影响机队内的平均可燃性暴露时间, 其核心措施就是采用使燃油箱安全的双轨平衡方法, 既防止点火源的产生, 又降低燃油箱内的可燃性。同时, FAA 还明确建议制造商, 包括特定飞机 TC 和辅助燃油箱补充型号合格证 (STCs) 的持有人, 对他们的燃油箱进行可燃性暴露分析。

FAA 还在修改后的 FAR25 部补充了新的附录 M 和附录 N。

在 FAR25 部的附录 M 中, FAA 建议制造商对所有用来满足可燃性暴露限制的 FRM 提供详细的说明书, 规定报告性能指标, 并为燃油箱内和附近的可能风险提供告警 (设计之外的这些额外要求是为了确保 FRM 的有效性和可靠性)。

FAA 还建议带有高可燃性暴露燃油箱的特定飞机型号 TC 持有人形成设计更改和维护说明来帮助运营人安装 IMM 或 FRM, 飞机制造商也必须将这些设计更改纳入未来生产的飞机中。

此外, 设计批准持有人 (TC 和 STC 的持有人) 和申请人必须制订适航性限制来确保维修活动和将来的改型不会使可燃性暴露增加到高于建议中指定的限制, 这些设计批准持有人必须在指定日期前提交书面的符合性计划, 并且这些计划将被 FAA 监管办公室密切监视来确保及时符合。

最后, 建议要求受影响的运营人在他们现有的受影响飞机机队中的高风险燃油箱加入 FRM 或 IMM, 建议适用于 FAR91 部、121 部、125 部和 129 部飞机运营人, 运营人也必须修改其维修和检查程序来加入按 NPRM 制订的适航性限制。FAA 也建议了严格的改装期限, 作为制造商及时符合他们的符合性计划的前提。

附录 N 则提供了计算燃油箱可燃性暴露时间的方法。

25-125 修正案带来安全性和经济性影响的分析如下。

1) 安全性影响

25-125 修正案是在 FAR25 部 25-102 修正案点火源防护基础上强化了对燃油

箱内可燃环境的控制，明确提出燃油箱可接受的可燃性暴露程度以及具体的量化指标和分析方法，并要求通过显著降低燃油箱暴露在可燃蒸气环境中的程度，实施降低可燃性的措施或有效减轻点燃影响的措施，它将从根本上解决燃油箱防爆安全问题。

2) 经济性影响

避免飞机爆炸具有两类收益。首先是直接的安全收益，它来源于避免人员伤亡和财产损失；其次是需求收益，它避免了因飞机爆炸造成公众对商用航空安全信心的丧失，导致的航空需求损失。经 FAA 评估，确定收益大于成本的概率较大，经济性较好。

2.1.2 燃油箱可燃性适航要求欧美之间的差异分析

如表 2.1 所述，在 FAA 对燃油箱点燃防护条款内容不断演变、修正与完善的同时，欧洲航空安全局 (EASA) 不甘落后，它也对燃油箱点燃防护条款颁布了多次修订。2008 年 7 月 17 日，EASA 发布了 NPA No.2008-19《降低燃油箱可燃性》修正案草案通告 [9]，计划对 CS25 部进行相应修订。需要强调的是：EASA 和 FAA 在燃油箱可燃性的要求上存在一定的差异，但双方在燃油箱防爆安全方面的政策正处于逐步协调一致的过程中。

比较 25-125 修正案与 NPA No.2008-19 二者的修订内容，可以发现：EASA 更注重通过设计来限制对燃油箱的热量和能量传递，以防止燃油箱内可燃蒸气的形成，从而控制燃油箱的可燃性，而非借助燃油箱惰化系统来降低燃油箱内氧气浓度。表现在条款要求上就是，EASA 并未对未采用主动降低可燃性措施的机身燃油箱如 FAA 那样提出特殊的更高要求，如后者要求所有机身燃油箱的可燃性还必须满足暖天条件下的可燃性要求等。EASA 认为机身燃油箱的可燃性可以通过采取某些设计上的措施，通过降低燃油箱内可燃油气混合物的形成来达到要求，而且 EASA 认为这一与机翼燃油箱一致的可燃性暴露水平也足以保证机身燃油箱的安全；如果机身燃油箱在采取这些设计措施后仍无法满足可燃性暴露时间要求，则可再采取惰化方式来使之满足要求，而对于采取惰化方式后的燃油箱可燃性要求则与 FAA 要求一致。总之，在关于机身燃油箱可燃性要求上，EASA 给予了申请人更大的发挥空间和回旋余地。

与此对应，FAA 对于机身燃油箱提出更高要求的潜在含义是，FAA 认为机身燃油箱仅仅满足与机翼燃油箱一样的可燃性暴露水平是不可接受的，它还必须满足暖天条件下运行的特殊要求。但在满足暖天运行要求的符合性上，FAA 的条款中明确建议了允许通过采用惰化方法来表明其符合性。这样，FAA 实质上是引导申请人通过采用惰化方式来满足对机身燃油箱的可燃性要求。

FAA 对于机身燃油箱提出更严格限制可燃性暴露时间的要求的考虑如下：

(1) 机身燃油箱通常为空，且容积较大，这就是使得其空余空间容积也较大，一旦发生燃烧爆炸，其爆炸能量也较大，对其提出更严格的控制指标无疑是有必要的。

(2) 由于机身燃油箱通常为空，燃油储存量较少，燃油箱整体热容量较小，且不易冷却，这就使得机身燃油箱温度一般较机翼燃油箱高，即具有更大可燃性暴露的潜能。

(3) 由于机身燃油箱布置位置原因使得其不易像机翼燃油箱一样在整个飞行过程中都获得良好的冷却，且周边环境还存在着加热燃油箱的可能 (如制冷包的散热)，对其实施惰化也许是必要的。

(4)FAA 在 25-102 修正案阶段也提出了采用设计方法降低燃油箱可燃性发展，其措施与 EASA 现今对机身燃油箱温度控制提出的措施类似，而 25-125 修正案是 25-102 修正案的升级版，它是航空工业界在 25-102 修正案提出后 7 年来研究成果的总结。

(5) 历史也证明，多起燃油箱爆炸事故均发生在温暖气候条件下，因此，对于温暖气候条件下燃油箱提出更高要求也是符合逻辑的。

(6) 虽然现在的飞机运营历史已经证明，传统的机翼燃油箱是安全的，但该安全可能是多因素综合作用的结果，并不一定仅仅是由其可燃性暴露时间一项指标所决定的，这中间可能还存在人们现阶段认识的盲点 (如同点火源认知存在盲区一样)，考虑到机身燃油箱爆炸可能产生后果，对其提出更严格但可行的要求是合理的。

2.2　CAAC 对民用运输类飞机燃油箱可燃性的要求梳理 [10]

如上所述，燃油箱爆炸是威胁民用运输类飞机飞行安全的重要因素之一。25-102 修正案发布后，FAA 率先认识到燃油箱点火源是不可穷举且总是难以完全消除的，于是，2008 年 9 月 19 日，发布了 25-125 修正案，增加了对新型号飞机燃油箱可燃性的要求。同日，FAA 还发布了 26-2 修正案，增加了对在役飞机型号持证人、在役飞机燃油箱可燃性相关设计更改持证人及申请人、在审飞机型号申请人以及新生产飞机的制造人的燃油箱可燃性追溯要求，并通过 121-340 修正案对运营人提出了 FRM(燃油箱可燃性降低措施) 或 IMM(减轻燃油蒸气点燃影响措施) 改装要求。中国民用航空局 (CAAC) 规章体系类似于 FAA，虽燃油箱可燃性要求晚于 FAA 发布，但规章间的逻辑关系是一致的。

本节将对 CAAC 关于燃油箱可燃性的初始适航要求、持续适航要求及其与 FAA、欧洲航空安全局 (EASA) 要求的差异展开系统性梳理和分析，以期提供一定的政策解读与技术指导。

2.2.1 CAAC 燃油箱可燃性初始适航要求

对于新型号运输类飞机的燃油箱可燃性要求,中国民用航空局 (CAAC) 于 2011 年 11 月 7 日颁布 (2011 年 12 月 7 日起实施) 的 CCAR25-R4《运输类飞机适航标准》第 25.981(b)、(d) 款以及附录 M 明确了定性与定量要求。2016 年 3 月 17 日,交通运输部通过中华人民共和国交通运输部令 2016 年第 19 号令的形式进行了重新修订。要求要点如下:

(1) 对于至少有一部分位于机身内的燃油箱 (主燃油箱除外),其机队平均可燃性暴露时间不得超过可燃性暴露评估时间 (FEET) 的 3%,如果该燃油箱采用了降低可燃性措施 (FRM),则在这 3% 当中,"FRM 工作但燃油箱没有惰性化且可燃"和 "FRM 不工作燃油箱可燃" 的时间均不得超过 FEET 的 1.8%。此外,对于此类燃油箱,附录 M 还提出了热天条件的可燃性暴露水平要求,即机队平均可燃性暴露时间不可超过 FEET 中温暖天气条件下处于地面或起飞/爬升阶段部分的 3%。

(2) 对于其他燃油箱 (如机翼燃油箱、主燃油箱),其机队平均可燃性暴露时间不得超过 FEET 的 3% 或所评估机型机翼燃油箱的可燃性暴露时间,取较大者 (如果机翼不是传统的非加热铝制机翼,则必须在假定的、与传统的非加热铝制机翼油箱等效的基础上进行分析)。

对于以上针对新型号运输类飞机燃油箱可燃性的要求, CCAR25-R4 第 25.981(b)、(d) 款以及附录 M 和附录 N 以及 FAA AC25.981-2A(CAAC 认可) 同时也给出了符合性方法指导。作为定性分析的指导,AC25.981-2A 中给出了表明机翼燃油箱为传统非加热铝质机翼燃油箱的原则;作为定量分析的指导,CCAR25-R4 附录 M 和附录 N 给出了获得燃油箱机队平均可燃性暴露水平的一种定量分析方法,即蒙特卡罗 (Monte Carlo) 分析,并给出了该分析方法的输入参数数据库。此外,对于采取了 FRM 措施的燃油箱,附录 M 还提出了对该 FRM 可靠性、维修可达以及制定必要的适航限制和程序、可靠性报告的要求。

2.2.2 CAAC 燃油箱可燃性持续适航要求

以往服役经验表明,燃油箱爆炸严重影响着飞机的运行安全。因此,CAAC 在综合研究国外规章并开展大量国内调研后,先后制定了针对证件持证人/申请人/制造人关于燃油箱可燃性评估与改装方案要求 ——《运输类飞机的持续适航和安全改进规定》(CCAR-26) 与针对运营人机队的改装落实要求《大型飞机公共航空运输承运人运行合格审定规则》(CCAR121-R5),以明确设计者/制造人以及运营人的职责,确保国内在役飞机燃油箱可燃性带来的安全威胁得到控制。此外,在现行有效的《民用航空产品和零部件合格审定规定》(CCAR21-R4) 中,也首次将运输类飞机的持续适航与安全改进 (包括燃油箱可燃性追溯要求) 从适航管理层面上做了明确的规定。

1. CCAR21-R4《民用航空产品和零部件合格审定规定》要求

2017 年 5 月 24 日，交通运输部通过中华人民共和国交通运输部令 2017 第 23 号令的形式，发布了《民用航空产品和零部件合格审定规定》(CCAR21-R4)，其中新增了第 21.8 条 —— 运输类飞机的持续适航和安全改进。该条款明确了设计批准的持有人、申请人和新生产飞机的制造人 (设计批准持有人或设计批准权益转让协议受让人) 均应满足《运输类飞机的持续适航和安全改进规定》(CCAR26) 相关要求 (包含燃油箱可燃性要求)。

CCAR21 部在适航规章中一直占据统领地位，此次修订新增第 21.8 条 —— 运输类飞机的持续适航和安全改进要求，足见 CAAC 对其辖区内的机队持续适航与安全改进的重视。

2. CCAR26《运输类飞机的持续适航和安全改进规定》要求

2011 年 11 月 7 日，CCAR26《运输类飞机的持续适航和安全改进规定》随 CCAR25-R4 同步颁布并于 2011 年 12 月 7 日起实施。同步颁布的目的在于，CCAR25-R4 对新型号飞机提出燃油箱可燃性要求，而 CCAR26 部则对除新型号之外的情形，包括在役型号和在审型号的 TC/VTC 持证人和申请人、对在役型号所做影响燃油箱可燃性的设计更改的持证人及申请人以及在役型号新生产的飞机的制造人，提出了燃油箱可燃性的追溯要求。2016 年 3 月 17 日，交通运输部通过中华人民共和国交通运输部令 2016 年第 20 号令的形式，对 CCAR26 部进行了修订，主要涉及相关人完成相应更改方案的时间节点等内容，2016 年 4 月 17 日起实施，此后的相关人需按交通运输部版本要求执行。

1) 适用性要求

CCAR26 部 D 分部燃油箱可燃性基本适用对象限定为运输类涡轮动力飞机且其载量在初始合格审定或之后改进型达到型号合格审定的最大旅客座位数为 30(含) 以上或最大商载为 3400 千克 (含) 以上。对于其他小型飞机，不做燃油箱可燃性追溯要求。

2) 符合性要求分析

(1) 对在役飞机 (纯货机设计除外)TC/VTC 持证人的要求 ——26.33 条。

持证人需在 2016 年 5 月 17 日前完成相应型号飞机所有燃油箱可燃性暴露水平分析以及影响燃油箱可燃性的设计更改的可燃性暴露水平分析，并要求，对于机队平均可燃性暴露水平超过 7% 的燃油箱，持证人必须在规定时间内 (时间节点详见交通运输部 2016 第 20 号令) 给出设计更改方案：采用 FRM 来降低燃油箱可燃性 (对于有部分位于机身轮廓线以内的非主燃油箱，需满足《运输类飞机适航标准》附录 M 要求；对于其他燃油箱，需满足《运输类飞机适航标准》附录 M 除 M25.1 以外的所有要求，且控制机队平均可燃性水平不超过 7%) 或采用 IMM 减轻万一点燃后的影响。

(2) 对在役适用飞机进行影响燃油箱可燃性的设计更改的持证人/申请人的要求 ——26.35 条。

该条对涉及燃油箱可燃性设计更改的情形按申请及发证时间分为以下三种情况:

第一,对 STC/VSTC/MDA(通常为空的燃油箱的安装) 持证人,条款要求在规定的时间内,持证人需完成按照设计更改进行改装后的燃油箱系统的评估。如果评估判明设计更改的特征对相关飞机的 CDCCL 有危害,则持证人必须采取减轻对可燃性影响的措施以使设计更改符合 CDCCL。此外,持证人需对改装后的燃油箱进行可燃性暴露分析,并将分析结果、设计更改和服务指令等按规定时间提交局方批准。

第二,对 STC/VSTC/MDA 或 TC/VTC 更改的在审申请人,条款要求需满足《运输类飞机适航标准》第 25.981 条要求,即对于在审的情形,申请人需在审定基础中增加燃油箱可燃性最新条款要求 CCAR25-R4 第 25.981 条。

第三,对 STC/VSTC/MDA 或 TC/VTC 更改的新申请人,该情形按照申请更改的内容不同,又分为三种情形:①设计成通常为空的燃油箱的安装。同在审申请人,要求满足《运输类飞机适航标准》第 25.981 条要求。②对现有燃油箱容量的更改。要求满足第 26.33 条要求,即要求同对在役飞机 TC/VTC 持证人的要求。③对具有 FRM 或 IMM 措施的现有燃油箱所做的可能增加燃油箱可燃性的更改。要求同上文对 STC/VSTC/MDA(通常为空的燃油箱的安装) 持证人的要求。

(3) 对在审型号 TC/VTC 申请人的要求 ——26.37 条。

对于在审项目,燃油箱可燃性要求直接指引到需满足《运输类飞机适航标准》第 25.981 条要求,即在审定基础中增加燃油箱可燃性最新条款要求 CCAR25-R4 中第 25.981 条。

(4) 对已取证新生产飞机制造人的要求 ——26.39 条。

对于适用型号已取证飞机于 2016 年 4 月 17 日后提出标准适航证或出口适航批准申请的新生产的飞机,条款要求必须在生产线上落实相应的燃油箱可燃性控制措施。可燃性控制措施性能目标要求同 1),但与对在役飞机改装要求的区别是,考虑到可燃性控制措施在新生产飞机上落实比对在役飞机改装所需经济成本要小得多,对新生产飞机的要求同样适用于货运型飞机。

3. CCAR121-R5《大型飞机公共航空运输承运人运行合格审定规则》要求

2017 年 9 月 4 日,交通运输部通过中华人民共和国交通运输部令 2017 年第 29 号令形式,对 CCAR121《大型飞机公共航空运输承运人运行合格审定规则》进行了第 5 次修订，其中，新增了附录 J 飞机的持续适航与安全改进、降低可燃性措施，该新增要求对适用型号飞机运营人对其机队降低可燃性措施的改装、新引进飞机的降低可燃性措施的落实等提出了明确的时限要求。

1) 适用性要求

基本与 CCAR26 部要求相同，其区别为本规章对取得 TC/VTC 的时间追溯到 1987 年 6 月 1 日。

2) 符合性要求分析

(1) 除非新生产飞机上为满足 26.33 条要求安装的 FRM/IMM 是可操作的或已证明机队平均可燃性水平满足 26.33 条要求，否则运营人不得运营此类新生产飞机。该要求与 CCAR26 中第 39 条呼应，确保对新生产飞机降低可燃性措施的落实。

(2) 运营人必须在 2021 年 12 月 7 日前对其适用机队中至少 50% 飞机完成 CCAR26 中第 26.33 条、26.35 条和 26.37 条要求的 FRM、IMM 或 FIMM 改装，且表明这些措施是可操作的；在 2024 年 12 月 7 日前完成 100% 适用飞机的改装且表明这些措施是可操作的。如果某运营人适用机型只有一架飞机，则应在 2021 年 12 月 7 日前完成改装。否则运营人将不得运营这些适用型号的飞机。该要求与 CCAR26 部第 26.33 条、26.35 条和 26.37 条呼应，限定了运营人适用型号机队的改装落实时限。

(3)2024 年 12 月 7 日后，除非新引进飞机已完成第 26.33 条要求的改装，或对已有适用飞机进行辅助燃油箱改装时满足了 CCAR25-R4 中第 25.981 条要求，否则运营人不得运营此类飞机。

(4) 如果适用型号飞机 (包括全货机运行的飞机) 已安装了 FRM 或 IMM，运营人不得解除或拆除，除非有其他等效措施替代。否则运营人不得运营此类飞机。

(5) 在相关飞机投入运营前，运营人必须将相关人按照 CCAR26 部 (第 26.33 条、26.35 条和 26.37 条) 要求制定的适航限制文件，纳入其维修方案中，并提交局方审查。

2.2.3 CAAC 与 FAA、EASA 在燃油箱可燃性要求上政策差异分析

1. 初始适航要求政策差异

CAAC 与 FAA 关于燃油箱可燃性要求一致，即中美关于第 25.981(b)、(d) 款和 25 部附录 M 和附录 N 条款无差异。

CAAC 与 EASA 关于燃油箱可燃性现行有效的初始适航要求存在一点差异，主要为：CCAR25.981(b) 要求只要有部分位于机身轮廓线以内的所有燃油箱 (除主燃油箱) 的可燃性暴露水平应满足 25 部附录 M 的要求，为满足该要求可采用

FRM 措施；而 CS25.981(b) 仅要求在采用 FRM 措施来满足 3% 的机队平均可燃暴露水平要求时才需满足 CS25 附录 M 的要求。此外，CS25 附录 M 较 CCAR25 附录 M 还缺少对 FRM 可靠性报告的要求。

由此可见，CAAC 与 FAA 对燃油箱可燃性暴露水平的要求一致，较 EASA 要求更为严格。

2. 持续适航要求政策差异

FAA 现行有效的 14CFR26 部 D 分部规章于 2009 年 7 月 2 日发布，明确了在美国注册的飞机型号的持有人、申请人及相应设计更改相关人的职责及完成时限。由于美国航空产品及工业界发展较早，其规章要求时限也较 CCAR26 部更早 (约早 3 年)，技术指标要求则与 CCAR26 部一致。对运营人的要求，14CFR121 部第 121.1117 条规定与 CCAR121-R5 附录 J 第 6 节规定基本一致，区别在于 FAA 对其运营人机队改装要求的时限更早 (2014 年 12 月 26 日前改装完成的飞机数量至少占 50% 适用机队数量，2017 年 12 月 26 日前完成所有适用飞机的改装)。此外，中美 21 部规章对运输类飞机持续适航与安全改进要求基本一致。

EASA 则未发布与 CCAR26 部对应的规章，而是借用 14CFR26 部直接开展对其辖区内相关人的追溯要求。对于降低燃油箱可燃性措施，EASA 的观点更倾向于要求相关人最小化可燃性暴露水平，而不是引入一个额外的系统。因此，2014 年 11 月 28 日，EASA 发布 SIB(No. 2010-10R1)，进一步明确：为了提高整体燃油箱可燃性水平，自 2012 年 1 月 1 日起，所有新生产的具有高燃油箱可燃性暴露水平 (超过 7%) 的飞机必须加装 FRM 系统。同时，EASA 向国际适航局方及运营人明确：一旦 FRM 系统已安装到新生产的飞机上，即作为该飞机最小构型的一部分，其必须保持安装状态且根据批准的 MMEL 放行；除非安装 FRM 系统，否则适用飞机不得在 2011 年 12 月 31 日后做首次飞行。此外，对于 2011 年 12 月 31 日之前交付的在 EASA 成员国注册的飞机，EASA 不强制要求加装 FRM 系统。

2.3 燃油箱可燃性适航条款解读分析

2.3.1 适航条款

在 CCAR25 部中，涉及燃油箱可燃性的适航条款主要包含在 CCAR25.981 和附录 M、附录 N 之中 [11]，其条款具体内容如下。

1. 第 25.981 条款："燃油箱点燃防护"

(a) 在可能由于燃油或其蒸气的点燃导致灾难性失效发生的燃油箱或燃油箱系统内的任一点不得有点火源存在。必须通过以下表明：

(1) 确定燃油箱或燃油箱系统的最高温度低于预期燃油箱内燃油的最低自燃温度，并留有安全裕度。

(2) 证实其内的燃油可能被点燃的每个燃油箱内任何一处的温度不会超过本条 (a)(1) 款确定的温度。如果某些部件的工作、失效或故障可能提高燃油箱内部的温度，则必须在每一部件所有可能的工作、失效和故障条件下验证本条。

(3) 证实点火源不会由每个单点失效、每个单点失效与每个没有表明为概率极小的潜在失效条件的组合或者所有没有表明为极不可能的失效组合引起。必须考虑制造偏差、老化、磨损、腐蚀以及可能的损伤的影响。

(b) 除本条 (b)(2) 款和 (c) 款规定的以外，一架飞机上每一燃油箱的机队平均可燃性暴露时间均不得超过本部附录 N 中定义的可燃性暴露评估时间 (FEET) 的 3%，或所评估机型机翼燃油箱的可燃性暴露时间，取较大者。如果机翼不是传统的非加热铝制机翼，则必须在假定的、与传统的非加热铝制机翼燃油箱等效的基础上进行分析。

(1) 机队平均可燃性暴露时间应按照本部附录 N 来确定。必须按照中国民用航空局适航部门认可的方法和程序进行评估。

(2) 除主燃油箱以外，飞机上的任何燃油箱，只要有部分位于机身轮廓线以内，就必须满足本部附录 M 规定的可燃性暴露标准。

(3) 本段用到的术语：

(i) 等效的传统非加热铝制机翼燃油箱，是一个位于亚音速飞机非加热半硬壳式铝制机翼内的整体燃油箱，该机翼在气动性能、结构能力、燃油箱容量以及燃油箱构型上与所设计的机翼相当。

(ii) 机队平均可燃性暴露在本部附录 N 中定义，是指在一个机型机队运行的各个航段距离范围内，每个燃油箱的空余空间处于可燃状态的时间比例。

(iii) 主燃油箱指直接向一台或多台发动机供油，并且在每次飞行过程中持续保持所需燃油储备的燃油箱。

(c) 本条 (b) 款不适用于采用减轻燃油蒸气点燃影响措施的燃油箱，该措施使得燃油蒸气点燃所造成的损伤不会妨碍飞机继续安全飞行和着陆。

(d) 必须建立必要的关键设计构型控制限制(CDCCL)、检查或其他程序，以防止：依照本条 (a) 款的燃油箱系统内形成点火源；燃油箱可燃性暴露时间超过本条 (b) 款的允许值；以及按照本条 (a) 款或 (c) 款采用的任何措施的性能和可靠性的降低。这些 CDCCL、检查和程序必须纳入第 25.1529 条所要求的持续适航文件的适航限制部分。飞机上可预见的维修行为、修理或改装会危及关键设计构型控制限制的区域内，必须设置识别这些关键设计特征的可视化措施 (如用导线的颜色编码识别隔离限制)。这些可视化措施也必须被认定为 CDCCL。

(中国民用航空局 2011 年 11 月 7 日第四次修订)

2. CCAR25 附录 M: "燃油箱系统降低可燃性的措施"

M25.1 燃油箱可燃性暴露的要求

(a) 按照本部附录 N 确定的每一燃油箱的机队平均可燃性暴露时间不得超过本部附录 N 定义的可燃性暴露评估时间 (FEET) 的 3%。如果采用了降低可燃性措施 (FRM)，则在这 3% 当中，下列每段时间均不得超过 FEET 的 1.8%：

(1) FRM 工作，但燃油箱没有惰性化并且可燃；

(2) FRM 不工作，燃油箱可燃。

(b) 本部附录 N 定义的每个燃油箱的机队平均可燃性暴露时间不可超过 FEET 中温暖天气条件下处于地面或起飞/爬升阶段部分的 3%。分析必须考虑以下条件：

(1) 分析必须使用从为全部工作性能进行的可燃性暴露分析中提取的那些起始于海平面高度，地面环境温度为 26.7℃(80 °F，标准日 +21 °F 大气条件) 或更高的航段子集。

(2) 对于航段的地面和起飞/爬升阶段，必须用该特定阶段中燃油箱可燃的时间除以该阶段总的时间来计算平均可燃性暴露。

(3) 本段的符合性可以只用在 FRM 工作情况下放行的航段来表明。

M25.2 表明符合性

(a) 申请人必须提交由分析、地面试验和飞行试验或者它们的组合所得到的数据，以：

(1) 验证在本附录 M25.1 条所要求的分析中所使用的参数；

(2) 证实为表明符合本附录 M25.1 条而采用的 FRM 措施对于限制每一燃油箱所有隔舱的可燃性暴露是有效的；且

(3) 描述飞行的每一阶段中，FRM 可能不工作的情况。

(b) 对于申请批准的 FRM，申请人必须验证在所有对其性能有影响的飞机或发动机构型下，FRM 均满足本附录 M25.1 条要求。

M25.3 可靠性指示和维修可达

(a) 必须提供可靠性指示以识别 FRM 的隐性失效。对于确保具有 FRM 措施的燃油箱满足本附录 M25.1 条列出的机队平均可燃性暴露要求来讲，该识别是必需的，包括当 FRM 不工作时。

(b) 可靠性指示对于维修人员或机组必须有充分的可达性。

(c) 具有 FRM 的燃油箱 (包括通过通气系统连通的其他燃油箱) 和在正常或失效情况下可能存在危险气体的有限空间或封闭区域的接近口盖和面板，必须用永久的标记或标牌警告维修人员可能存在有潜在危险的气体。

M25.4 适航限制和程序

(a) 如果为符合本附录 M25.1 条而使用 FRM，对于其内部必须满足 M25.1 条要求所需的部件，必须为识别其失效所必需的所有维护或检查工作确定适航限制。

(b) 必须制定维护程序以识别 FRM 维护过程中要考虑的任何危害。这些程序必须纳入持续适航文件 (ICA) 中。

M25.5 可靠性报告

飞机部件失效对 FRM 可靠性的影响必须实时评估。申请人/持证人必须做以下工作：

(a) 拿出确保 FRM 可靠性数据收集的有效措施。该措施必须提供影响 FRM 可靠性的数据，比如部件失效。

(b) 除非局方已经批准替代的报告程序，否则按照 CCAR26 部的要求，在进入服役的最初 5 年内每 6 个月要向局方递交一份报告。之后，延续的每 6 个月报告可由局方可接受的其他可靠性跟踪方式替代。或者如果确定 FRM 的可靠性满足并且能够持续满足本附录 M25.1 条的可燃性暴露要求，每 6 个月报告的要求可以取消。

(c) 按照 CCAR26 部确定的经局方批准的时间表制定服务文件或修订适用的飞机手册，以纠正服役过程中出现的任何可能导致燃油箱的机队平均可燃性暴露超过本附录 M25.1 条规定的 FRM 失效。

(中国民用航空局 2011 年 11 月 7 日第四次修订)

3. CCAR25 附录 N: "燃油箱可燃性暴露和可靠性分析"

N25.1 概述

(a) 本附录规定了为满足第 25.981 条 (b) 款和附录 M 所需进行的燃油箱机队平均可燃性暴露分析的要求。对于安装在铝制机翼内的燃油箱，如果能够证实该燃油箱为传统的非加热机翼燃油箱，则定性的评估就足够了。

(b) 本附录定义了分析中必须使用的影响燃油箱可燃性的参数，包括影响机队中所有飞机的参数，比如环境温度的统计分布、燃油闪点、航段距离和飞机下降率。符合性的证明也同样要求运用所评估机型的特定因素。这些因素包括最大航程、巡航马赫数、飞机开始初始巡航阶段的典型高度、地面和飞行过程中的燃油温度和可燃性降低措施 (FRM) 的性能 (如安装)。

(c) 以下定义、输入变量和数据表格必须在确定特定机型的机队平均可燃性暴露的程序中使用。

N25.2 定义

(a) 总体燃油平均温度 (按体积计算的)，是指燃油箱内或燃油箱不同区域 (如果燃油箱被隔板或隔舱分隔) 的燃油平均温度。

(b) 可燃性暴露评估时间 (FEET)，是指从飞机航前准备开始，历经飞行和着陆，直至所有商载卸下、所有旅客和机组人员离开飞机的这一段时间。在 Monte Carlo 分析程序中，飞行时间从航段距离分布表 (表 2) 中随机选取，航前时间为飞行时间的函数，航后时间固定为 30 分钟。

(c) 可燃的，对于液体或气体，"可燃的" 是指容易被点燃或爆炸。一个不可燃的燃油箱空余空间指其中的燃油空气混合蒸气过贫或过富而不能燃烧或者该空间已被惰性化 (定义见后面)。就本附录而言，当油箱内总体燃油平均温度在所使用燃油的可燃范围内时，没有被惰性化的燃油箱被认为是可燃的。对于被隔板或隔舱分隔成各个小部分的燃油箱，如果该油箱没有被惰性化，则当其中任一小部分的总体平均燃油温度在所使用燃油的可燃范围内时，该燃油箱被认为是可燃的。

(d) 闪点，可燃液体的闪点指将加热样本所挥发出的蒸气能被火焰瞬时点燃 (或闪燃) 时的最低温度。本附录中表 1 提供了分析中所使用的标准燃油的闪点。

(e) 机队平均可燃性暴露，是指按照本附录规定的环境条件和燃油特性，一个机型的机队在全世界范围内运行的各个航段距离范围上，每个燃油箱的空余空间处于可燃状态的时间占可燃性暴露评估时间 (FEET) 的比例。

(f) 高斯分布，也称为正态分布，是一种对称的频率分布，具有用样本的均值和标准差精确表达的数学公式。高斯分布的钟形频率曲线数值上在均值附近占有优势，随着曲线向外延伸逐渐减少。

(g) 危险的大气，是指置于其中的维护人员、旅客或机组可能面临死亡、丧失能力、损失自救能力 (即独立地从受限空间中逃离)、受伤或急性病症风险的空气环境。

(h) 惰性，就本附录而言，如果燃油箱每个舱室内的总体平均氧气浓度在海平面到 3,048 米 (10,000 英尺) 高度之间不超过 12%，3,048 米 (10,000 英尺) 到 12,192 米 (40,000 英尺) 高度之间该浓度值从 12%线性增加至 14.5%，高于 12,192 米 (40,000 英尺) 线性外推，则该油箱被认为是惰性的。

(i) 惰性化，是指将不可燃气体注入燃油箱内的空余空间，使之变得不可燃的过程。

(j) Monte Carlo 分析，指本附录中规定的分析方法，作为评估燃油箱的机队平均可燃性暴露的符合性方法。

(k) 氧气析出，是指随着燃油箱内的压力和温度降低，燃油中溶解的氧气释放到空余空间当中。

(l) 标准差，是一个分布中离散或变化情况的统计度量，等于样本数据对于算术平均值离差的平方的算术平均值的平方根。

(m) 运输效应，就本附录而言，运输效应是指由于低燃油情况和燃油冷凝、雾化导致燃油箱内燃油蒸气浓度的变化。

(n) 空余空间，是指燃油箱内未被液体燃油占据的容积部分。

N25.3 燃油箱可燃性暴露分析

(a) 必须对评估的燃油箱进行可燃性暴露分析，以确定所评估飞机和燃油类型的机队平均可燃性暴露。对于被隔板或隔舱分隔成不同部分的燃油箱，必须对燃油箱的每一部分或者可燃性暴露最高的部分进行分析。分析中不允许考虑运输效应。分析必须按照中国民用航空局适航部门认可的方法和程序进行。本条 N25.3(b) 款和 (c) 款指定的参数必须在燃油箱可燃性暴露 "Monte Carlo" 分析中使用。

(b) 以下参数在 Monte Carlo 分析中定义并在本附录 N25.4 条中给出：

(1) 巡航环境温度，见本附录中定义。

(2) 地面环境温度，见本附录中定义。

(3) 燃油闪点，见本附录中定义。

(4) 航段距离分布，见本附录中表 2 定义。

(5) 飞机爬升和下降剖面，定义由中国民用航空局适航部门认可的技术标准确定。

(c) 作为 Monte Carlo 分析输入的所评估机型的特定参数有：

(1) 飞机巡航高度。

(2) 燃油箱油量。如果燃油量影响燃油箱的可燃性的话，则输入 Monte Carlo 分析的必须是代表评估的每一航段中自始至终燃油箱或燃油箱舱室内的实际燃油量。该数据的输入值必须由地面和飞行试验数据或经适航部门批准的燃油管理程序获得。

(3) 飞机巡航马赫数。

(4) 飞机最大航程。

(5) 燃油箱热特性。如果燃油温度影响燃油箱的可燃性的话，则输入 Monte Carlo 分析的必须是代表评估的每一航段中自始至终燃油箱内每一时刻的总体平均燃油温度。对于被隔板或隔舱分隔的燃油箱，必须提供燃油箱每一部分的总体平均燃油温度。这些数据的输入值必须由地面和飞行试验数据或经过地面和飞行试验数据验证的燃油箱热模型获得。

(6) 飞机最高运行温度限制。见飞机飞行手册中限制部分的定义。

(7) 飞机利用率。申请人必须提供用于支持所评估特定机型的日航段数和航段小时数的数据。如果没有支持所评估机型的现有机队数据，申请人必须证实该机型的日航段数和航段小时数与其提议使用的现有机队数据相符。

(d) 燃油箱 FRM 模型。如果采用 FRM，必须使用经适航部门批准的 Monte Carlo 程序表明符合第 25.981 条和附录 M 的可燃性要求。该程序必须确定具有 FRM 的燃油箱或隔舱在每一飞行阶段中可燃的时间段。在确定这些时间段时必须考虑以下因素：

(1) 在整个可燃性暴露评估时间内，全部预期的运行条件下，FRM 工作正常，但由于燃油箱通气系统或其他原因无法保持燃油箱不可燃的任何时间段。

(2) 如果请求按主最低设备清单 (MMEL) 放行，可靠性分析中假设的时间段 (对于 10 天 MMEL 放行限制，必须是 60 飞行小时，除非局方已批准了可替代的时间段)。

(3) FRM 不能运行的频率和持续时间段。FRM 不能运行是由潜在或已知的故障引起，包括可能造成 FRM 关断或停止工作的飞机系统关断或失效，而且经过适航部门可接受的试验或分析证实。

(4) 可能增加燃油箱可燃性暴露的 FRM 失效的影响。

(5) 如果采用的 FRM 受燃油箱内氧气浓度的影响，则从燃油中析出的氧气导致燃油箱或隔舱内超过惰性水平的时间段。申请人必须考虑所评估的燃油箱或隔舱内的燃油中析出的氧气可能导致燃油箱可燃的所有时间。必须用到的氧气析出率由中国民用航空局适航部门认可的技术标准定义。

(6) 如果采用惰性化系统 FRM，当天最后一个航班后，由于外界温度变化可能进入燃油箱内的空气的影响。夜里 12 个小时外界温度的变化由表 4 确定。

(e) 申请人必须向适航部门提交燃油箱可燃性的分析以获批准。该分析包括本附录 N25.3(c) 确定的特定飞机参数、与 N25.3(b) 确定的影响可燃性暴露的参数的任何偏离、具体数据和分析中假定的任何适航限制和其他条件。

N25.4 变量和数据表

在进行可燃性暴露分析确定机队平均可燃性暴露时，必须使用以下数据。用于计算机队可燃性暴露的变量必须包括外界大气温度、航段距离、可燃性暴露评估时间、燃油闪点、燃油箱的热特性、过夜温降和燃油箱空余空间中燃油析出的氧气含量。

(a) 外界大气温度和燃油特性。

(1) 为预测某一给定航段的可燃性暴露水平，必须使用地面环境温度和巡航环境温度的变化量，以及从地面到巡航再回到地面转换过程的计算方法。地面和巡航环境温度的变化量以及燃油的闪点由高斯曲线定义。该高斯分布由平均值和正负一个标准差给出。

(2) 环境温度：程序中的地面和巡航环境温度与一系列大气条件的假设相关联。从地面到航段所达到的巡航高度，温度随高度的变化服从国际标准大气 (ISA) 变化率。在该高度以上，环境温度固定为巡航环境温度。这导致上层大气温度的改变。对于冷天，在 3,048 米 (10,000 英尺) 以下采用温度逆增，然后在 3,048 米 (10,000 英尺) 以上使用 ISA 变化率。

(3) 燃油特性：

(i) 对于 JET A 燃油，燃油闪点的变化量由高斯曲线的定义，该高斯分布由平均值和正负一个标准差给出，见本附录中表 1。

(ii) 对于给定航段，可燃性暴露分析中必须使用的燃油可燃性包线是由 Monte Carlo 方法选取的燃油闪点的函数，由如下可燃性上限 (UFL) 和可燃性下限 (LFL) 定义：

(A) 海平面的 LFL= 海平面燃油闪点温度 −5.56℃(10 ℉)。随高度增加，每 246 米 (808 英尺)LFL 下降 0.56℃(1 ℉)。

(B) 海平面的 UFL= 海平面燃油闪点温度 + 35.28℃(63.5 ℉)。随高度增加，每 156 米 (512 英尺)UFL 下降 0.56℃(1 ℉)。

(4) 对于分析的每个航段，三个参数 (地面环境温度、巡航环境温度和燃油闪点) 当中的每一个都必须用本附录表 1 定义的高斯分布产生一个独立的随机数。

表 1　地面环境温度、巡航环境温度和燃油闪点的高斯分布　　　　　(单位：℉)

参数	地面环境温度	巡航环境温度	燃油闪点
平均温度	59.95	−70	120
负一个标准差	20.14	8	8
正一个标准差	17.28	8	8

(b) 在 Monte Carlo 分析中必须使用表 2 定义的航段距离分布。

表 2　航段距离分布　　　　　(单位：%)

航段距离/海里		航段距离分布									
自	至	1000 海里	2000 海里	3000 海里	4000 海里	5000 海里	6000 海里	7000 海里	8000 海里	9000 海里	10000 海里
0	200	11.7	7.5	6.2	5.5	4.7	4.0	3.4	3.0	2.6	2.3
200	400	27.3	19.9	17.0	15.2	13.2	11.4	9.7	8.5	7.5	6.7
400	600	46.3	40.0	35.7	32.6	28.5	24.9	21.2	18.7	16.4	14.8
600	800	10.3	11.6	11.0	10.2	9.1	8.0	6.9	6.1	5.4	4.8
800	1000	4.4	8.5	8.6	8.2	7.4	6.6	5.7	5.0	4.5	4.0
1000	1200	0.0	4.8	5.3	5.3	4.8	4.3	3.8	3.3	3.0	2.7
1200	1400	0.0	3.6	4.4	4.5	4.2	3.8	3.3	3.0	2.7	2.4
1400	1600	0.0	2.2	3.3	3.5	3.3	3.1	2.7	2.4	2.2	2.0
1600	1800	0.0	1.2	2.3	2.6	2.5	2.4	2.1	1.9	1.7	1.6
1800	2000	0.0	0.7	2.2	2.6	2.6	2.5	2.2	2.0	1.8	1.7
2000	2200	0.0	0.0	1.6	2.1	2.2	2.1	1.9	1.7	1.6	1.4
2200	2400	0.0	0.0	1.1	1.6	1.7	1.7	1.6	1.4	1.3	1.2
2400	2600	0.0	0.0	0.7	1.2	1.4	1.4	1.3	1.2	1.1	1.0
2600	2800	0.0	0.0	0.4	0.9	1.0	1.1	1.0	0.9	0.9	0.8
2800	3000	0.0	0.0	0.2	0.6	0.7	0.8	0.7	0.7	0.6	0.6
3000	3200	0.0	0.0	0.0	0.6	0.8	0.8	0.8	0.8	0.7	0.7
3200	3400	0.0	0.0	0.0	0.7	1.1	1.2	1.2	1.1	1.1	1.0

续表

航段距离/海里		航段距离分布									
自	至	1000 海里	2000 海里	3000 海里	4000 海里	5000 海里	6000 海里	7000 海里	8000 海里	9000 海里	10000 海里
3400	3600	0.0	0.0	0.0	0.7	1.3	1.6	1.6	1.5	1.5	1.4
3600	3800	0.0	0.0	0.0	0.9	2.2	2.7	2.8	2.7	2.6	2.5
3800	4000	0.0	0.0	0.0	0.5	2.0	2.6	2.8	2.8	2.7	2.6
4000	4200	0.0	0.0	0.0	0.0	2.1	3.0	3.2	3.3	3.2	3.1
4200	4400	0.0	0.0	0.0	0.0	1.4	2.2	2.5	2.6	2.6	2.5
4400	4600	0.0	0.0	0.0	0.0	1.0	2.0	2.3	2.5	2.5	2.4
4600	4800	0.0	0.0	0.0	0.0	0.6	1.5	1.8	2.0	2.0	2.0
4800	5000	0.0	0.0	0.0	0.0	0.2	1.0	1.4	1.5	1.6	1.5
5000	5200	0.0	0.0	0.0	0.0	0.0	0.8	1.1	1.3	1.3	1.3
5200	5400	0.0	0.0	0.0	0.0	0.0	0.8	1.2	1.5	1.6	1.6
5400	5600	0.0	0.0	0.0	0.0	0.0	0.9	1.7	2.1	2.2	2.3
5600	5800	0.0	0.0	0.0	0.0	0.0	0.6	1.6	2.2	2.4	2.5
5800	6000	0.0	0.0	0.0	0.0	0.0	0.2	1.8	2.4	2.8	2.9
6000	6200	0.0	0.0	0.0	0.0	0.0	0.0	1.7	2.6	3.1	3.3
6200	6400	0.0	0.0	0.0	0.0	0.0	0.0	1.4	2.4	2.9	3.1
6400	6600	0.0	0.0	0.0	0.0	0.0	0.0	0.9	1.8	2.2	2.5
6600	6800	0.0	0.0	0.0	0.0	0.0	0.0	0.5	1.2	1.6	1.9
6800	7000	0.0	0.0	0.0	0.0	0.0	0.0	0.2	0.8	1.1	1.3
7000	7200	0.0	0.0	0.0	0.0	0.0	0.0	0.0	0.4	0.7	0.8
7200	7400	0.0	0.0	0.0	0.0	0.0	0.0	0.0	0.3	0.5	0.7
7400	7600	0.0	0.0	0.0	0.0	0.0	0.0	0.0	0.2	0.5	0.6
7600	7800	0.0	0.0	0.0	0.0	0.0	0.0	0.0	0.1	0.5	0.7
7800	8000	0.0	0.0	0.0	0.0	0.0	0.0	0.0	0.1	0.6	0.8
8000	8200	0.0	0.0	0.0	0.0	0.0	0.0	0.0	0.0	0.5	0.8
8200	8400	0.0	0.0	0.0	0.0	0.0	0.0	0.0	0.0	0.5	1.0
8400	8600	0.0	0.0	0.0	0.0	0.0	0.0	0.0	0.0	0.6	1.3
8600	8800	0.0	0.0	0.0	0.0	0.0	0.0	0.0	0.0	0.4	1.1
8800	9000	0.0	0.0	0.0	0.0	0.0	0.0	0.0	0.0	0.2	0.8
9000	9200	0.0	0.0	0.0	0.0	0.0	0.0	0.0	0.0	0.0	0.5
9200	9400	0.0	0.0	0.0	0.0	0.0	0.0	0.0	0.0	0.0	0.2
9400	9600	0.0	0.0	0.0	0.0	0.0	0.0	0.0	0.0	0.0	0.1
9600	9800	0.0	0.0	0.0	0.0	0.0	0.0	0.0	0.0	0.0	0.1
9800	10000	0.0	0.0	0.0	0.0	0.0	0.0	0.0	0.0	0.0	0.1

注：1000 海里表示飞机最大航程。

(c) 过夜温降。对于安装有 FRM 的飞机，本附录中的过夜温降使用以下数据进行定义：

(1) 过夜期起始温度，该温度等于前一次飞行的着陆温度，是一个基于高斯分布的随机数；且

(2) 过夜温降值是一个基于高斯分布的随机数。

(3) 对于任何以过夜地面停放结束的航段 (每天一个，在每天平均航段数之外，取决于所评估特定机型的使用情况)，着陆外界大气温度 (OAT) 作为随机值从以下高斯曲线中选取：

表 3　着陆外界大气温度 (OAT)

参数	着陆外界大气温度/ °F
平均温度	58.68
负一个标准差	20.55
正一个标准差	13.21

(4) 外界大气温度 (OAT) 的过夜温降作为随机值从以下高斯曲线中选取：

表 4　外界大气温度 (OAT) 过夜温降

参数	外界大气温度过夜温降/ °F
平均温度	12.0
一个标准差	6.0

(d) 分析所需模拟的航班数量。为使 Monte Carlo 分析能够有效表明符合机队平均和暖天可燃性暴露要求，申请人必须对一个起码数量的航段进行分析，确保所评估燃油箱的机队平均和暖天可燃性暴露满足本附录表 5 中适用的可燃性限制。

表 5　可燃性暴露限制　　　　　　　　(单位：%)

Monte Carlo 分析中最少航段数	可接受的 Monte Carlo 最大平均燃油箱可燃性暴露	
	按满足 3% 的要求	按满足 7% 的要求
10,000	2.91	6.79
100,000	2.98	6.96
1,000,000	3.00	7.00

(中国民用航空局 2011 年 11 月 7 日第四次修订)

2.3.2　适航条款解读分析

1. CCAR25.981 条款解读分析

CCAR25.981 条款的目的是防止飞机正常工作和失效情况下热表面或其他潜在点火源的存在和出现，同时结合对燃油箱内可燃环境的控制，降低燃油箱的可燃性暴露时间，以从根本上防止灾难性事故的发生。

CCAR25.981 条共 4 款, 对各款要求的分析与解读如下:

1)CCAR 25.981(a) 款

(a) 条款的主旨是不能出现点火源, 其内容其实是给出了如何尽可能消除点火源, 或者说如何控制点火源出现的条件。主要内容涉及燃油箱系统的温度、故障及失效概率。

针对 a(1) 款和 a(2) 款, 无论是正常工作还是故障失效的条件下, 为防止燃油箱内及邻近部位存在可能点燃可燃性气体的热表面, 即要求燃油箱内的最高温度应低于预定使用的燃油自燃温度, 并留有一定的安全余量。由于 JET A 航空煤油的自燃温度为 435 $^\circ$F, 而 JP-4 为 468 $^\circ$F, 故一般规定燃油箱内最高温度不超过 400 $^\circ$F, 以留有 30~50 $^\circ$F 的安全余量。

对于 a(3) 款, 燃油系统的失效分析分三种情况考虑:

(1) 每个单点失效都不能引起点火源 (不考虑失效概率);

(2) 每个单点失效, 与每个没有表明至少为极小可能的（即失效概率 > 10^{-7}）潜在失效条件的组合, 不能引起点火源;

(3) 任何没有被证明是极不可能的（即失效概率 > 10^{-9}) 失效组合不能引起点火源。

可能产生点火源的各种失效情形及其可接受判据见表 2.2。

表 2.2　可能产生点火源的各种失效情形及其可接受判据

失效个数	失效情况	可接受判据
1	除具有失效–安全特性外的其他任何失效情况(具有失效–安全特性的失效不会产生点火源)	不可接受
2	1 个潜在失效, 1 个显性失效	潜在失效必须至少是极小可能的 (概率 < 10^{-7}), 且同时失效为极不可能的(概率 < 10^{-9})
	2 个潜在失效	每个潜在失效都必须至少是极小可能的 (概率 < 10^{-7})
	2 个显性失效	同时失效必须为极不可能的 (概率 < 10^{-9})
大于 2	任何失效情况	同时失效必须为极不可能的 (概率 < 10^{-9})

2)CCAR25.981(b) 条款分析

25.981(b) 给出了不同燃油箱的可燃性暴露时间限制并强制给出了燃油箱的可燃性评估方法, 它具有如下特点:

(1) 确定了定量要求

对于新飞机的设计, 条款要求参考传统非加热的铝制机翼燃油箱或一个固定的数值标准来对燃油箱可燃性进行评估, 它使得 25.981(b) 的要求更加具体和有效。

条款对每一燃油箱提出了 3% FEET 或与传统非加热铝制机翼燃油箱等效的

数值标准 (取较大者) 的要求。3% FEET 指标的制定综合了经济性、安全性等多方面因素考虑；而允许与传统的非加热铝制机翼燃油箱等效的原因是为了给设计者更多的自由度，且传统的非加热铝制机翼燃油箱的运营历史也证明了其安全可靠。

值得注意的是，不同类型的飞机，其传统的非加热铝制机翼燃油箱可燃性暴露水平也是不一样的，如：ARAC 计算机翼燃油箱的机队平均可燃性暴露时间范围就大约为 3%~5%。因此，采用与传统非加热铝制机翼燃油箱等效的数值标准评估时，一定要注意是所评估机型的传统非加热铝制机翼燃油箱，而不是其他类型飞机的传统机翼燃油箱。

(2) 指定了使用蒙特卡罗 (Monte Carlo) 方法来进行燃油箱可燃性分析

条款要求任何对燃油箱的可燃性定量分析都应采用蒙特卡罗方法 (附录 N)；对所有新设计的燃油箱，都必须在最初设计阶段进行分析来确定燃油箱是否满足机队平均可燃性限制。

FAA 适航监管部门曾考虑过批准附录 N 蒙特卡罗方法的替代方法，但它并未发现其他方法可以考虑所有能影响燃油箱可燃性暴露的因素，因此，现阶段必须使用蒙特卡罗方法来进行燃油箱的可燃性分析，CAAC 持有与 FAA 相同的规定。

(3) 附录 M、附录 N 与条款正文等效性

在 CCAR25 部中，附录不再是条款正文的补充与说明，而是与正文等效，具有同等的法规效力。

CCAR25.981(b) 条款在行文中将附录 M、附录 N 与本条款内容联系起来，使之成为一个完整的体系，且具有相同的效力。

(4) 对位于机身轮廓线内的辅助燃油箱提出了更严格要求

只要当燃油箱的任何部分位于机身轮廓线以内并且燃油箱通常为空，则要求其满足 3% FEET 和 3%温暖天气条件下地面和爬升阶段的要求；但当主燃油箱的一部分置于机身内时，条款要求与主燃油箱完全位于机身轮廓线外是相同的 (即 3% FEET 或与传统非加热铝制机翼燃油箱等效)，也就是说，条款仅对机身内的辅助燃油箱有着更严格的可燃性暴露时间要求。

对位于机身内通常为空的燃油箱 (辅助燃油箱) 和其他燃油箱所作的区分是因为前者通常有更大的爆炸风险和爆炸能量。燃油箱位于机身内通常导致很少的燃油箱冷却或没有冷却，某些情况下还会加热燃油箱 (如邻近制冷包)，它使得燃油箱可燃风险大为增加；通常为空的燃油箱大多数运行时间内是空的，因此该燃油箱易于被潜在点火源点燃，且由于油气空间较大，发生燃烧后爆炸能量较大，危害性大等。

3)CCAR25.981(c) 条款分析

25.981(c) 提供了 25.981(b) 可燃性限制的一个替代选项，即使用减轻点燃影响的措施 (IMM)。事实上，这两条款就是旨在降低燃油箱内的可燃性或抑制点燃影

响：在点火源防护基础上，进一步强化对燃油箱内可燃环境的控制，并明确要求降低燃油箱可燃性至可接受的水平，通过显著降低飞机燃油箱内无油空间中可燃油气混合气的可燃性或有效减轻点燃后对飞行安全的影响，从根本上解决燃油箱防爆安全问题。

4)CCAR25.981(d) 条款分析

本条款要求建立 CDCCL 限制和强制性维护、检查措施以防止降低可燃性、点火源防护及减轻点燃影响的措施性能退化和可靠性降低。其中，CDCCL 为关键设计构型控制限制项目，指为防止飞机出现不安全状况而对燃油系统设计中针对点火源防护方面、降低燃油箱可燃性措施 (FRM) 方面或减轻燃油蒸气点燃影响措施 (IMM) 方面的关键设计特征所制订的适航限制要求，以防止由于改装、修理或维护行为疏忽而导致这些关键设计特征的构型改变。

2. 附录 M 分析

对于除主燃油箱以外的机身内油箱，均需满足 CCAR25-R4 附录 M 的要求。CCAR25 部的附录 M 中含有 FRM 的详细规范要求，这些规范要求是为了确保FRM 的性能和可靠性。附录 M 包含 5 个方面的条款，需要进一步澄清的部分概念如下所述。

1) 机队平均可燃性暴露水平

M25.1(a) 要求每个燃油箱的机队平均可燃性暴露时间不能超过 3% 的可燃性暴露评估时间，作为这个 3% 的一部分，如果采用了降低可燃性措施 (FRM)，则在这 3% 当中，下列每段时间均不得超过 FEET 的 1.8%：

(1)FRM 工作，但燃油箱没有惰性化并且可燃；

(2)FRM 不工作，燃油箱可燃。

2) 术语 "起飞/爬升"

M25.1(b) 要求燃油箱机队平均可燃性暴露分析中应包含地面或起飞/爬升阶段，在此，术语 "起飞/爬升" 阶段已组合考虑了起飞和爬升这两个阶段 (起飞阶段是非常短的过程)。

3) 可靠性指示和隐性失效

"可靠性指示" 通常是指识别部件是否功能正常的计算机信息等，M25.3(a) 要求提供可靠性指示来识别 FRM 的隐性失效。该条款的意图是要求提供需要的指示来确保 FRM 满足条款中的最低可靠性要求。

系统可靠性评估要求 FRM 满足有最低可靠性要求，这就决定了需要进行指示，可能需要的满足可靠性要求的指示类型取决于设计细节和系统可靠性分析的结果。可使用多种设计方法来确保 FRM 满足条款中的可靠性和性能要求；也可能需要维修指示以便满足系统的最低可靠性。如果一个 FRM 系统没有提供任何系统失效的指示，则在长时间的运行中，系统可能暴露于隐性失效之中。对于为降低可燃性使用的主动或被动冷却措施的系统，要求的指示水平取决于冷却系统部件的可靠性。

确定 FRM 指示需要和系统性能的检测频率（维修间隔）必须基于 FRM 燃油箱机队平均可燃性暴露分析结果。在完成了用于表明系统符合性要求的合格审定试验和可靠性分析后才能决定正确的维修间隔和程序。

4) 适航限制的识别

在 M25.4(a) 中，仅是对那些 FRM 部件失效会影响燃油箱满足 M25.1 条中指定的机队平均可燃性暴露的 FRM 系统要求适航限制，而不是将所有的 FRM 维护工作识别为适航限制。CAAC 将所有满足这一目标的必需的工作视为是"重要的"；同时，CAAC 认为也应要求制造商为 FRM 提供其他维护信息作为 25.1529 条款要求的持续适航文件的一部分。

5) 可靠性报告

在 M25.5(b)、M25.5(c) 中，将 CCAR25 部与 CCAR26 部关联起来，以实现对运输类飞机持续适航和安全改进要求。

3. 附录 N 分析

CCAR25 部附录 N 规定了为满足第 25.981(b) 款和附录 M 所需进行的燃油箱机队平均可燃性暴露分析的要求。附录 N 含有表明受影响的飞机燃油箱符合建议的可燃性暴露限制所需的全体或温暖天气条件下燃油箱可燃性暴露值的计算方法。其中：N25.2 给出了附录 N 中使用的与可燃性和分析方法相关的具体定义；N25.3 给出了燃油箱可燃性暴露分析方法及相关参数定义；N25.4 给出了燃油箱可燃性暴露分析中相关变量和数据表。

4. 条款符合性方法分析

满足 CCAR25.981 条款要求可接受的符合性方法包括：设计说明、分析/计算、安全性评估、实验室试验、地面试验、飞行试验、机上检查与设备鉴定等。

1)25.981(a) 的符合性方法分析

设计说明：根据燃油箱及其附近系统的布置图，说明燃油箱受热情况，通过对燃油箱内外各系统附件的失效分析，找出引起燃油温升的主要部件，分析燃油温升情况。

分析/计算：对燃油箱内可能出现的最高温度进行分析/计算，确保燃油箱系统及部件满足燃油箱安全温度要求。可采用燃油箱热模型来计算分析燃油箱的温度。

安全性评估：通过燃油系统安全性评估来表明燃油系统内出现点火源是极不可能的，包括点火源失效分析和定性安全性评估，还需要考虑部件质量。

实验室试验：应分析各种失效和组合失效情况下燃油箱的温度，包括：通过燃油箱内附件的正常工作、三相电气部件的单相工作、三相电气部件的两相工作、润滑不足的机械部件的干工作、机械部件的无液体流动和减小液体流动的湿工作、运动机械装置被锁住或被卡住、泵的转子干运转、轴承损坏等试验，找出燃油箱中燃油的最高温度，此温度应低于 400 °F。

设备鉴定：燃油箱系统的部件均须通过设备鉴定试验，满足预定要求和性能，不会在失效时给燃油箱引入点火源。一般应参考 RTCA DO-160 *Environment Conditions and Test Procedures for Airbone Equipment* 等标准对机载设备进行相应的实验室鉴定试验。

2) 25.981(b) 的符合性方法分析

设计说明：通过燃油箱系统设计和技术说明书，说明燃油箱系统具有满足降低燃油箱可燃性要求的设计特征。

分析/计算：以燃油箱可燃性暴露水平的定性分析或定量分析，可能包括必要的地面试验和飞行试验修正，来综合确定燃油箱的可燃性暴露水平满足要求。可根据 FAA 发布的蒙特卡罗程序对燃油箱可燃性暴露水平进行定量分析。

安全性评估：通过对燃油箱与燃油箱系统及部件的各种可能失效的安全分析，说明系统设计能满足且能保持满足降低燃油箱可燃性的要求。如果设计有惰化系统，应用故障树分析的方法表明高温气体进入燃油箱的概率小于 $10^{-9}h^{-1}$。

地面试验和飞行试验：对于高可燃性油箱，可通过蒙特卡罗定量分析，并包括必要的地面试验和飞行试验收集数据及修正燃油箱热模型和 FRM 模型，最终确定燃油箱的可燃性暴露水平满足规章要求。

设备鉴定：燃油箱系统的部件均须通过设备鉴定试验，满足预定要求和性能，不会在失效时导致燃油箱可燃性增加。

3) 25.981(c) 的符合性方法分析

设计说明：通过燃油箱系统设计和技术说明书，说明燃油箱系统具有减轻燃油蒸气点燃影响措施的设计特征。

飞行试验：通过飞行试验表明减轻点燃影响的措施使得燃油蒸气点燃所造成的损伤不会妨碍飞机继续安全飞行和着陆。

设备鉴定：对于燃油箱系统采用的减轻点燃影响措施，可通过设备合格鉴定试验，确认其满足抑制燃油箱爆炸，而且不会妨碍继续飞行和着陆的要求。

4) 25.981(d) 的符合性方法分析

设计说明：表明制定有相应的适航限制项目 (CDCCL、特殊维护/检查工卡等) 保持点火源防护和降低燃油箱可燃性的设计特征，并持续满足安全要求。

安全性评估：依据安全性分析确定适用的点火源防护和降低可燃性相关适航限制项目和维护/检查项目及执行间隔。

机上检查: 对于 CDCCL 项目在飞机上的标识设置的合理性进行必要的机上检查, 确保在使用、维护过程中的持续适航保证。

参 考 文 献

[1]　温文才. 民用飞机燃油箱惰化技术研究 [J]. 科技信息, 2012, 26:345-346.

[2]　Michael B, William M C. Inerting of a Vented Aircraft Fuel Tank Test Article with Nitrogen-Enriched Air[R].DOT/FAA/AR-01/6, 2001.

[3]　Notice No.99-18. Transport Airplane Fuel Tank System Design Review, Flammability Reduction, and Maintenance and Inspection Requirements, Docket No.FAA-1999-6411[S]. Federal Register: October 29, 1999.

[4]　Final Rule. Transport Airplane Fuel Tank System Design Review, Flammability Reduction, and Maintenance and Inspection Requirements, Docket No.FAA-1999-6411[S]. Amendment Nos. 21-78,25-102, Federal Register: November 23, 2005.

[5]　白杰. 运输类飞机适航要求解读 (第四卷): 动力装置 [M]. 北京: 航空工业出版社, 2013.

[6]　Cavage W M. The Cost of Implementing Ground-Based Fuel Tank Inerting in the Commercial Fleet[R].DOT/FAA/AR-00/19, 2000.

[7]　Final Rule. Reduction of Fuel Tank System Flammability in Transport Category Airplanes, Docket No.FAA-2005-22997[S]. Amendment Nos. 25-125, 26-2,121-340,125-55,and 129-46, Federal Register: July 21, 2008.

[8]　Notice No.05-14. Reduction of Fuel Tank Flammability in Transport Category Airplanes, Docket No.FAA-2005-22997, Federal Register: November 23, 2005.

[9]　EASA NPA No.2008-19. Fuel Tank Flammability Reduction, 2008.

[10]　刘春阳, 李新, 鲍梦瑶. 民用运输类飞机燃油箱可燃性要求 [J]. 国际航空, 2018.03.

[11]　中国民用航空局. 运输类飞机适航标准 CCAR-R4[S]. 2011.

第3章 燃油箱可燃性计算程序剖析与应用

基于蒙特卡罗随机数产生技术，FAA 提出了一套计算燃油箱可燃性暴露时间的分析方法 (FTFAM)，亦称蒙特卡罗分析方法，该方法已为我国适航审定部门所采用，并作为燃油箱可燃性暴露时间适航符合性审定的评估方法。

燃油箱可燃性分析方法 (FTFAM) 是一个计算机程序，程序使用蒙特卡罗统计方法来确定燃油闪点温度、航段长度和巡航大气温度等未知变量，该程序是作为工程工具来开发的，在开发过程中虽没有遵循传统的程序编写规则，但程序中代码的编写却十分便于工程人员理解和掌握其中的关联和理论。

本章将从三个层面来对基于蒙特卡罗方法的燃油箱可燃性计算程序进行剖析：总体框架层面 —— 通过简约地分析计算程序的框架结构和输入参数，以达到了解程序全貌的目的；主题要义层面 —— 通过对程序中可燃界限和燃油温度影响因素、这些因素之间耦合关系及对计算结果的影响分析，以达到深入理解蒙特卡罗方法核心要义的目的；全面细微层面 —— 通过对源程序各输入参数、中间参数计算方法等细微问题进行全面深入的剖析，以达到由表及里、由浅至深、掌握全貌、了解细节的目的。不同剖析层面用以满足不同读者的需求。还将结合 DOT/FAA/AR-05/8"FuelTank Flammability Assessment Method User's Manual" 所述内容[1]，就如何应用该程序对燃油箱可燃性暴露水平进行计算分析作一简要介绍。

3.1 燃油箱可燃性计算程序概况

3.1.1 燃油箱可燃性计算程序的总体框架[1]

燃油箱可燃性分析方法 (FTFAM) 是在大量航段基础上，针对部分未知变量的已知分布，采用蒙特卡罗统计方法来生成随机性数据。用户使用燃油箱可燃性分析方法 (FTFAM) 时，在输入相关参数、反复计算每个飞行航段的基础上，计算出每个航段的可燃性暴露时间；通过对大量航段可燃性暴露时间的计算，可以产生在统计学上可靠的可燃性暴露水平数据。用户可以对任何类型的飞机燃油箱 (机身燃油箱、机翼燃油箱、辅助燃油箱等) 完成这些计算，无论这些燃油箱采取了降低可燃性技术措施与否。

图 3.1 所示为燃油箱可燃性计算程序 (模型) 的总体框架。程序中采用蒙特卡罗方法使用取自标准范围的随机数生成技术作为一些变量的输入。对于多变量问

题,则通过大量的数值计算来得到平均结果或结果的范围。

从图 3.1 中可见,确定燃油箱可燃性暴露水平过程主要涉及燃油箱外界环境、航段任务、燃油特性和燃油箱热特性四部分参数。当这些参数被赋值后,程序将根据用户输入或蒙特卡罗方法计算自行确定燃油箱空余空间在各航段中的每个时间段是否可燃,从而得出在各航段中燃油箱可燃的时间百分比。通过大量航段的迭代计算,可给出该特定机型燃油箱的机队平均可燃性暴露水平。程序中各主要计算模块的简化流程见图 3.2,而该流程的扩展,即所有用户输入参数和程序的预处理过程,如图 3.3 所示。

燃油箱可燃性分析程序可方便地在 Microsoft Windows 2000、Microsoft Windows XP 等操作系统上运行。

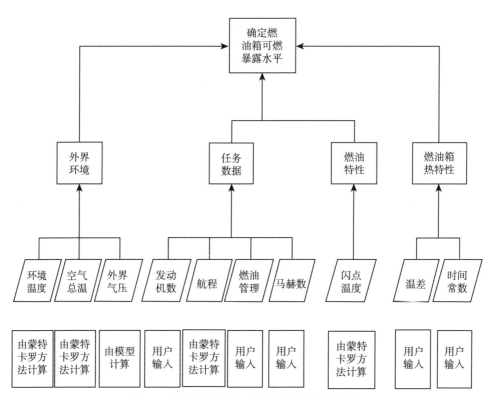

图 3.1   燃油箱可燃性分析模型总体结构框图

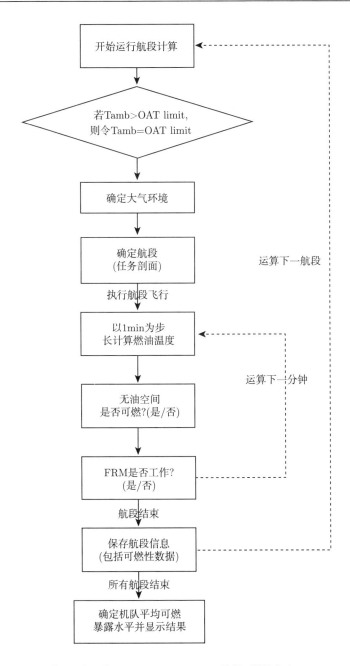

OAT：外界空气温度   FRM：降低可燃性方法

Tamb：环境温度

图 3.2　计算模块的简化流程图

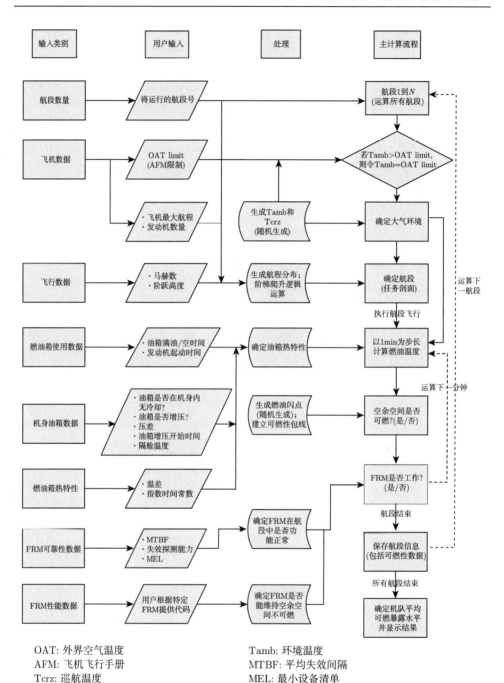

OAT: 外界空气温度   Tamb: 环境温度
AFM: 飞机飞行手册   MTBF: 平均失效间隔
Tcrz: 巡航温度   MEL: 最小设备清单

图 3.3　蒙特卡罗模型运行流程图 (含 FRM 计算)

3.1.2 燃油箱可燃性计算程序输入参数[2]

如图 3.1 所示,燃油箱可燃性计算程序的输入参数将由周围环境、航段任务、燃油性能和燃油箱热特性四部分参数构成,对于这四个部分输入参数的定义简述如下。

1. 周围环境参数

周围环境参数包括大气环境温度、总温和大气环境压力,三者均为已知的 (程序所规定的) 高斯分布。

1) 大气环境温度

程序中大气环境温度分为地面环境温度和巡航环境温度,其规定是:从地面到航段所达到的巡航高度,温度随高度的变化服从国际标准大气 (ISA) 变化率;在巡航高度以上,环境温度固定为巡航环境温度;对于冷天,在 3048m(10 000 ft) 以下采用温度逆增,在 3048m(10 000 ft) 以上使用 ISA 变化率。

2) 总温

总温是大气环境温度和飞行马赫数的函数。

3) 大气环境压力

大气环境压力随高度的变化服从国际标准大气 (ISA) 变化率。

2. 任务参数

任务参数包括飞行马赫数、航段距离分布、飞机最大航程、飞机巡航高度、飞行时间、发动机数以及燃油箱载油量。

1) 飞机最大航程

程序中飞机最大航程是指飞行器正常运行时的最大航程,它不是在没有载重时飞机的绝对最大航程。

2) 航段距离分布

航段距离分布是依据飞机最大航程来决定的。

在 FAA 给定的燃油箱可燃性计算程序中,航段距离分布是在最大航程以内,通过上万次飞行数据统计出的结果,其数据来自 ARAC 1998 年资料,按照 200n mile 相对最大航程的百分比给出。

3) 发动机引擎数

发动机引擎数即所评估机型的发动机引擎数量。在燃油箱可燃性分析中,该引擎数量用于与单个航程来共同决定飞机在单次航段中爬升至巡航高度所需时间。

4) 巡航高度

巡航高度与飞行时间有关。程序中规定：如果飞行时间小于 50min，第一巡航高度未达到；飞行时间介于 50~100min，仅能到达第一巡航高度；飞行时间介于 100~200min，可以到达两个巡航高度，高度变化在整个巡航时间的中点进行；飞行时间超过 200min，可以到达三个巡航高度，高度变化在 1/3 点进行。

5) 飞行马赫数

飞行马赫数是随着飞行高度变化的，如果高度小于 3048m(10 000 ft)，飞行马赫数固定为 0.4；如果高度超过 9144m(30 000 ft)，飞行马赫数为巡航高度马赫数；如果高度在这两者之间，飞行马赫数满足相应的关系式。

6) 燃油箱载油量

飞机燃油箱有中央翼燃油箱、主燃油箱和辅助燃油箱之分，每个燃油箱的燃油消耗情况是不同的，程序中对这三种燃油箱使用情况进行了规定，并认为燃油是按照线性规律消耗的。

7) 飞行时间与飞行总任务时间

飞行时间指某次任务飞行中，飞机上升、巡航和下降的时间总和。

一次飞行的总任务时间，包括飞行前准备时间、飞行时间以及着陆后检查时间三部分。其中着陆后检查时间是固定的 30min，而飞行前准备时间与飞行时间相关。

3. 燃油特性参数

程序中采用了燃油闪点和可燃界限来表征燃油特性。

4. 燃油箱热特性参数

假定燃油温度变化符合指数衰减规律，在程序中采用了几个指数衰减时间常数 τ 和平衡温差来表达指数衰减规律。其中时间常数 τ 是一个与燃油箱载油量相关的参数，由于假设了燃油箱载油量按照线性变化，因此时间常数 τ 也将按照线性变化。

程序中通过时间常数 τ 和平衡温差来计算每一时刻的燃油温度。

运行蒙特卡罗程序需要的燃油箱热特性数据为系统和环境向燃油箱提供的热量以及一系列时间常数 τ 和平衡温差。

3.2　影响可燃界限和燃油温度的因素分析

如图 3.2、图 3.3 所示，对于蒙特卡罗计算程序而言，它嵌入有两个判断语句，一个是空余空间是否可燃？另一个是 FRM 是否工作？由于需嵌入反映 FRM 工作性能的程序代码将由用户自行输入，且该自行输入的程序代码还需通过适航人员审定,这部分程序不具有通用性,在 FAA 所提供的蒙特卡罗源程序中并未过多涉及 (但预留了程序接口供用户自行输入),因此,与第一个判据 ——"空余空间是否可燃" 相关的判别方法就是整个 FAA 所提供的源程序的主要内容。

对 "空余空间是否可燃" 的判别,其实质就是确定各时段的可燃界限和燃油温度,并通过对落入可燃界限内的时间统计来获得燃油箱的可燃性暴露时间,即确定可燃界限与燃油温度是燃油箱可燃性计算程序的主要内容。

基于著者分析,在 FAA 所提出的燃油箱可燃性计算程序中,影响可燃界限和燃油温度的因素及这些因素之间的耦合联系可用图 3.4 来反映。

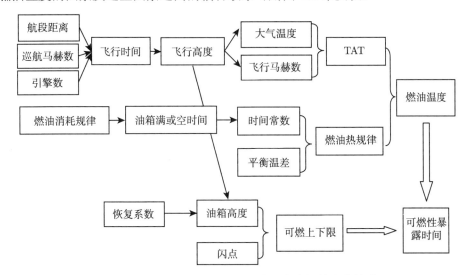

图 3.4 影响燃油箱可燃性评估各因素之间的内在关联

本节将基于图 3.4 所示的逻辑关系来对这些主要因素展开分析与讨论。

3.2.1 可燃界限影响因素分析

1. 可燃界限影响因素[2]

程序中的可燃界限是由燃油闪点和燃油箱压力高度决定的。燃油闪点呈已知的高斯分布,如表 3.1 所示,每一个闪点值将对应于一个可燃上下限值,在任何一次飞行试验中,闪点都是一个固定值,它由蒙特卡罗方法随机产生。

表 3.1 JET A 燃油的闪点分布

JET A 燃油闪点	闪点温度/ °F
平均值	120
负一个标准差	8
正一个标准差	8

程序中，可燃界限与燃油箱压力高度呈一次函数关系，如式 (3.1)、式 (3.2) 所示。

$$\text{LFL} = (\text{FP} - 10\,^{\circ}\text{F}) - h_{\text{tank}}/808\text{ft} \tag{3.1}$$

$$\text{UFL} = (\text{FP} + 63.5\,^{\circ}\text{F}) - h_{\text{tank}}/512\text{ft} \tag{3.2}$$

式中，FP 为燃油闪点，$^{\circ}$F；h_{tank} 为燃油箱压力高度，ft。

所谓的燃油箱压力高度 h_{tank} 是指与燃油箱压力相同时的大气环境高度值，这个值并不是飞机飞行时所处的真实环境高度。对于闭式增压燃油箱，燃油箱压力高度值小于飞行环境高度值，差值取决于燃油箱增压值的大小；对于开式燃油箱，该值由飞行环境高度和恢复系数共同决定。

程序中，恢复系数值将由用户直接输入，其定义为

$$\text{恢复系数} = \frac{\text{油箱压力} - \text{外界静压}}{\text{外界总压} - \text{外界静压}} \tag{3.3}$$

对于可燃界限的确定，程序中所采取的计算方法如下。

大气压力和飞行环境高度满足：

$$P = 14.7 \times \left(1 - \frac{H}{145.45}\right)^{5.2561} \tag{3.4}$$

式中，P 为大气压力，psi[①]；H 为飞行环境高度，kft。

加入恢复系数所产生的静压 p_{rec} 以后，得到燃油箱真实压力 P_{tank}：

$$P_{\text{tank}} = \left[P \cdot (1 + 0.2Ma^2)^{\frac{1.4}{1.4-1}} - P\right] \cdot p_{\text{rec}} + P \tag{3.5}$$

根据燃油箱真实压力 P_{tank}，程序再通过式 (3.4) 计算出燃油箱压力高度 h_{tank}，并将各时段的燃油箱压力高度 h_{tank} 代入式 (3.1)、式 (3.2) 来确定可燃界限。

在蒙特卡罗程序中，用户如需考查单次飞行 (single flight) 情况，可以按规定输入具体的燃油闪点温度，如图 3.5 所示；在多次飞行的计算中，则无须用户输入，燃油闪点将按照高斯分布规律依据表 3.1 随机产生，如图 3.6 所示。

Flight time	620	Late Flt
Gnd Ambient Temp	60.0	74.7
Cruise Ambient	-70.0	-68.3
Flash Point	111.7	

图 3.5　单次飞行闪点取值 (用户自行输入)

---

①非法定单位，1psi= 6.89476×10^3Pa。

	Ground Amb.	Cruise amb.	Flash Point
	59.94568382	-70	120
below 50%	20.13778676	8	8
above 50%	17.27959602		

图 3.6　多次计算程序定义的高斯分布规律

2. 燃油闪点温度变化对可燃界限的影响

图 3.7 为不同闪点温度下燃油的可燃界限。如图所示，随着闪点的改变，可燃界限将同步发生改变；闪点增大，可燃上下限的温度值同步升高。

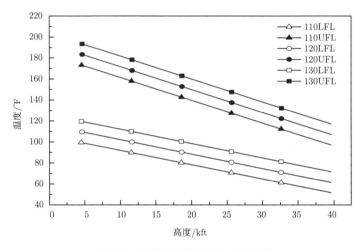

图 3.7　闪点对可燃上下限的影响

由于燃油闪点温度变化将显著改变其可燃界限，因此，它对燃油箱可燃性评估结果带来一定的影响。

3. 恢复系数对可燃界限的影响

恢复系数是通过改变燃油箱压力高度来影响可燃界限的，如图 3.8 所示。

由图 3.8 可以看出，只有当恢复系数大于 10% 以后，其对可燃界限的影响才能显现出来，而且其值越大，对可燃上/下限的影响也越大；且随着其值的增大，可燃上/下限将同步升高；飞行高度越高，这种影响越明显。

在民用运输类飞机普遍采用的开式燃油箱中，除非 NASA 通气勺或通气管路受到堵塞，不然其恢复系数是很小的 (一般不大于 5%)，因此它对燃油箱可燃性评估结果的影响几乎可以忽略。

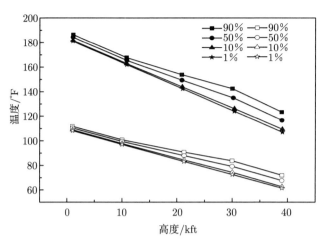

图 3.8   恢复系数对可燃上下限的影响

3.2.2   燃油温度的确定[3]

在飞机飞行过程中,燃油箱内燃油温度的变化主要取决于燃油箱内燃油量变化及其与外界环境的热交换量。由于飞行中,燃油箱内燃油是时刻被消耗的,即燃油的数量是时刻变化的,但这个变化规律可以通过燃油的消耗率和各燃油箱的耗油顺序来反映;而燃油与外界的换热量则与燃油箱结构布置、燃油箱内热源的布置、燃油箱与外界大气环境的换热量等问题相关,因此,程序中将通过输入不同时段的时间常数 τ 和平衡温差 ΔT 来反映。

事实上,燃油温度变化是一个十分典型的变质量热力学过程,它也是燃油箱可燃性暴露时间分析的核心内容,需要具体问题具体分析,分析的理论基础就是能量守恒原理。在这个问题分析中,外界大气环境温度和压力变化规律是必须考虑的,因此,FAA 源程序中首先编写了反映大气环境温度、压力随飞行高度变化规律的程序代码。

燃油箱的大气环境温度与飞机所处高度及飞行过程中的马赫数有关,而飞机所处高度又与其飞行时间有关,决定飞行时间的因素为发动机数、巡航马赫数和航段距离,它们之间的耦合关系如图 3.4 所示。

1. 环境总温 (TAT)

程序中定义的 TAT 并不是通常意义下的外界环境温度,而是进行修正之后飞机蒙皮的恢复温度,它是大气环境温度和飞行马赫数的函数,其表达式如下:

$$\text{TAT} = (T_{\text{amb}} + 460) \times (1 + 0.18 \cdot Ma^2) - 460 \tag{3.6}$$

式中,TAT 为环境总温,℉;T_{amb} 为大气环境温度,℉;Ma 为飞行马赫数。

1) 飞行马赫数 Ma

根据飞行高度不同，程序中将飞行马赫数分成了三个部分，并且规定：如果高度小于 3048m(10 000 ft)，飞行马赫数固定为 0.4；如果高度超过 9144m(30 000 ft)，飞行马赫数为巡航高度马赫数；如果高度在这两者之间，飞行马赫数按线性规律递增，而用户只能输入巡航阶段的飞行马赫数。

$$\begin{cases} Ma = 0.4, & (H < 10\text{kft}) \\ Ma = (H - 10) \times \dfrac{Ma_{\text{crz}} - 0.4}{20} + 0.4, & (H < 30\text{kft}) \\ Ma = Ma_{\text{crz}}, & (H \geqslant 30\text{kft}) \end{cases} \tag{3.7}$$

式中，Ma_{crz} 为巡航高度的马赫数 (将由用户输入)。

2) 大气环境温度 T_{amb}

程序中，大气环境温度分为地面大气温度、巡航阶段大气温度以及地面到巡航高度之间的大气变化温度。同时，地面大气温度又分为起飞时和着陆时；巡航大气温度也有前半段和后半段之分。程序中规定，对于地面大气温度和巡航大气温度，用户只可以更改单次飞行时候的数值，如图 3.5 所示；而多次飞行计算的数值则按照高斯分布规律 (程序中，对于地面温度的方差选择有两种：当随机数 Rnd<0.5 时，选择下方差值；否则选择上方差值) 随机产生，如图 3.6 所示。由于随机数的不同，起飞时候地面大气温度和着陆时候地面大气温度并不相同，同理，巡航阶段大气温度的前半段和后半段也不一致。

地面和巡航高度之间的大气温度计算关系式如下：

$$\begin{cases} T_{\text{amb}} = T_{\text{grd}} - 3.75\ ^\circ\text{F} \times H, & (H < 10\text{kft}, \quad T_{\text{grd}} > 40\ ^\circ\text{F}) \\ T_{\text{amb}} = T_{\text{grd}} - \dfrac{T_{\text{grd}} - 4.3}{10} \times H, & (H < 10\text{kft}, \quad T_{\text{grd}} < 40\ ^\circ\text{F}) \\ T_{\text{amb}} = T_{\text{amb}} - 3.75\ ^\circ\text{F}, & (H \geqslant 10\ \text{kft}, \quad T_{\text{amb}} \geqslant T_{\text{crz}}) \\ T_{\text{amb}} = T_{\text{crz}}, & (H \geqslant 10\ \text{kft}, \quad T_{\text{amb}} < T_{\text{crz}}) \end{cases} \tag{3.8}$$

式中，T_{grd} 为地面大气温度，$^\circ$F；H 为飞行高度，kft；T_{crz} 为巡航高度的大气温度，$^\circ$F。大气温度、TAT 和飞行马赫数随高度的变化规律见图 3.9。

程序中利用了大气环境温度 T_{amb}、TAT 和 Ma 这三个值来获取整个飞行过程中燃油箱外界环境温度的变化规律，所获取的环境温度变化规律储存在计算程序中间计算 (Internal Calculations) 的一个表格中，如图 3.10 所示，它可方便用户随时调看。

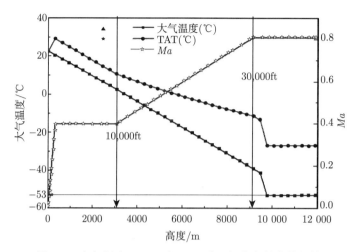

图 3.9 大气温度、TAT 和 Ma 随飞行高度的变化规律

Climb and early crz

Altitude	Ambient Temp	Mach	TAT
0	47.18677139	0	47.18677139
1	43.6167717	0.400000006	58.12093353
2	40.046772	0.400000006	54.44812012
3	36.47677231	0.400000006	50.77530289
4	32.90677261	0.400000006	47.10248947
5	29.33677101	0.400000006	43.42967224
6	25.76677132	0.400000006	39.75685501
7	22.19677162	0.400000006	36.08403778
8	18.62677193	0.400000006	32.41122437
9	15.05677128	0.400000006	28.73840714
10	11.30677128	0.400000006	24.88040733
11	7.556771278	0.42050001	22.43800354
12	3.806771278	0.441000015	20.0430603
13	0.056771278	0.461499989	17.69387627
14	-3.693228722	0.481999993	15.38875294
15	-7.443228722	0.502499998	13.12598515
16	-11.19322872	0.523000002	10.90387154
17	-14.94322872	0.543500006	8.720709801
18	-18.69322968	0.56400001	6.574796677
19	-22.44322968	0.584500015	4.464432716
20	-26.19322968	0.605000019	2.387914181
21	-29.94322968	0.625500023	0.343539983
22	-33.69322968	0.646000028	-1.670392394
23	-37.44322968	0.666499989	-3.655591011
24	-41.19322968	0.686999977	-5.613745689
25	-44.94322968	0.707499981	-7.546564579
26	-48.69322968	0.727999985	-9.455749512
27	-52.44322968	0.74849999	-11.34300327
28	-56.19322968	0.768999994	-13.21002674
29	-59.94322968	0.789499998	-15.05852222
30	-63.69322968	0.810000002	-16.89019203
31	-67.44322968	0.810000002	-21.08305931
32	-63.2433815	0.810000002	-16.38721848
33	-63.2433815	0.810000002	-16.38721848
34	-63.2433815	0.810000002	-16.38721848
35	-63.2433815	0.810000002	-16.38721848
36	-63.2433815	0.810000002	-16.38721848
37	-63.2433815	0.810000002	-16.38721848
38	-63.2433815	0.810000002	-16.38721848
39	-63.2433815	0.810000002	-16.38721848

Late CRZ and Descent Case

Altitude	Tamb	Mach	TAT
0	107.5377274	0	107.5377274
1	103.9677277	0.400000006	120.2099991
2	100.397728	0.400000006	116.5371857
3	96.82772827	0.400000006	112.8643646
4	93.25772858	0.400000006	109.1915512
5	89.68772888	0.400000006	105.5187378
6	86.11772919	0.400000006	101.8459167
7	82.54772949	0.400000006	98.17310333
8	78.9777298	0.400000006	94.50028992
9	75.40773011	0.400000006	90.8274765
10	71.6577301	0.400000006	86.96947479
11	67.9077301	0.42050001	84.70979309
12	64.1577301	0.441000015	82.50669861
13	60.4077301	0.461499989	80.35849762
14	56.6577301	0.481999993	78.26348877
15	52.9077301	0.502499998	76.21990662
16	49.1577301	0.523000002	74.22622681
17	45.4077301	0.543500006	72.28056335
18	41.6577301	0.56400001	70.38128662
19	37.9077301	0.584500015	68.52668762
20	34.1577301	0.605000019	66.715065
21	30.4077301	0.625500023	64.94471741
22	26.6577301	0.646000028	63.21394348
23	22.9077301	0.666499972	61.52103043
24	19.1577301	0.686999977	59.86429596
25	15.4077301	0.707499981	58.24202347
26	11.6577301	0.727999985	56.65251923
27	7.907730103	0.74849999	55.09407425
28	4.157730103	0.768999994	53.564991
29	0.407730103	0.789499998	52.0635643
30	-3.342269897	0.810000002	50.58809662
31	-7.092269897	0.810000002	46.39522934
32	-43.43584061	0.810000002	5.759553909
33	-47.18584061	0.810000002	1.566686273
34	-50.93584061	0.810000002	-2.626181126
35	-54.68584061	0.810000002	-6.819048882
36	-58.43584061	0.810000002	-11.01191616
37	-62.18584061	0.810000002	-15.20478344
38	-65.93583679	0.810000002	-19.39764786
39	-69.68583679	0.810000002	-23.59051514

图 3.10 Internal Calculations 中储存的大气温度、TAT 和马赫数

2. 飞行高度 H

在可燃界限和大气温度计算中，都需要用到飞行高度，程序中的飞行高度是由飞行时间决定的，而飞行时间则由航段分布、巡航马赫数、引擎数共同决定。

1) 航段分布

航段分布(Range) 由最大航程和飞行试验次数决定，如果选择最大航距为 10 000n mile，飞行 100 次的话，程序可自动生成如图 3.11 所示的分布 (注：选择不同的最大航程或飞行次数，所生成的航段分布将是不同的)。

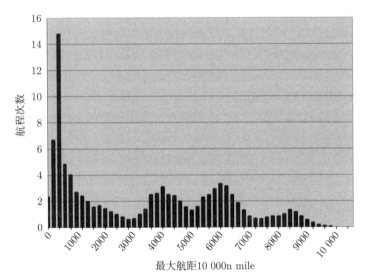

图 3.11　航段距离分布

2) 飞行时间

由航段分布可以求出飞行时间，关系式为

$$t_{\text{flt}} = \dfrac{\dfrac{(\text{Range} - 100) \times 60}{573.6}}{Ma_{\text{crz}}} + (0.7 \times 60) \tag{3.9}$$

式中，t_{flt} 为飞行时间，min。

式 (3.9) 中的 Range 如果取最大航程的话，将得到最大飞行时间 t_{fltmax}。程序中规定：计算得到的飞行时间必须在 15min 和最大飞行时间之间。对于单次飞行，飞行时间将由用户自行输入。

3) 任务总时间和各分段时间

程序中，任务总时间分为起飞前时间、飞行时间和着陆后时间三个部分，而飞行时间又可细分为爬升时间、巡航时间和下降时间三个部分。

对于起飞前的准备时间, 程序将根据飞行时间的长短按式 (3.10) 确定:

$$\begin{cases} t_{\text{bf}} = 30\,\text{min} & (t_{\text{flt}} < 180\,\text{min}) \\ t_{\text{bf}} = 45\,\text{min} \\ t_{\text{bf}} = 90\,\text{min} & (t_{\text{flt}} > 240\,\text{min}) \end{cases} \tag{3.10}$$

式中, t_{bf} 为起飞前的准备时间, min。

对于着陆后乘客离开和卸载时间, 程序规定为 30min。

计算爬升时间、巡航时间和下降时间时, 程序将根据飞行时间的长短分四种情况来考虑。

(1) $t_{\text{flt}} < 50\,\text{min}$。此种情况下没有巡航时间, 爬升时间占飞行时间的 40%, 下降时间占 60%。

(2) 这三种情况分别对应一个、两个和三个巡航高度, 这三种情况下爬升时间根据引擎数和飞行时间与最大飞行时间比值来确定, 如表 3.2 所示。

表 3.2　爬升时间　　　　　　　　　　　　　(单位: min)

引擎数	<20%	<40%	<60%	<80%	<100%
2	20	20	30	30	35
3	25	30	35	35	40
4	25	35	40	40	45

对于下降时间, 程序中假设飞机以下降速率为 2500ft/min 下降到 4000ft, 然后下降速率降为 500ft/min, 直到落地, 表 3.3 中的下降时间正是根据这个假设计算得出的。

$$t_{\text{des}} = \frac{\text{Alt3} - 4000}{2500} + \frac{4000}{500} \tag{3.11}$$

式中, t_{des} 为下降时间, min; Alt3 为下降前的巡航高度, ft。

4) 巡航高度

对于用户输入的三个不同巡航高度值, 程序中的应用方法如下:

(1) 飞行时间 <50min, 飞行高度最大值为按爬升时间占 40% 飞行时间的计算, 如图 3.12 所示;

(2) 飞行时间 <100min, 飞行高度可以达到第一巡航高度;

(3) 飞行时间 <200min, 飞行高度可分为两个巡航高度;

(4) 飞行时间 >200min, 飞行高度可分为三个巡航高度。

表 3.3 下降时间

高度/kft	时间/min	高度/kft	时间/min
25	16.4	43	23.6
26	16.8	44	24
27	17.2	45	24.4
28	17.6	46	24.8
29	18	47	25.2
30	18.4	48	25.6
31	18.8	49	26
32	19.2	50	26.4
33	19.6	51	26.8
34	20	52	27.2
35	20.4	53	27.6
36	20.8	54	28
37	21.2	55	28.4
38	21.6	56	28.8
39	22	57	29.2
40	22.4	58	29.6
41	22.8	59	30
42	23.2	60	30.4

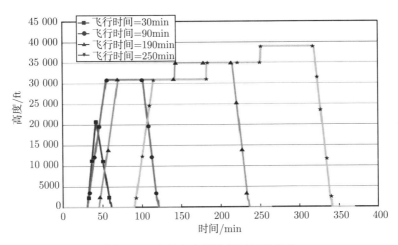

图 3.12 飞行高度随飞行时间的变化

3. 燃油受热的变化规律

程序中,燃油受热的变化规律将由燃油箱使用率、燃油箱满空时间、时间常数和平衡温差来反映。

1) 燃油箱使用率与满空时间

程序中对于中央翼燃油箱、主燃油箱和辅助燃油箱三类燃油箱的使用情况进行了规定，并认为燃油是按照线性规律消耗的，如图 3.13 所示。

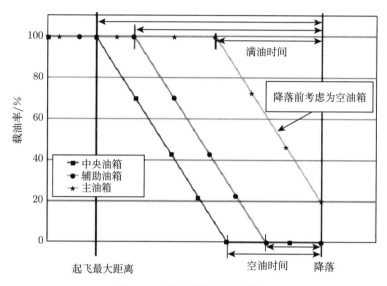

图 3.13　燃油箱燃油使用情况

程序假定，在最大航程情况下，三类燃油箱初始都是满油的，发动机一旦启动，首先消耗中央翼燃油箱；当中央翼燃油箱燃油部分消耗后，辅助燃油箱才开始消耗；当中央翼燃油箱内燃油耗尽时，主燃油箱才开始消耗。

程序中，通过燃油箱的满油时间和空油时间这两个参数来描述燃油箱内燃油的消耗情况。其中燃油箱满的时间是指燃油箱燃油开始消耗的时刻到飞行结束 (即飞机着陆) 的时间长度，而燃油箱空的时间指燃油箱内燃油耗尽到飞行结束的时间长度。由图 3.13 可知，对于中央翼燃油箱而言，燃油箱满时间就是最大飞行时间，对于主燃油箱而言，燃油箱空时间为 0min。

2) 时间常数 τ 与平衡温差 ΔT

程序中需输入 6 个不同阶段、发动机不同状态下的时间常数 τ。在飞机起飞前的地面阶段，燃油箱是满的，时间常数 τ 分成引擎开和引擎关两种情况；在飞机着陆以后，中央翼燃油箱肯定是空的，时间常数 τ 也分为引擎开启和关闭两种情况；在飞行过程中，分为燃油箱满、燃油箱空和燃油箱正在消耗三种情况，其中燃油箱正在消耗时候的时间常数是程序按照线性变化规律自动计算的，而燃油箱满、燃油箱空则需用户自行输入。

用户输入上述 6 个时间常数后，计算程序将根据飞行状态和燃油箱中燃油的满空情况自动选择对应时间常数，如图 3.14 所示。

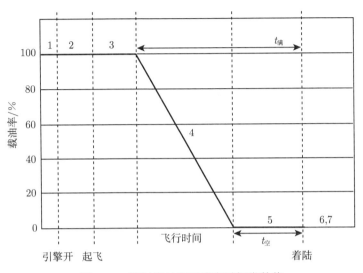

图 3.14 通过燃油存量确定时间常数值

平衡温差 ΔT 定义为时间为无限长的情况下，燃油温度将最终达到的平衡温度与初始温度之间的差值。平衡温差 ΔT 亦分为地面引擎开启、地面引擎关闭和飞行中三种状态，也需要用户自行输入。

4. 燃油温度计算

程序中通过不同的时间常数和平衡温差来计算各时段燃油的温度，其计算表达式为

$$T_{\mathrm{fuel},i} = T_{\mathrm{fuel},i-1} + (\mathrm{TAT} + \Delta T - T_{\mathrm{fuel},i-1})(1 - \mathrm{e}^{-\frac{1}{\tau}}) \tag{3.12}$$

通过上面分析，不难理解直接影响燃油温度变化的因素是时间常数和平衡温度，其余各因素则是通过对时间常数和平衡温度的影响来反映其对燃油温度的作用，各因素的影响路径如下：

$$\left.\begin{array}{l}\text{航段分布 → 飞行时间 → 飞行高度 → 大气温度}\\ \text{飞行马赫数}\end{array}\right\} \to \mathrm{TAT}$$

$$\left.\begin{array}{l}\text{燃油消耗规律 → 油箱满或空时间 → 时间常数}\\ \text{平衡温差}\end{array}\right\} \to \text{燃油热规律}$$

$$\left.\begin{array}{c}\to \mathrm{TAT}\\ \\ \to \text{燃油热规律}\end{array}\right\} \Rightarrow \text{燃油温度}$$

3.2.3   各因素对燃油箱可燃性评估结果的影响分析[2]

1. 各因素对可燃性评估结果的影响分析

著者将蒙特卡罗程序中的输入参数分成了九组, 设定飞行次数为 10 000 次, 结合各因素与可燃界限或燃油温度之间的关联式, 来分析每组因素变化对可燃性暴露时间评估结果的影响。

1) 外界大气温度 (OAT) 限制对可燃性暴露时间的影响

外界大气温度 (OAT) 限制对可燃性暴露时间有一定的影响, 这是因为不同的OAT限制, 将产生不同的大气环境温度 T_{amb}, 而大气环境温度会影响燃油温度的计算, 进而影响到可燃性暴露时间, 而且随着外界大气 (OAT) 限制温度的上升, 可燃性暴露时间增大, 如图 3.15 所示。

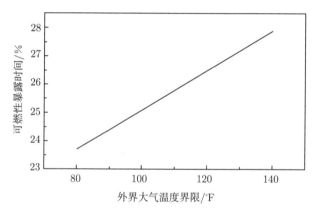

图 3.15   可燃性暴露时间随大气温度限制的变化

2) 最大航距对可燃性暴露时间的影响

最大航距对可燃性暴露时间影响不是很大, 随着最大航程的增加, 可燃性暴露时间会有略微下降。其实质是载油量对可燃性暴露时间的影响, 因为航程越远, 燃油箱载油量越多, 燃油温度变化越小, 同时受高空低温的影响, 巡航的时间越长, 燃油的温度越低。总的来说随着航段距离的增加, 可燃性暴露时间降低, 但降低幅度有限, 如图 3.16 所示。

3) 恢复系数对可燃性暴露时间的影响

如图 3.17 所示, 恢复系数对评估结果影响很小。这是由于恢复系数总量很小, 对可燃界限以及燃油温度变化影响甚微, 因此, 评估中不必过于关注。

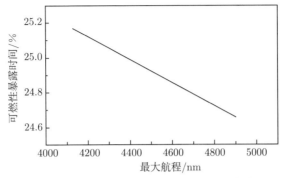

图 3.16 可燃性暴露时间随最大航程的变化

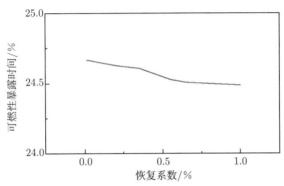

图 3.17 可燃性暴露时间随恢复系数的变化

4) 飞行马赫数对可燃性暴露时间的影响

飞行马赫数对可燃性暴露时间影响是很大的，这是因为滞止温度与马赫数呈平方关系，随着马赫数的增大，滞止温度迅速增大，它将带来总温 TAT 的增加，而燃油温度与总温 TAT 直接相关，因此马赫数的改变，会显著影响到燃油温度的变化，最终影响到可燃性暴露时间。由图 3.18 可见，在亚音速范围内，马赫数越大，

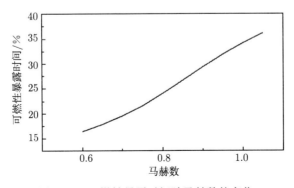

图 3.18 可燃性暴露时间随马赫数的变化

可燃性暴露时间越大，燃油箱越不安全。

5) 地面状态下时间常数和平衡温差对可燃性暴露时间的影响

从图 3.19 和图 3.20 中可以看出，在地面状态下、引擎关闭时，无论燃油箱满还是燃油箱空的时间常数对燃油箱可燃性暴露时间结果没有影响；但当引擎启动后，时间常数对评估结果虽有影响，但影响有限。而从图 3.21 可知，地面状态下平衡温差对可燃性结果影响则比较大，而且引擎启动后还会加剧影响。

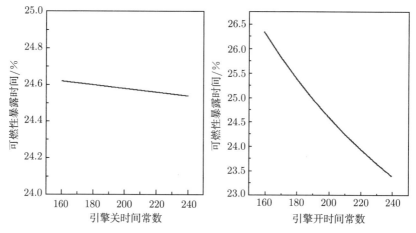

图 3.19 地面燃油箱空时，可燃性暴露时间随时间常数的变化

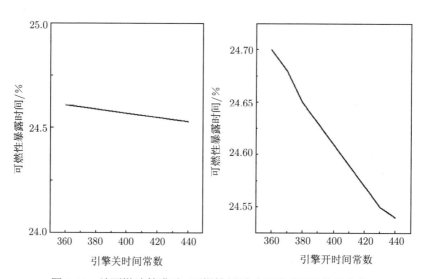

图 3.20 地面燃油箱满时，可燃性暴露时间随时间常数的变化

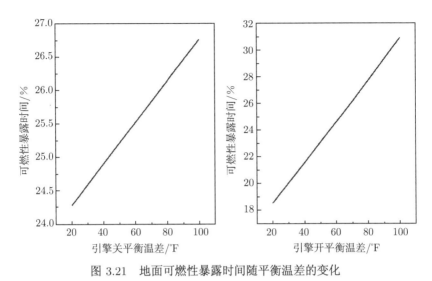

图 3.21 地面可燃性暴露时间随平衡温差的变化

6) 飞行中时间常数和平衡温差对可燃性暴露时间的影响

飞行中燃油箱空时的时间常数对可燃性暴露时间影响比较大,而燃油箱满的时候时间常数对结果影响很小,如图 3.22 所示。

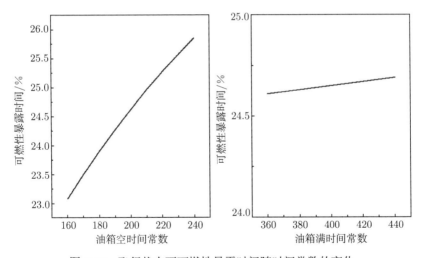

图 3.22 飞行状态下可燃性暴露时间随时间常数的变化

飞行中的平衡温差对可燃性暴露时间影响很大,改变平衡温差,燃油温度会随之改变,随着平衡温度的增加,可燃性暴露时间将大幅增加,如图 3.23 所示。

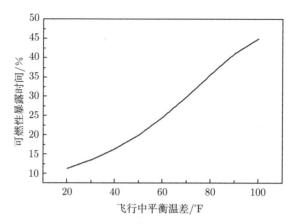

图 3.23　飞行状态下可燃性暴露时间随平衡温差的变化

7) 巡航高度对可燃性暴露时间的影响

从图 3.24 中可以看出,巡航高度变化对可燃性暴露时间有影响,但影响不大。随着巡航高度改变,外界大气压力会发生变化,它将导致可燃界限的变化,总体来说,巡航高度越高,可燃性暴露时间越大,燃油箱越不安全。

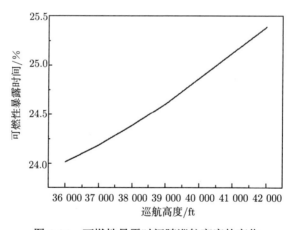

图 3.24　可燃性暴露时间随巡航高度的变化

8) 引擎开启时间对可燃性暴露时间的影响

从图 3.25 中可以看出,引擎何时开启对燃油箱可燃性暴露时间几乎没有影响,该时间只会影响到飞行时间,而对可燃界限及燃油温度影响较小。

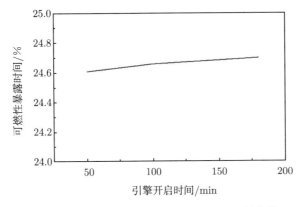

图 3.25 可燃性暴露时间随引擎启动时间的变化

9) 燃油箱满和燃油箱空的时间对可燃性暴露时间的影响

从图 3.26 中可以看出,燃油箱满的时间和空的时间对可燃性暴露时间均有影响,这是因为燃油箱满的时间和空的时间会影响到载油量的变化。

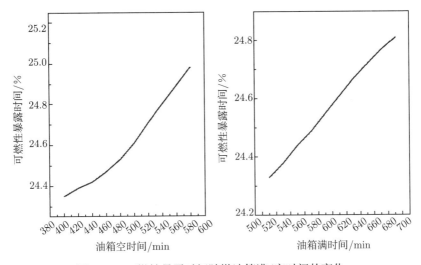

图 3.26 可燃性暴露时间随燃油箱满/空时间的变化

从上述计算结果中不难发现,对飞机燃油箱可燃性暴露时间影响最大的因素是平衡温差和飞行马赫数,此外飞行高度、飞行航距、时间常数、燃油箱满/空时间对结果亦有影响,但是影响较小。

2. 各因素对可燃性评估结果影响力的正交分析

如上所述,进行燃油箱可燃性暴露时间影响因素评估时,由于影响因素多,且各因素的取值范围广，如果按全面试验法进行试验来比较各因素对评估结果影响力，则试验次数过多，试验结果的分析量也较大，并不科学与经济。为此，著者提出，在比较各因素对燃油箱可燃性评估结果的影响力时，也可以考虑采用正交试验法。

正交试验法是用标准化正交表来安排多因素试验，并对试验结果进行数据分析的一种数学方法。进行正交试验分析时，一般需根据试验的因素数和各因素的水平数，选择出合适的正交表来安排试验方案，并采用数理统计的方法对数据进行计算分析，由此可尽快找出诸因素中对试验指标有显著影响的主要因素，最后确定使试验指标达到最佳的因素水平，因此它是一种具有实用价值的试验优化设计技术。

1) 试验指标、因素和水平的确定

首先针对试验所需解决的主要问题确定出试验指标。其次根据实践经验和相关理论知识，找出对试验指标有影响的一切可能的因素，排除其中对指标影响不大的因素，选择那些对指标可能影响较大，但又没有掌握的因素进行考查。因素确定以后，可由试验要求指定因素的水平。如果只是为了知道某因素对指标是否有影响，水平数可设定为 2，如果是为了找到最优的试验方案，可增大所选用的水平数。水平的上下限可由文献值或经验值来估计，水平间隔要适当，最后得到因素水平表。

作为示例，著者针对蒙特卡罗程序中的众多影响因素，结合单一因素对可燃性暴露时间影响的分析，选择了影响比较大的七个因素，即外界大气温度 OAT、最大航程 Rang、飞行马赫数 Ma、平衡温差 ΔT、燃油箱空时间常数 τ_1、燃油箱满时间常数 τ_2 和巡航高度 Atti，每个因素选择三个值作为水平数，制成表 3.4 所示的 7 因素 3 水平的因素水平表，该表是设计试验方案的依据。

表 3.4   可燃性暴露时间试验的因素水平表

	OAT/ °F	Rang/n mile	Ma	ΔT/ °F	τ_1	τ_2	Atti/ft
计算 1	100	4300	0.5	30	150	350	33 000
计算 2	120	4500	0.7	50	170	370	35 000
计算 3	140	4700	0.9	70	190	390	37 000

2) 选择合适的正交表

根据因素数、水平和试验量来确定正交表。如果所有的因素都要优化，可以选择因素水平相同的正交表，一般只要能放下全部因素水平而且检验次数最小的正交表即可。如 3 因素 2 水平时可以选择 L4(23)，也可采用 L8(27)；当有 4~7 个因素时，一般采用 L8(27)；若 3~4 个因素且 3 水平时，可采用 L9(34)。如果需要考查的各因素水平数不同，那么可选择混合正交表。

针对影响可燃性暴露时间评估结果的 7 个因素 3 个水平分析, 可以采用 L18(37) 的正交表。选定正交表后, 将 7 个因素填入各列上, 再将表中各列的数字依次换成该因素的实际水平, 由此得到试验方案表, 如表 3.5 所示。

表 3.5 可燃性暴露时间试验方案结果表

项目		因素							FTFAM
		OAT	Rang	Ma	ΔT	τ_1	τ_2	Atti	
	1	100	4300	0.5	30	150	350	33 000	5.38
	2	100	4500	0.7	50	170	370	35 000	14.25
	3	100	4700	0.9	70	190	390	37 000	38.13
	4	120	4300	0.5	50	170	390	37 000	11.05
	5	120	4500	0.7	70	190	350	33 000	24.38
	6	120	4700	0.9	30	150	370	35 000	11.49
	7	140	4300	0.7	30	190	370	37 000	8.86
	8	140	4500	0.9	50	150	390	33 000	21.95
	9	140	4700	0.5	70	170	350	35 000	17.06
	10	100	4300	0.9	70	170	370	33 000	35.53
水平	11	100	4500	0.5	30	190	390	35 000	5.97
	12	100	4700	0.7	50	150	350	37 000	13.72
	13	120	4300	0.7	70	150	390	350 00	24.86
	14	120	4500	0.9	30	170	350	37 000	12.21
	15	120	4700	0.5	50	190	370	33 000	9.89
	16	140	4300	0.9	50	190	350	35 000	21.61
	17	140	4500	0.5	70	150	370	37 000	17.91
	18	140	4700	0.7	30	170	390	33 000	7.46
	K_1	112.98	107.292	67.26	51.372	95.31	94.362	104.592	
	K_2	93.882	96.672	93.528	92.472	97.56	97.932	95.238	
	K_3	94.848	97.752	140.922	157.872	108.84	109.422	101.88	
	k_1	18.83	17.882	11.21	8.562	15.885	15.727	17.432	
	k_2	15.647	16.112	15.588	15.412	16.26	16.322	15.873	
	k_3	15.808	16.292	23.487	26.312	18.14	18.237	16.98	
	极差 R	3.183	1.77	12.277	17.75	2.255	2.51	1.559	

说明: 表中第 1(OAT) 列 $K_1 = 5.38 + 14.25 + 38.13 + 35.53 + 5.97 + 13.72 = 112.98$; $k_1 = 112.98/6 = 18.83$; $R = 18.83 - 15.647 = 3.183$, 依此类推。

由表 3.5 可以看出, 对可燃性暴露时间影响最大的两个因素分别是飞行马赫数和平衡温差, 其中平衡温差影响最大。而剩下的几个因素对可燃性暴露时间的影响都比较小, 按影响程度从大到小依次为外界大气温度 (OAT)、燃油箱满时间常数、燃油箱空时间常数、最大航程和巡航高度。

3) 因素与指标的关系图的确定

用因素的水平作横坐标, 平均可燃性暴露时间 (ki) 作纵坐标, 绘出因素与指标的关系图, 如图 3.27 所示。

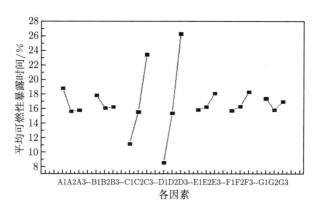

图 3.27   可燃性暴露时间与因素水平关系图

由图 3.27 能直观地看出, 因素 C 和因素 D(即飞行马赫数和平衡温度) 对评估结果的影响最大。

比较各因素的极差 R, 排出影响因素的主次关系 (R 越大的因素越重要), 如图 3.28 所示。

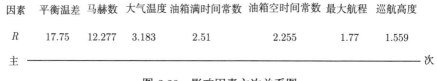

因素	平衡温差	马赫数	大气温度	油箱满时间常数	油箱空时间常数	最大航程	巡航高度
R	17.75	12.277	3.183	2.51	2.255	1.77	1.559
主							次

图 3.28   影响因素主次关系图

4) 选择较好的水平组合

对于主要因素, 可根据平均可燃性暴露时间 ki 的大小, 选取平均指标好的水平; 对次要因素可选取平均指标好的水平, 也可选取便于操作或节约原料的水平。

综上所述, 除最大航程和巡航高度外, 其他五个因素对指标的影响都比较显著。由于可燃性暴露时间越小, 燃油箱越安全, 因此这五个因素应选取平均可燃性暴露时间 ki 最小的水平, 即 A3C1D1E1F1, 对于次要因素最大航程和巡航高度可以选择 B2G2, 因此最后的最佳试验方案应该是 A3B2C1D1E1F1G2, 即七个因素的取值分别为外界大气温度 (140 ℉)、最大航距 (4500n mile)、马赫数 (0.5)、平衡温差 (30 ℉)、燃油箱空时间常数 (150)、燃油箱满时间常数 (350)、巡航高度 (35 000ft) 时可燃性暴露时间最小。

5) 方差分析

直观分析法虽然比较简单, 但它不能充分利用所得到的信息来估计试验中随机误差的大小, 因此不能分析各个因素水平的不同是试验误差导致的还是因素选择不同导致的, 也就无法估计出因素影响的相对大小, 而方差分析法刚好可以弥补这种缺陷。对上述七个因素进行方差分析, 结果见表 3.6。

表 3.6   方差分析表

因素	偏差平方和	自由度	F 比	F 临界值	显著性
OAT	38.58	2	0.177	3.74	
Rang	11.387	2	0.052	3.74	
Ma	464.54	2	2.137	3.74	*
ΔT	961.59	2	4.423	3.74	*
τ_1	17.52	2	0.081	3.74	
τ_2	20.643	2	0.095	3.74	
Atti	7.714	2	0.035	3.74	
误差	1521.97	14			

* 表示具有显著性。

由表 3.6 可以看出, F 比值越大, 说明该因素对结果影响程度越大, 表中最大的两个 F 比就是飞行马赫数和平衡温差, 这个结果与上面的直观分析法得出的结果是一致的。

3.2.4   几个问题的讨论

1. 为什么燃油温度变化可以用指数分布规律来描述?

程序中采用了指数分布规律来描述燃油温度变化, 对此, 著者给出的分析如下。

以图 3.29 所示的燃油箱为例, 由于发动机及燃油通过前、后两个面流动的影响, 相当于有热流 q 流入 (或流出) 燃油箱, 假设等效面积是 A_f, 燃油密度为 ρ, 体积为 V, 比热容为 c, 初始温度为 T_i。

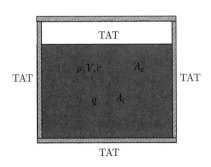

图 3.29   燃油箱热流动

采用集总参数法来建立该燃油箱的热平衡方程：

$$qA_{\mathrm{f}} - h(T - \mathrm{TAT})A_{\mathrm{c}} = \rho V c \frac{\mathrm{d}T}{\mathrm{d}t} \tag{3.13}$$

该方程有解析解：

$$\frac{T - (\mathrm{TAT} + \Delta T)}{T_{\mathrm{i}} - (\mathrm{TAT} + \Delta T)} = \exp\left(-t/\tau\right) \tag{3.14}$$

或

$$\frac{T - T_{\mathrm{i}}}{(\mathrm{TAT} + \Delta T) - T_{\mathrm{i}}} = 1 - \exp\left(-t/\tau\right) \tag{3.15}$$

其中：

$$\Delta T = \frac{qA_{\mathrm{f}}}{hA_{\mathrm{c}}}, \quad \tau = \frac{\rho V c}{hA_{\mathrm{c}}} \tag{3.16}$$

由此可见，燃油温度变化采用指数分布规律来描述是可行的。

2. 时间常数和平衡温差的关系

程序中，时间常数 τ 和平衡温差 ΔT 满足下面关系：

$$\Delta T = \frac{Q \cdot \tau}{M_{\mathrm{f}}\lambda_{\mathrm{f}} + M_{\mathrm{s}}\lambda_{\mathrm{s}}} \tag{3.17}$$

式中，Q 表示输入燃油箱的热量；M_{f}、λ_{f}、M_{s}、λ_{s} 分别表示燃油及燃油箱结构的质量和导热系数。

对于模型中燃油温度的计算关系式而言，

$$T_{\mathrm{fuel},t+1} - T_{\mathrm{fuel},t} = (\mathrm{TAT} + \Delta T - T_{\mathrm{fuel},t})(1 - \mathrm{e}^{-1/\tau}) \tag{3.18}$$

当没有明显外热源时候，ΔT 为 0，此时可通过飞行试验数据来反算 τ。有明显外热源时候，则需要加入 ΔT。

平衡温差在实际计算过程中的作用如下：随着平衡温差的增大，燃油温度会整体增大，它体现了外界输入热量的增大会导致燃油温度上升的必然结果，该值的选择需要通过燃油箱热模型来分析计算。

为了反映平衡温差对燃油温度的影响，著者曾利用 MATLAB 编程，针对某飞行包线，计算了不同平衡温差下的燃油温度和可燃界限，如图 3.30 和图 3.31 所示。

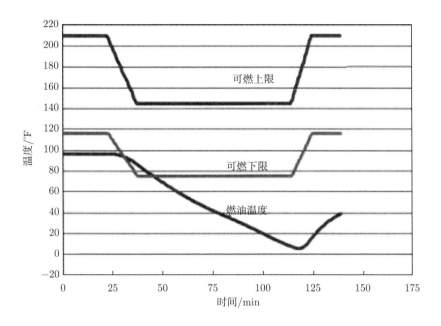

图 3.30　平衡温差为 0 °F 计算结果

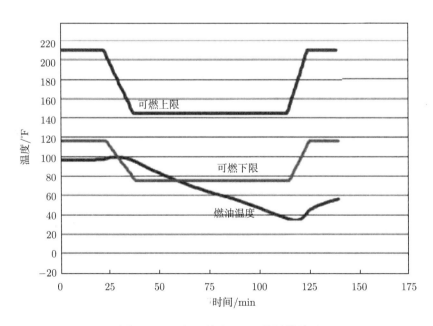

图 3.31　平衡温差为 30 °F 的计算结果

3. 燃油消耗速率问题

考虑到飞机在不同状态下其燃油消耗速率是不一样的, 故有学者认为: 模型中所提供的燃油箱满空时间并不足以反映真实的燃油消耗情况, 应该采用不同飞行阶段、不同的燃油消耗率来反映真实的燃油使用情况, 例如采用图 3.32 所示的某型飞机真实的燃油消耗速率。

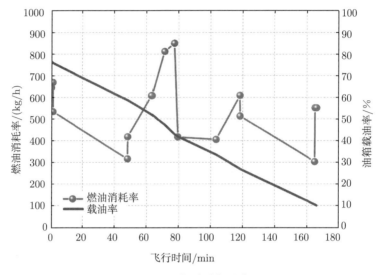

图 3.32   燃油消耗速率

为此, 著者通过输入图 3.32 中数据获得如图 3.32 所示的实际燃油消耗规律。观察图 3.32 可以得出这样的结论: 在整个飞行过程燃油的消耗基本上还是按照线性变化的, 也就说直接采用模型中定义的燃油线性消耗规律不会产生很大的误差。

3.3   燃油箱可燃性计算源程序剖析

如图 3.2、图 3.3 所示, 燃油箱可燃性评估方法对每一个时间单位的可燃性判定过程都可以看作是一个 "微型的" 比较过程。此过程包含两类判据, 第一类判据针对可燃界限提出, 称为可燃界限判据。第二类判据针对氧浓度极限提出, 称为氧浓度极限判据。这两类判据具体含义描述如下:

(1) 可燃界限判据: 对于飞机处于飞行任务过程中的任意一段单位时间, 若该单位时间内燃油箱中温度落入可燃界限范围内, 即判定该单位时间内燃油箱可燃。

(2) 氧浓度极限判据: 对于飞机处于飞行任务过程中的任意一段单位时间, 若该单位时间内燃油箱中温度满足可燃界限且氧气浓度高于氧浓度极限, 则判定该单位时间内燃油箱可燃。

对于未采用 FRM 的燃油箱, 若某时间单位满足可燃界限判据, 计算程序直接认定该单位时间内燃油箱可燃; 对于采用了 FRM 的燃油箱, 只有同时满足上述两个判据时, 计算程序才能认定燃油箱可燃。因此, 对于燃油箱可燃性计算程序的剖析需要分 "未采用 FRM" 和 "采用 FRM" 两种情况来讨论。

3.3.1 未采用 FRM 的燃油箱可燃性计算源程序剖析[3,4]

1. 计算源程序结构剖析

以可燃界限为判据的燃油箱可燃性评估程序可以简化为两个嵌套的循环程序, 主程序的循环次数为仿真的航班次数, 子程序的循环次数为单次飞行任务时间中时间单位的个数, 具体见图 3.33。

评估开始时首先根据仿真的机型和飞行条件设定输入参数, 确定单次飞行任务时间; 然后将飞行任务时间划分为多个时间单位, 并取第一个时间单位, 判定该时间单位中燃油箱可燃性。若该时间单位的燃油箱可燃, 记录下该时间单位, 然后对相邻的下一时间单位的可燃性进行判定; 若该时间单位燃油箱不可燃, 直接取相邻的下一个时间单位进行判定。当判定的时间单位为本次飞行的最后一个时间单位时, 对燃油箱可燃的时间单位进行汇总, 得到本次飞行中燃油箱可燃性。重复此过程, 获取下一次飞行任务的燃油箱可燃性。若此次飞行是本次仿真中的最后一次, 则对本次仿真中每一次飞行的可燃性进行汇总, 得到此种条件下该型号飞机的燃油箱可燃性暴露时间。

2. 初始参数剖析

初始参数反映了评估的机型特点和环境条件, 它可分为用户输入参数和程序规定 (或随机产生) 参数两类。

1) 用户输入参数

用户输入参数包含: 飞机参数、飞行参数、燃油箱使用参数、燃油箱热特性参数、机身燃油箱输入参数和试验仿真参数等。

(a) 飞机参数

飞机参数包含飞机的最大航距、发动机数和外界环境温度 (OAT) 限制。其中, 最大航距、发动机数定义与说明见上节所述。

外界环境温度限制的单位为华氏度。对于那些在飞行手册中定义的存在最大环境温度限定的飞机, 用户需要设定外界环境温度限制点, 当外界环境温度高于外

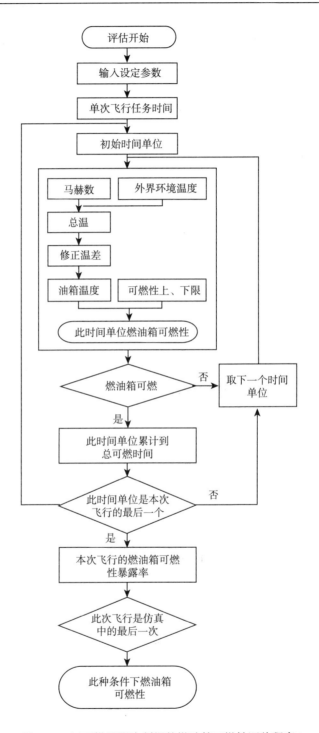

图 3.33　以可燃界限为判据的燃油箱可燃性评估程序

界环境限制温度时, 模型将采用用户输入的外界环境限制温度作为外界环境温度。
如果不存在最大环境限制温度, 用户需通过输入一个远大于常规环境温度的参数
以使该项功能不被激活。

(b) 飞行参数

飞行参数包括巡航马赫数和用户自定义巡航高度。这些数据将在运行蒙特卡
罗程序时被调用。

程序设定了一系列的巡航高度阶段。对于非典型的三阶段飞行剖面, 几个巡航
阶段的参数都被设置为相同。两个巡航阶段之间的高度变换被认为是瞬间完成的,
不存在上升速度和上升时间。

(c) 燃油箱使用参数

燃油箱使用参数分别为: 发动机启动时刻、燃油箱处于满油状态的最后时刻和
处于空油状态的最初时刻。

程序假定燃油箱常规的热载荷始于飞行之初, 发动机启动时刻用于确定飞机
起飞前发动机或其他系统开始向燃油箱传热的时间。燃油箱满油的最后时刻是燃
油箱中燃油开始被消耗的时间点; 空油的最初时刻是燃油箱内燃油刚刚耗尽的时
间点。模型使用燃油箱满油最后时刻和空油最初时刻计算燃油温度的变化率, 此变
化率将考虑飞行各阶段的燃油温度。

(d) 机身燃油箱输入参数

程序所需要的机身燃油箱输入参数有 5 个, 分别为 $Y_{bt}, Y_p, P_{bt}, t_{tp}$ 和 T_{bt}。这
些参数分别用于确定燃油箱是完全封闭于机身, 还是暴露于外界空气可进行冷却
的环境。需要注意的是, 如果不是机身燃油箱, 5 项输入数据都应为 0。

Y_{bt} 用于确认燃油箱是否位于机身内且没有直接的来自外界环境的冷却 (就是
确认是否为机身燃油箱)。

Y_p 用于确认飞行中是否对燃油箱增压, 若不增压, 燃油箱压力将依据飞机每
一时间阶段的海拔和恢复系数来确定。

P_{bt} 用于确认燃油箱内是否与外界存在环境压力差, 若存在, 用户需要输入与
外界环境压力的压力差。

t_{tp} 为用户需要输入的飞机起飞前燃油箱增压系统被激活的时间, 这些输入应
根据飞机的使用手册来设定, 因为燃油箱的压力高低将随燃油箱的通风设计而变
化, 并且对可燃性有重大的影响。

T_{bt} 用于确定机身燃油箱所在机舱的温度。在飞行之始, 燃油温度根据外部环
境设置, 之后会随着外界环境温度变化而变化。

(e) 燃油箱热特性参数

运行蒙特卡罗程序需要的燃油箱热特性数据为系统和环境向燃油箱提供的热
量以及一系列时间常数。

　　程序认定燃油箱的热量来自外界环境、气动加热和周围系统的传热。此项输入物理意义是在给予充足时间条件下外界环境温度对燃油温度的修正，其数值必须通过燃油箱的热特性分析和环境温度的测定来获得。此外，这一数值的输入需要区分发动机和相关系统的工作状态，包括运行和停止，以便更好地描述发动机和其他系统对燃油箱的热输入。例如，当飞机处于飞行状态，用户需要输入燃油相对于环境的温差，用于确定给予足够时间燃油所能达到的温度。

　　程序假定在飞行任务起始时，就已经结束加油工作，要求输入 6 个时间常数来体现燃油箱中燃油对于来自外界热量的反应。这些时间常数与飞机处于地面或是空中飞行、燃油箱处于空油和满油的状态相关。此外，当飞机处于地面状态时，这些参数还与发动机处于运行和停止的状态相关，这 6 个指数时间常数及其对应飞机状态见表 3.7。

表 3.7　时间常数及其对应的飞机状态

符号	飞机状态	燃油箱状态	发动机状态
t_{gfm}	停在地面	空油	停止
t_{gom}	停在地面	空油	运行
t_{gff}	停在地面	满油	停止
t_{gof}	停在地面	满油	运行
t_{fm}	空中飞行	空油	运行
t_{ff}	空中飞行	满油	运行

　　(f) 试验仿真参数

　　试验仿真参数分别用于确认计算的飞行次数、随机数是否冻结以及是否只在高温天气中运行。

　　蒙特卡罗方法自身的特点决定了程序的精确性会随着仿真次数的增加而提升，因此为了满足可燃性相关要求，程序限定了最少飞行次数，如确认某机型燃油箱可燃性不超过 6.79% 时，最少需要仿真 10 000 次。冻结随机数有利于用户通过改变其他参数来深入了解程序，并分析其他参数对评估结果的影响。若只在高温天气中运行，程序将只分析地面环境温度高于 80 °F 的情况。

　　2) 程序规定参数

　　程序规定参数分为五类，分别与地面环境温度、巡航环境温度、燃油闪点温度、燃油箱可燃界限和温差调整值相关，具体数值见表 3.8。

表 3.8　程序规定参数

类别	符号	名称	给定值
地面环境温度 参数	T_h	起飞时地面平均温度	59.5
	X_{il}	负一个标准差	20.55
	X_{iu}	正一个标准差	13.21
	T_r	着陆时地面平均温度	58.68
巡航环境温度 参数	T_k	巡航温度均值	-70
		巡航温度方差	8
燃油闪点参数	X_p	燃油闪点平均温度	120
	T_0	燃油闪点方差	8
上下界限 参数	X_{ld}	可燃性上限经验参数	63.5
	X_{ls}	可燃性下限经验参数	512
温差调整值	T_{df}	燃油温度的调整	0

3. 中间参数

中间参数是通过用户输入参数和程序规定参数在计算燃油箱可燃性过程中所产生的参数, 它反映了飞机在各个时刻的 "状态"。由于该计算中间过程烦琐而庞大, 故在此以中间参数的名称单独提出, 并以可燃界限为判据的燃油箱可燃性计算过程中给出定义和计算方法, 以方便读者对蒙特卡罗源程序的解读。

1) 单次航程与单次飞行时间

程序中, 单次航程 (L_{sf}) 由飞行任务长度 (L_{mis}) 和最大航程 (L_{max}) 决定。在分布已知 (即上述两个参数已经确定) 的条件下, 可通过程序随机生成单次航程。方法如下:

(1) 生成范围在 0~1 分布的随机数 R_{m1};

(2) 用 $P(i, L_{max})$ 表示 FAR25 部附录 N 表 2 中飞机最大航程为 L_{max} 那一列的第 i 行, 则必然存在某一自然数 R_s 满足式 (3.19):

$$\sum_{i=1}^{R_s} P(i, L_{max}) < R_{m1} < \sum_{i=1}^{R_s+1} P(i, L_{max}) \tag{3.19}$$

式中, R_s 表示生成飞行任务分布时的步长基数, 取值范围为 0~49。

(3) 随机生成单次航程, 见式 (3.20):

$$L_{sf} = 200 \left[R_s + \frac{\sum\limits_{i=1}^{R_s+1} P(i, L_{max}) - R_{m1}}{P(R_s+1, L_{max})} \right] \tag{3.20}$$

单次飞行时间 (t_f) 指飞机从起飞到着陆的时间间隔，不包含地面时间。单次飞行时间由单次航程 (L_{sf}) 和巡航马赫数 (Ma_{cr}) 共同决定，其计算表达式见式 (3.21)：

$$t_f = \frac{(L_{sf} - 100) \times 60}{573.6 Ma_{cr}} + 42 \tag{3.21}$$

上式计算所得的单次飞行时间 (t_f) 还需应用最大航程 (L_{max}) 对其进行修正，修正方法见式 (3.22)：

$$t_f = \begin{cases} \dfrac{(L_{max} - 100) \times 60}{573.6 Ma_{cr}} + 42 & L_{max} < L_{sf} \\ 15 & t_f < 15 \end{cases} \tag{3.22}$$

2) 巡航模式与巡航高度

巡航模式 (X_{mo}) 由单次飞行时间 (t_f) 确定，根据单次飞行时间的不同，将巡航模式分为四种：无巡航阶段、在第一巡航高度上巡航、在第二巡航高度上巡航和在第三巡航高度上巡航，这四种巡航模式分别用数字 1、2、3、4 表示，巡航模式与单次飞行时间对应关系见式 (3.23)：

$$X_{mo} = \begin{cases} 1 & t_f < 50 \\ 2 & 50 \leqslant t_f < 100 \\ 3 & 100 \leqslant t_f < 200 \\ 4 & 200 \leqslant t_f \end{cases} \tag{3.23}$$

第一巡航高度 (A_1) 由单次飞行时间 (t_f) 和用户输入的第一巡航高度 (A_{u1}) 共同决定，见式 (3.24)：

$$A_1 = \begin{cases} A_{u1} & t_f < 50, A_1 > A_{u1} \\ 700 t_f & t_f < 50, A_1 \leqslant A_{u1} \\ A_{u1} & t_f \geqslant 50 \end{cases} \tag{3.24}$$

式 (3.24) 中确定 A_1 的取值时，需要双重判定条件，首要条件是根据 t_f 的取值进行区分，当 $t_f < 50$ 时，需要根据次要条件进行区分。

当飞机的单次飞行时间 (t_f) 不超过 100 min 时，只存在一个巡航高度，所谓的"第二巡航高度"与第一巡航高度相同，第二巡航高度的确认见式 (3.25)：

$$A_2 = \begin{cases} A_1 & t_f \leqslant 100 \\ A_{u2} & t_f > 100 \end{cases} \tag{3.25}$$

单次飞行时间超过 200min 时进入第三巡航高度，第三巡航高度见式 (3.26)：

$$A_3 = \begin{cases} A_1 & t_f < 100 \\ A_2 & 100 \leqslant t_f < 200 \\ A_{u3} & 200 \leqslant t_f \end{cases} \tag{3.26}$$

3) 飞行任务时间与各阶段飞行时间

单次飞行任务时间 (t_{mis}) 包含航前地面准备时间 (t_{bf})、单次飞行时间 (t_f) 和航后地面卸载时间 (t_{af})。

航前地面准备时间根据单次飞行时间 (t_f) 的不同分为三类，见式 (3.27)：

$$t_{bf} = \begin{cases} 90 & 240 < t_f \\ 45 & 180 < t_f \leqslant 240 \\ 30 & \text{其他} \end{cases} \tag{3.27}$$

航后地面卸载时间统一规定为 30min，故单次飞行任务时间的确定见式 (3.28)：

$$t_{mis} = t_f + t_{bf} + 30 \tag{3.28}$$

此外，按式 (3.28) 中确定的航前地面准备时间 (t_{bf}) 将对燃油箱的增压时刻 (t_{tp}) 进行修正，见式 (3.29)：

$$t_{tp} = t_{bf} \quad t_{tp} > t_{bf} \tag{3.29}$$

飞机的上升时间 (t_{cl}) 由飞机的单次飞行时间 (t_f)、巡航模式 (X_{mo})、发动机个数 (N_e)、单次航程 (L_{sf}) 和最大航程 (L_{max}) 共同决定，见式 (3.30)：

$$t_{cl} = \begin{cases} 0.4t_f & X_{mo} = 1 \\ P\left(N_e, \dfrac{L_{sf}}{L_{max}}\right) & \text{其他} \end{cases} \tag{3.30}$$

式 (3.30) 中 $P(N_e, L_{sf}/L_{max})$ 的含义为：X_{mo} 不为 1 时，参数 t_{cl} 从表 3.2 中取值，根据发动机数确定行值，根据单次航程 (L_{sf}) 与最大航程 (L_{max}) 的比值确定列值，最终将确定的单元格中的数值赋予 t_{cl}。

飞机的下降时间 (t_{de}) 由飞机的单次飞行时间 (t_f)、上升时间 (t_{cl})、巡航模式 (X_{mo}) 和最大巡航高度共同决定，见式 (3.31)。飞机下降时位置若处于 4000ft 以上，以 2500ft/min 的速度下降；若处于 4000ft 以下，以 500ft/min 的速度下降。

$$t_{\mathrm{de}} = \begin{cases} t_{\mathrm{f}} - t_{\mathrm{cl}} & X_{\mathrm{mo}} = 1 \\ A_1/500 & X_{\mathrm{mo}} = 2, A_1 < 4000 \\ (A_1 - 4000)/2500 + 8 & X_{\mathrm{mo}} = 2, A_1 \geqslant 4000 \\ A_2/500 & X_{\mathrm{mo}} = 3, A_2 < 4000 \\ (A_2 - 4000)/2500 + 8 & X_{\mathrm{mo}} = 3, A_2 \geqslant 4000 \\ A_3/500 & X_{\mathrm{mo}} = 4, A_3 < 4000 \\ (A_3 - 4000)/2500 + 8 & X_{\mathrm{mo}} = 4, A_3 \geqslant 4000 \end{cases} \tag{3.31}$$

飞机各个阶段的巡航时间 $(t_{\mathrm{cr1}}, t_{\mathrm{cr2}}, t_{\mathrm{cr3}})$ 由飞机的单次飞行时间 (t_{f})、上升时间 (t_{cl})、下降时间 (t_{de}) 和巡航模式 (X_{mo}) 共同决定，第一巡航高度的时间见式 (3.32)。若巡航高度不止一个，则假定各个高度的巡航时间相同，且巡航阶段的转换瞬时完成。

$$t_{\mathrm{cr1}} = \begin{cases} t_{\mathrm{f}} - t_{\mathrm{cl}} - t_{\mathrm{de}} & X_{\mathrm{mo}} = 2 \\ (t_{\mathrm{f}} - t_{\mathrm{cl}} - t_{\mathrm{de}})/2 & X_{\mathrm{mo}} = 3 \\ (t_{\mathrm{f}} - t_{\mathrm{cl}} - t_{\mathrm{de}})/3 & X_{\mathrm{mo}} = 4 \end{cases} \tag{3.32}$$

若存在第二巡航高度，第二巡航高度时间的确定见式 (3.33)：

$$t_{\mathrm{cr2}} = \begin{cases} (t_{\mathrm{f}} - t_{\mathrm{cl}} - t_{\mathrm{de}})/2 & X_{\mathrm{mo}} = 3 \\ (t_{\mathrm{f}} - t_{\mathrm{cl}} - t_{\mathrm{de}})/3 & X_{\mathrm{mo}} = 4 \end{cases} \tag{3.33}$$

若存在第三巡航高度，第三巡航高度时间的确定见式 (3.34)。

$$t_{\mathrm{cr3}} = (t_{\mathrm{f}} - t_{\mathrm{cl}} - t_{\mathrm{de}})/3 \quad X_{\mathrm{mo}} = 4 \tag{3.34}$$

4) 起飞与着陆环境温度

飞机起飞时环境温度 (T_{g}) 的初步确定由程序产生的随机参数 (R_{b})、地面平均温度 (T_{h}) 与标准差 $(X_{\mathrm{il}}, X_{\mathrm{iu}})$ 共同决定。地面温度分布标准差的取值将借助模型产生的随机数进行确定，见式 (3.35)：

$$X_{\mathrm{i}} = \begin{cases} X_{\mathrm{il}} & R_{\mathrm{b}} < 0.5 \\ X_{\mathrm{iu}} & \text{其他} \end{cases} \tag{3.35}$$

确定地面平均温度的标准差之后，便可计算得到飞机起飞时环境温度 (T_{g})，见式 (3.36)：

$$T_{\mathrm{g}} = T_{\mathrm{h}} + \left[-X_{\mathrm{i}}^2 \ln(2\pi) - 2X_{\mathrm{i}}^2 \ln(X_{\mathrm{i}} R_{\mathrm{b}}) \right]^{\frac{1}{2}} \tag{3.36}$$

飞机起飞时的环境温度 (T_g) 还需使用外界环境温度限制 (T_{oat}) 进行修正, 即飞机起飞时的环境温度 (T_g) 高于外界环境温度限制 (T_{oat}) 时, 直接采用外界环境温度限制, 见式 (3.37):

$$T_g = T_{oat} \ (T_g > T_{oat}) \tag{3.37}$$

若飞行的巡航时间超过 45 min, 或单次飞行时间超过 2 h, 飞机在着陆时将采用新的环境温度, 程序中将其命名为着陆时的环境温度 (T_{gl}). 若不满足上述两个条件中的任意一个, 将采用之前得到的飞机起飞时的环境温度 (T_g) 作为飞机着陆环境温度.

飞机着陆时地面温度分布标准差的取值同样需借助程序产生的随机数进行确定, 见式 (3.38):

$$X_s = \begin{cases} X_{rl} & R_{bd} < 0.5 \\ X_{ru} & \text{其他} \end{cases} \tag{3.38}$$

确定飞机着陆时地面平均温度标准差之后, 通过式 (3.39) 计算着陆时的地面环境温度.

$$T_{gl} = T_r + \left[-X_s^2 \ln(2\pi) - 2X_s^2 \ln(X_s R_{bd}) \right]^{\frac{1}{2}} \tag{3.39}$$

飞机着陆环境温度 (T_{gl}) 也需使用外界环境温度 (T_{oat}) 限制进行修正, 当飞机着陆环境温度 (T_{gl}) 高于外界环境温度 (T_{oat}) 限制时, 即 $T_{gl} > T_{oat}$ 时, 修正关系见式 (3.40).

$$T_{gl} = T_{oat} \ (T_{gl} > T_{oat}) \tag{3.40}$$

5) 巡航起始与结束时的环境温度

巡航起始时的环境温度 (T_{cr}) 的确定由随机参数 (R_c)、巡航平均温度 (T_k) 与标准差 (X_1) 共同决定, 见式 (3.41):

$$T_{cr} = T_k + \left[-X_1^2 \ln(2\pi) - 2X_1^2 \ln(X_1 R_c) \right]^{\frac{1}{2}} \tag{3.41}$$

式中, R_c 和 R_{cd} 为随机参数; T_k、X_1 为程序规定参数.

若巡航阶段的时间超过 45 min, 将在巡航时间的中间点使用新的巡航温度, 程序中将其命名为巡航结束阶段环境温度. 巡航结束阶段环境温度 (T_{crd}) 的确定方法与巡航起始阶段环境温度的确定方法相似, 见式 (3.42), 但需重新产生随机参数 (R_{cd}).

$$T_{crd} = T_k + \left[-X_1^2 \ln(2\pi) - 2X_1^2 \ln(X_1 R_{cd}) \right]^{\frac{1}{2}} \tag{3.42}$$

6) 马赫数、外界环境温度与总温

随海拔 (A_x) 而变化的马赫数 (Ma_x) 由海拔 (A_x) 和巡航马赫数 (Ma_{cr}) 共同决定，见式 (3.43)：

$$Ma_x = \begin{cases} 0 & A_x = 0 \\ 0.4 & A_x < 10 \\ (A_x - 10)(Ma_{cr} - 0.4)/20 + 0.4 & A_x < 30 \\ Ma_{cr} & 其他 \end{cases} \tag{3.43}$$

随海拔 (A_x) 而变化的环境温度 (T_x) 由海拔 (A_x) 和飞机离地环境温度 (T_g) 和巡航起始时的外界环境温度 (T_{cr}) 共同决定，见式 (3.44)：

$$T_x = \begin{cases} T_g - 3.57 A_x & A_x < 10, T_g \geqslant 40 \\ T_g - (T_g - 4.3)/10 \times A_x & A_x < 10, T_g < 40 \\ T_{cr} & A_x \geqslant 10, T_x < T_{cr} \\ T_x - 3.75 & A_x \geqslant 10, T_x \geqslant T_{cr} \end{cases} \tag{3.44}$$

随海拔 (A_x) 而变化的飞行后半程的环境温度 (T_{xd}) 由海拔 (A_x) 和飞机着陆环境温度 (T_{gd}) 和巡航结束时外界环境温度 (T_{crd}) 共同决定，见式 (3.45)：

$$T_{xd} = \begin{cases} T_{gd} - 3.57 A_x & A_x < 10, T_{gd} \geqslant 40 \\ T_{gd} - (T_{gd} - 4.3)/10 \times A_x & A_x < 10, T_{gd} < 40 \\ T_{crd} & A_x \geqslant 10, T_{xd} \leqslant T_{crd} \\ T_{xd} - 3.75 & A_x \geqslant 10, T_{xd} > T_{crd} \end{cases} \tag{3.45}$$

总温 (T_{to}) 由环境温度 (T_x) 和马赫数 (Ma_x) 共同决定，计算公式见式 (3.46)。

$$T_{to} = (T_x + 460)(1 + 0.18 Ma_x^2) - 460 \tag{3.46}$$

结束状态的总温 (T_{tod}) 由环境温度 (T_{xd}) 和马赫数 (Ma_x) 共同决定，见式 (3.47)。

$$T_{tod} = (T_{xd} + 460)(1 + 0.18 Ma_x^2) - 460 \tag{3.47}$$

需要注意的是，若燃油箱为机身燃油箱，需用式 (3.48)～ 式 (3.51) 分别对环境温度 $(T_x)(T_{xd})$ 和总温 $(T_{to})(T_{tod})$ 进行修正。

$$T_x = T_{bt}, \quad Y_{bt} = 1 \tag{3.48}$$

$$T_{xd} = T_{bt}, \quad Y_{bt} = 1 \tag{3.49}$$

$$T_{to} = T_{bt}, \quad Y_{bt} = 1 \tag{3.50}$$

$$T_{\text{to}} = T_{\text{obt}}, \quad Y_{\text{bt}} = 1 \tag{3.51}$$

通过数组 $AT(A_x)$ 和 $ATd(A_x)$ 建立海拔 (A_x) 与总温 $(T_{\text{to}})(T_{\text{tod}})$ 的映射关系, 见式 (3.52)、式 (3.53):

$$AT(A_x) = T_{\text{to}} \tag{3.52}$$

$$ATd(A_x) = T_{\text{tod}} \tag{3.53}$$

7) 飞行状态判定参数

程序中需要通过多种参数的组合去对飞行状态进行判定, 这里集中定义需要用到的进行状态判定的参数组合。

$t_{\text{p1}} \sim t_{\text{p7}}$ 分别对飞机飞行阶段转换时间点进行定义, 可由式 (3.54) 进行计算。

$$\begin{aligned}
t_{\text{p1}} &= t_{\text{bf}} + t_{\text{c1}} \\
t_{\text{p2}} &= t_{\text{bf}} + t_{\text{c1}} + t_{\text{cr1}} \\
t_{\text{p3}} &= t_{\text{bf}} + t_{\text{c1}} + t_{\text{cr1}} + t_{\text{cr2}} \\
t_{\text{p4}} &= t_{\text{bf}} + t_{\text{c1}} + t_{\text{cr1}} + t_{\text{cr2}} + t_{\text{cr3}} \\
t_{\text{p5}} &= t_{\text{bf}} + t_{\text{c1}} + t_{\text{cr1}} + t_{\text{cr2}} + t_{\text{cr3}} + t_{\text{de1}} \\
t_{\text{p6}} &= t_{\text{bf}} + t_{\text{c1}} + t_{\text{cr1}} + t_{\text{cr2}} + t_{\text{cr3}} + t_{\text{de1}} + t_{\text{de2}} \\
t_{\text{p7}} &= t_{\text{bf}} + t_{\text{c1}} + t_{\text{cr1}} + t_{\text{cr2}} + t_{\text{cr3}} + t_{\text{de}} + 30
\end{aligned} \tag{3.54}$$

$t_{\text{p1}} \sim t_{\text{p7}}$ 的含义分别为飞机由上升阶段到第一巡航高度的时间拐点、飞机由第一巡航高度到第二巡航高度的时间拐点、飞机由第二巡航高度到第三巡航高度的时间拐点、飞机由第三巡航高度到第一下降阶段的时间拐点、飞机由第一下降阶段到第二下降阶段的时间拐点和飞行任务结束的时间点。

t_{x1} 为整个计算过程的时间变量, t_{x2} 与之相对应, 取值关系式见式 (3.55):

$$t_{\text{x2}} = t_{\text{mis}} - t_{\text{x1}} \tag{3.55}$$

t_{ck1} 为飞行巡航总时间, 可用于确定巡航结束时的环境温度是否需要重新计算。t_{ck1} 的计算关系式见 (3.56):

$$t_{\text{ck1}} = t_{\text{cr1}} + t_{\text{cr2}} + t_{\text{cr3}} \tag{3.56}$$

t_{rp}、t_{srp}、t_{erp} 均为判定燃油箱状态的中间参数, 用于计算燃油箱温度 (T_{ft})。这三个参数的计算见式 (3.57)、式 (3.58) 和式 (3.59)。

$$t_{\text{rp}} = \begin{cases} 1 & t_{\text{ck1}} > 120 \\ 0 & \text{其他} \end{cases} \tag{3.57}$$

$$t_{\text{srp}} = \begin{cases} t_{\text{bf}} + t_{\text{c1}} + t_{\text{ck1}}/2 + 10 & t_{\text{ck1}} > 120 \\ t_{\text{p7}} & \text{其他} \end{cases} \tag{3.58}$$

$$t_{\text{erp}} = \begin{cases} t_{\text{srp}} + 45 & t_{\text{ck1}} > 120 \\ t_{\text{p7}} & \text{其他} \end{cases} \tag{3.59}$$

8) 海拔

计算程序中是以时间为变量, 通过式 (3.60) 建立时间变量与海拔 (A_{x}) 的映射关系。

$$A_{\text{x}} = \begin{cases} 0 & t_{\text{x1}} < t_{\text{bf}}, |t_{\text{x1}} \geqslant t_{\text{p6}} \\[2mm] \left\lfloor \dfrac{A_1(t_{\text{x1}} - t_{\text{bf}})}{t_{\text{c1}}} \right\rfloor & t_{\text{bf}} \leqslant t_{\text{x1}} < t_{\text{p1}} \\[2mm] A_1 & t_{\text{p1}} \leqslant t_{\text{x1}} < t_{\text{p2}} \\ A_2 & t_{\text{p2}} \leqslant t_{\text{x1}} < t_{\text{p3}} \\ A_3 & t_{\text{p3}} \leqslant t_{\text{x1}} < t_{\text{p4}} \\[2mm] \left\lfloor A_3 - \dfrac{A_3(t_{\text{x1}} - t_{\text{p4}})}{t_{\text{de}}} \right\rfloor & t_{\text{p4}} \leqslant t_{\text{x1}} < t_{\text{p5}} \\[2mm] \dfrac{t_{\text{p6}} - t_{\text{x1}}}{2} & t_{\text{p5}} \leqslant t_{\text{x1}} < t_{\text{p6}} \end{cases} \tag{3.60}$$

9) 燃油箱温度

燃油箱温度 (T_{ft}) 将对修正温差 (T_{s}) 和可燃性上下限 (T_{ul})(T_{ll}) 产生影响, 进而影响到某一时刻的燃油可燃性 (P), 故需要建立时间变量 (t_1) 与总温 (T_{to}) 的关系。当飞机处于上升阶段时, 燃油箱温度的计算应使用式 (3.61) 中的 PartA, 当飞机处于巡航阶段、下降阶段和航后地面阶段时, 分别使用 PartB、PartC 和 PartD。

$$T_{\text{ft}} = \begin{cases} \text{AT}(A_{\text{x}}) & t_{\text{x1}} < t_{\text{bf}} \\ \text{下转至PartA} & t_{\text{bf}} \leqslant t_{\text{x1}} < t_{\text{p1}} \\ \text{下转至PartB} & t_{\text{p1}} \leqslant t_{\text{x1}} < t_{\text{p4}} \\ \text{下转至PartC} & t_{\text{p4}} \leqslant t_{\text{x1}} < t_{\text{p6}} \\ \text{下转至PartD} & t_{\text{x1}} \geqslant t_{\text{p6}} \end{cases} \tag{3.61}$$

PartA:

$$\text{当} t_{\text{x1}} < t_{\text{p1}} \text{时}, T_{\text{ft}} = \begin{cases} \text{AT}(A_{\text{x}}) \\ \text{AT}(A_{\text{x}}) - [\text{AT}(A_{\text{x}}) - \text{ATd}(A_{\text{x}})] \dfrac{45 - t_{\text{erp}} + t_{\text{x1}}}{45} \\ \text{ATd}(A_{\text{x}}) \end{cases}$$

$$t_{x1} < t_{srp}$$
$$t_{rp} = 1, t_{srp} < t_{x1} < t_{erp}$$
$$t_{rp} = 1, t_{x1} > t_{erp}$$

PartB:

$$当 t_{x1} < t_{p4} 时,\ T_{ft} = \begin{cases} AT(A_x) \\ AT(A_x) - [AT(A_x) - ATd(A_x)]\dfrac{45 - t_{erp} + t_{x1}}{45} \\ ATd(A_x) \end{cases}$$

$$t_{x1} < t_{srp}$$
$$t_{rp} = 1, t_{srp} < t_{x1} < t_{erp}$$
$$t_{rp} = 1, t_{x1} > t_{erp}$$

PartC:

$$当 t_{x1} < t_{p6} 时,\ T_{ft} = \begin{cases} AT(A_x) \\ AT(A_x) - [AT(A_x) - ATd(A_x)]\dfrac{45 - t_{erp} + t_{x1}}{45} \\ ATd(A_x) \end{cases}$$

$$t_{x1} < t_{srp}$$
$$t_{rp} = 1, t_{srp} < t_{x1} < t_{erp}$$
$$t_{rp} = 1, t_{x1} > t_{erp}$$

PartD:

$$当 t_{x1} \geqslant t_{p6} 时,\ T_{ft} = \begin{cases} ATd(A_x) & t_{rp} = 1 \\ AT(A_x) & 其他 \end{cases}$$

10) 温差修正系数

飞机在地面时的温差修正系数 (X_{tg}) 由飞行时刻 (t_1)、时间参数 (t_2)、航前地面时间 (t_{bf})、起飞前发动机启动时刻 (t_{es})、着陆前燃油箱处于满油的最后时刻 (t_{tfu})、着陆前燃油箱处于空油的最初时刻 (t_{tem})、飞机处于地面发动机启动时的燃油箱满油时间 (t_{gof})、飞机处于地面发动机未启动时燃油箱满油的时间 (t_{gff})、地面发动机启动时燃油箱空油的时间 (t_{gom}) 和地面发动机启动时燃油箱满油的时间 (t_{gof}) 这十个参数共同决定,见式 (3.62)、式 (3.63)。其中参数 (X_{tag}) 是求温差修

正系数 (X_{tg}) 的一个中间参数, 无实际意义。

$$
X_{tag} = \begin{cases}
t_{gom} & t_{x2} \leqslant (t_{tem} + 30), t_{x1} > (t_{bf} - t_{es}) \\
t_{gfm} & t_{x2} \leqslant (t_{tem} + 30), t_{x1} \leqslant (t_{bf} - t_{es}) \\
\dfrac{(t_{x2} - t_{tem} + 30)(t_{gof} - t_{gom})}{t_{tfu} - t_{tem}} + t_{gom} & t_{x2} \leqslant (t_{tfu} + 30), t_{x2} > (t_{tem} + 30) \\
t_{gof} & t_{x2} > (t_{tfu} + 30), t_{x1} > (t_{bf} - t_{es}) \\
t_{gff} & t_{x2} > (t_{tfu} + 30), t_{x1} \leqslant (t_{bf} - t_{es})
\end{cases}
\tag{3.62}
$$

$$
X_{tg} = [1 - \exp(-1/X_{tag})]
\tag{3.63}
$$

飞机在飞行时的温差修正系数 (X_{tf}) 由飞行时刻 (t_1)、时间参数 (t_2)、着陆前燃油箱处于满油的最后时刻 (t_{tfu})、着陆前燃油箱处于空油状态的最初时刻 (t_{tem})、飞行时燃油箱空油时间 (t_{fm}) 和飞行时燃油箱满油的时间 (t_{ff}) 共同决定, 见式 (3.64)、式 (3.65)。其中参数 (X_{taf}) 是求温差修正系数 (X_{tf}) 的一个中间参数, 无实际意义。

$$
X_{taf} = \begin{cases}
t_{ff} & t_{x2} > (t_{tfu} + 30) \\
\dfrac{(t_{x2} - t_{tem} + 30)(t_{ff} - t_{fm})}{t_{tfu} - t_{tem}} & t_{x2} \leqslant (t_{tfu} + 30), t_{x2} > (t_{tem} + 30) \\
t_{fm} & t_{x2} \leqslant (t_{tem} + 30)
\end{cases}
\tag{3.64}
$$

$$
X_{tf} = [1 - \exp(-1/X_{taf})]
\tag{3.65}
$$

判别条件: $t_{x2} > (t_{tfu} + 30)$ 用于确定燃油箱是否为满油状态。

判别条件: $t_{x2} \leqslant (t_{tem} + 30)$ 用于确定燃油箱是否为空油状态。

判别条件: $t_{x1} > (t_{bf} - t_{es})$ 用于确定发动机是否处于启动状态。

11) 修正温差

修正温差 (T_s) 是由该时刻总温 (T_{to})、初定燃油温度 (T_{fu}) 和参数 (T_{gf}) 共同决定。其中 T_{gf} 为飞机在地面且发动机未启动时, 燃油因外界环境温度在给予足够时间的条件下最终会达到的温度, 且在确定修正温差之前, 应先对其进行修正, 见式 (3.66)。

$$
T_{gf} = T_{\infty}, \quad t_{x1} > (t_{bf} - t_{cs})
\tag{3.66}
$$

然后通过燃油箱温度 (T_{ft})、飞机在地面和空中时可燃蒸气最终会达到的温度 $(T_{gf})(T_{ff})$ 和上一个时间单位燃油温度 (T_{fu}), 确定这一个时间单位的修正温差 (T_s), 见式 (3.67)。

$$T_{\mathrm{s}} = \begin{cases} (T_{\mathrm{ft}} + T_{\mathrm{gf}}) - T_{\mathrm{fu}} & t_{\mathrm{x1}} < t_{\mathrm{bf}} \\ (T_{\mathrm{ft}} + T_{\mathrm{ff}}) - T_{\mathrm{fu}} & t_{\mathrm{bf}} < t_{\mathrm{x1}} < t_{\mathrm{p6}} \\ (T_{\mathrm{ft}} + T_{\mathrm{gf}}) - T_{\mathrm{fu}} & t_{\mathrm{x1}} \geqslant t_{\mathrm{p6}} \end{cases} \tag{3.67}$$

12) 燃油温度

燃油温度 (T_{fu}) 的初步确定由飞机离地环境温度 (T_{g}) 与燃油温差调整值 (T_{df}) 共同决定，见式 (3.68)。T_{df} 为根据外界环境温度对燃油温度进行调整的经验值。

$$T_{\mathrm{fu}} = T_{\mathrm{g}} + T_{\mathrm{df}} \tag{3.68}$$

之后某一时刻的燃油温度 (T_{fu}) 由前一时刻的燃油温度和修正温差共同决定，见式 (3.69)，X_{tg} 和 X_{tf} 是飞机处于地面和飞行中两种不同状态的温差修正系数。

$$T_{\mathrm{fu}} = \begin{cases} T_{\mathrm{fu}} + T_{\mathrm{s}} \times X_{\mathrm{tg}} & t_{\mathrm{x1}} < t_{\mathrm{bf}} \\ T_{\mathrm{fu}} + T_{\mathrm{s}} \times X_{\mathrm{tf}} & t_{\mathrm{bf}} \leqslant t_{\mathrm{x1}} < t_{\mathrm{p6}} \\ T_{\mathrm{fu}} + T_{\mathrm{s}} \times X_{\mathrm{tg}} & t_{\mathrm{x1}} \geqslant t_{\mathrm{p6}} \end{cases} \tag{3.69}$$

13) 燃油闪点和可燃性上下限

燃油闪点 (T_{fp}) 的确定由随机参数 (R_{d})、燃油闪点的平均温度 (T_{o}) 与标准差 (X_{p}) 共同决定，见式 (3.70)：

$$T_{\mathrm{fp}} = T_{\mathrm{o}} + \left[-X_{\mathrm{p}}^2 \ln(2\pi) - 2X_{\mathrm{p}}^2 \ln(X_{\mathrm{p}} R_{\mathrm{d}}) \right]^{\frac{1}{2}} \tag{3.70}$$

燃油可燃性上下限 $(T_{\mathrm{ul}})(T_{\mathrm{ll}})$ 是确定某一时刻燃油箱可燃性的重要参数，当某一时刻的燃油温度处于可燃性上下限之间时，认为该时刻燃油可燃。燃油可燃性上限由燃油闪点 (T_{fp})、飞机高度 (A_{x}) 和规章规定的参数共同确定，见式 (3.71)。式中的 X_{ld}、X_{ls}、X_{ud} 和 X_{us} 为文件规定的计算燃油箱可燃性上下限的参数。

$$T_{\mathrm{ll}} = (T_{\mathrm{fp}} + X_{\mathrm{ld}}) - A_x / X_{\mathrm{ls}} \tag{3.71}$$

燃油可燃上限的求法与可燃下限的求法相似，见式 (3.72)：

$$T_{\mathrm{ul}} = (T_{\mathrm{fp}} + X_{\mathrm{ud}}) - A_{\mathrm{x}} / X_{\mathrm{us}} \tag{3.72}$$

14) 燃油箱可燃性

通过某时刻的燃油温度 (T_{fu}) 和该时刻的燃油可燃性上下限 $(T_{\mathrm{ul}}, T_{\mathrm{ll}})$，即可判定该时刻燃油箱的可燃性 (Y_i)。当燃油温度处于可燃性上下限之间时，该时刻燃油箱是可燃的，见式 (3.73)：

$$Y_i = \begin{cases} 0 & \text{其他} \\ 1 & T_{\mathrm{u}} < T_{\mathrm{fu}} < T_{\mathrm{uL}} \end{cases} \tag{3.73}$$

　　模型中的可燃时间 (t_{tf}) 是该次仿真飞行中所有燃油可燃时间单位 (Y_i) 的汇总，见式 (3.74)。式中 n 为时间单位的个数。

$$t_{\mathrm{tf}} = \sum_{i=1}^{n} Y_i \tag{3.74}$$

　　可燃时间占总体评估时间 (t_{mis}) 的比率，就是该燃油箱在这种给定条件下的可燃性 (P)，见式 (3.75)：

$$P = t_{\mathrm{tf}}/t_{\mathrm{mis}} \tag{3.75}$$

　　得到一次飞行的燃油箱可燃性 (P) 后，重复进行多次仿真，最终得到该种飞机燃油箱在飞行环境下的可燃性。

3.3.2　采用 FRM 的燃油箱可燃性计算方法研究[5]

　　为提高飞机燃油箱的安全性，可采用向燃油箱中充入氮气的方式降低燃油箱可燃性，该方式亦称之为燃油箱惰化，它是目前普遍采用的燃油箱可燃性降低措施 (FRM)，当进行蒙特卡罗分析时，若同时采用了 FRM，用户还需输入一些额外的参数才能进行燃油箱可燃性计算。输入的参数分为可靠性影响和性能影响两部分。

　　1. FRM 的可靠性影响

　　FRM 的可靠性影响由 FRM 潜在故障分析决定，此潜在故障可能会使系统失去作用。为了确定这些影响，除了上节规定的输入参数外，用户还应向 FRM 工作表中输入以下额外数据。

　　(1) 两次失效的平均间隔时间 (MTBF)。预期的 FRM 系统两次失效事件之间间隔的小时数。

　　(2) 失效探测能力。指预期的探测出 FRM 系统失效前的航班数量，此数值是由系统监控和信息显示以及运行程序 (例如 FRM 维修检查频率) 所决定的。

　　(3) 最低设备清单 (MEL) 假设。指在 FRM 系统失效被检测出来后，系统恢复所需的平均期望时间 (飞行小时)。

　　所输入的三个数值应由 FRM 分析和试验证明其准确性，并且通过 FRM 工作表进行输入。

　　当 FRM 评估完成后，可靠性输入可以被改变，同时其结果不必再进行 FRM 评估就可显示。

　　2. FRM 的性能影响

　　FRM 的性能影响取决于其在期望的工作状态时维持空余空间不可燃的能力。在 FAA 提供的 FRM 源程序中仅包含可以一套模拟通用的地面惰性化系统的代码。用户应自行输入准确反映 FRM 系统性能程序来替换原代码。在编写 FRM 性能程序的过程中应考虑到该系统在所有飞行条件下可能达到的性能,同时应通过 FRM 分析和试验来确保该性能程序的准确性。

对 FRM 性能程序的编写是采用 FRM 技术措施后燃油箱可燃性评估的重点,其原则就是采用仿真计算方法确定出每个时间段燃油箱空余空间内的氧浓度。即以氧浓度极限作为判据。有关惰化流场的仿真方法如图 3.34 所示。

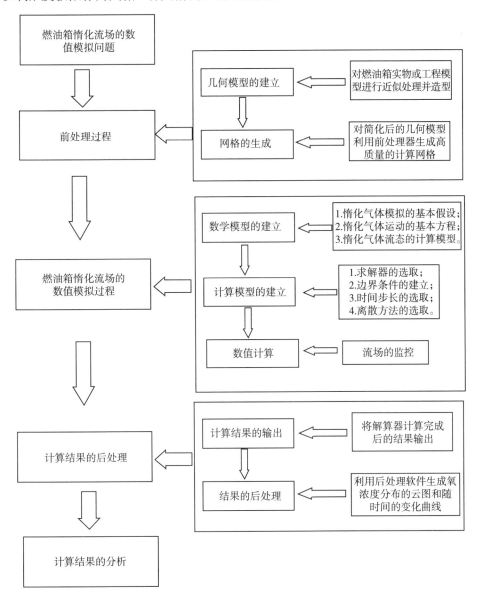

图 3.34 惰化流场仿真计算方法

以氧浓度极限作为判据的燃油箱可燃性评估将仿真特定条件下飞机飞行过程中的燃油箱惰化情况,获取每一次飞行中燃油箱空余空间中的氧气浓度变化过程,并将每一次飞行过程划分为多个时间单位,通过对每一个时间单位空余空间的氧气浓度与氧浓度极限进比较,判定该时间单位的燃油箱可燃性。当燃油箱内氧浓度高于氧浓度极限时,再结合以燃烧极限作为判据得到的可燃性的结论。应用此方法确定每一个时间单位的燃油箱可燃性和每一次飞行的燃油箱可燃性比例,最终得到该条件下飞机的燃油箱可燃性暴露时间。

3.4　燃油箱可燃性分析方法应用[6]

燃油箱可燃性分析方法 (FTFAM) 作为一种比较分析工具用来辅助确定某一特定机型整个机队的燃油箱空余空间的潜在可燃性暴露水平。程序基于 FAA 颁布的《运输类飞机适航标准》(PART 25—AIRWORTHINESS STANDARDS: TRANSPORT CATEGORY AIRPLANES) 附录 N 的标准分布,使用蒙特卡罗统计方法确定燃油闪点温度、航段长度和巡航大气温度等计算所需的未知变量。

与 FAA 规定相同,蒙特卡罗方法也是我国《运输类飞机适航标准》(CCAR-25-R4) 附录 N 中所规定的分析方法,并作为评估运输类飞机燃油箱机队平均可燃性暴露水平的符合性方法。

本节将结合 DOT/FAA/AR-05/8 "Fuel Tank Flammability Assessment Method User's Manual" 所述内容,就如何应用该程序对燃油箱可燃性暴露水平进行计算分析作一简要介绍。

3.4.1　模型工作表

适航标准所规定的燃油箱可燃性分析方法 (FTFAM) 是一个基于 Excel VBA 语言、用 Excel 表格形式作为用户界面的计算机模型,模型由若干独立的工作表组成,其分类见表 3.9。由于一些工作表可能执行多种功能,因此可能出现在不止一种类别中。在所有的工作表中,黄色的单元格为用户输入单元格。

表 3.9　模型工作表类别

说明类	数据输入类	计算类	结果类
介绍	用户输入和结果	多航段概要	用户输入和结果
	降低可燃性方法 (FRM)	内部计算	降低可燃性方法 (FRM)
		内部计算 2	算例概要
		内部计算 3	
		内部计算 4	

各工作表的功用简介如下:

1) 介绍工作表

介绍工作表用于简要介绍模型的用途及使用说明和限制。

2) 用户输入和结果工作表

用户输入和结果工作表是 FTFAM 的主界面，包含了进行蒙特卡罗可燃性分析的所有必要的用户输入和分析结果。该工作表上的用户输入分为六类，蒙特卡罗分析的结果将在该工作表中用图表的形式显示燃油箱在每一任务时段可燃时间的百分比。

3) 降低可燃性方法 (FRM) 工作表

FRM 工作表只有在进行 FRM 分析时，才需要用到。用户可使用 FRM 工作表来评估 FRM 的有效性。FRM 的有效性被分为可靠性和性能参数。FRM 分析的结果以多种不同表格的形式显示。

4) 单次航段工作表

单次航段工作表允许用户模拟和分析特定航段情景。用户可以输入特定航段时间和温度数据或输入蒙特卡罗分析中的航段号来分析该单次航段情景，其结果以两个图表的形式显示。当进行蒙特卡罗分析时，这些图表曲线表示的是上一航段的结果。

5) 多航段概要工作表

多航段概要工作表以表格的形式显示各航段结果，以燃油箱可燃时间占航段时间百分比排序。该表格既包括飞行前地面时间、航段时间和各航段特定温度，还包括燃油箱可燃时间、FRM 保持空余空间惰性化的总时间和这两者与总飞行时间的百分比。

6) 内部计算工作表

模型中共有四个内部计算工作表，包括模型需要处理的所有关键信息。所有输入数据、计算值和计算结果都存储在这四个内部计算工作表中供程序调用。所有有关的数据将被复制到其他工作表以 "用户友好" 的形式显示。内部计算工作表只供模型使用，用户不应以任何形式对其进行修改，且仅供用户排故时使用。

3.4.2 模型使用方法

评估模型使用方法可分为用户输入、评估结果查看和程序代码修改三部分，其中：用户输入又可分为蒙特卡罗分析用户输入、使用降低可燃性方法 (FRM) 时用户输入和单航段用户输入三部分，对应的评估结果查看自然也由上述三部分组成；而程序代码修改则主要包含燃油箱热效应影响、燃油箱的使用和使用 FRM(降低可燃性方法) 三部分代码的修改问题。

1. 用户输入

1) 蒙特卡罗分析用户输入

对模型进行一般操作的主界面是用户输入和结果工作表。这个工作表包含了所有输入单元格和多个显示大部分计算结果的单元格。模型所有工作表中的单元格，按其不同用途，使用了不同的背景颜色。浅蓝色的单元格表示计算结果，绿色的单元格可用鼠标左击进行相应操作。

图 3.3 为 FTFAM 的主要计算流程图，包括 FRM 计算和每个用户输入的使用。当蒙特卡罗分析没有采用 FRM 时，用户输入包含：飞机数据、航段数据、燃油箱使用数据、机身燃油箱输入数据、燃油箱热特性数据、多航段蒙特卡罗数据等参数。在用户输入和结果工作表中有与这些参数对应的六个用户输入框，如图 3.34 所示。

(a) 飞机数据框

飞机数据框 (图 3.35(a)) 包含最大航程、发动机数量和外界大气温度限制 (OAT)，其功用已在上章给予了介绍，在此不再赘述。作为强调，再次提醒读者注意：①在这里作为输入值的最大航程是指飞行器正常运行时的最大航程，而不是在飞行器没有载重时的绝对最大航程；②如果某型飞机的运行在飞行手册 (AFM) 中有最高温度限制，用户可输入一个温度限制值。在任何情况下当随机的外界大气温度 (OAT) 高于此限制时，模型就会使用用户输入的限制温度而不是 OAT。若没有温度限制，用户应输入一个在环境温度范围之外的较大数值 (如 150 °F)，这样 OAT 限制就不会被激活。

(b) 航段数据框

航段数据框 (图 3.35(b)) 包含巡航马赫数、阶梯巡航高度和燃油箱冲压恢复，同样，其功用已在上章给予了介绍，在此不再赘述。作为强调，再次提醒读者注意：①虽然燃油箱通气孔的冲压恢复对燃油箱可燃性暴露水平的影响很小，但用户若输入了冲压恢复值，其输入值应通过分析和飞行试验数据验证。②高度的设定决定了程序所使用的阶梯巡航高度。对于通常不使用三步高度阶段的飞机，三个高度值可设定成相同的。③若航段时间超过 2 h，模型会启用一套程序引入一个不同的外界温度作为下一阶段飞行和着陆的外界温度以模拟飞机进入一个新的大气状态。此程序会在飞机巡航时间开始一半之后的 45 min 内执行。一旦进入新的大气温度，飞机将以新的地面大气温度进行着陆。

(c) 燃油箱使用数据框(图 3.35(c))

(1) 燃油箱满油时间、空时间。模型使用飞机落地前燃油箱满油和空时间来计算燃油温度的递减率 (lapse rate)。燃油温度在航段内任一时间段都可由燃油温度递减率计算得到。

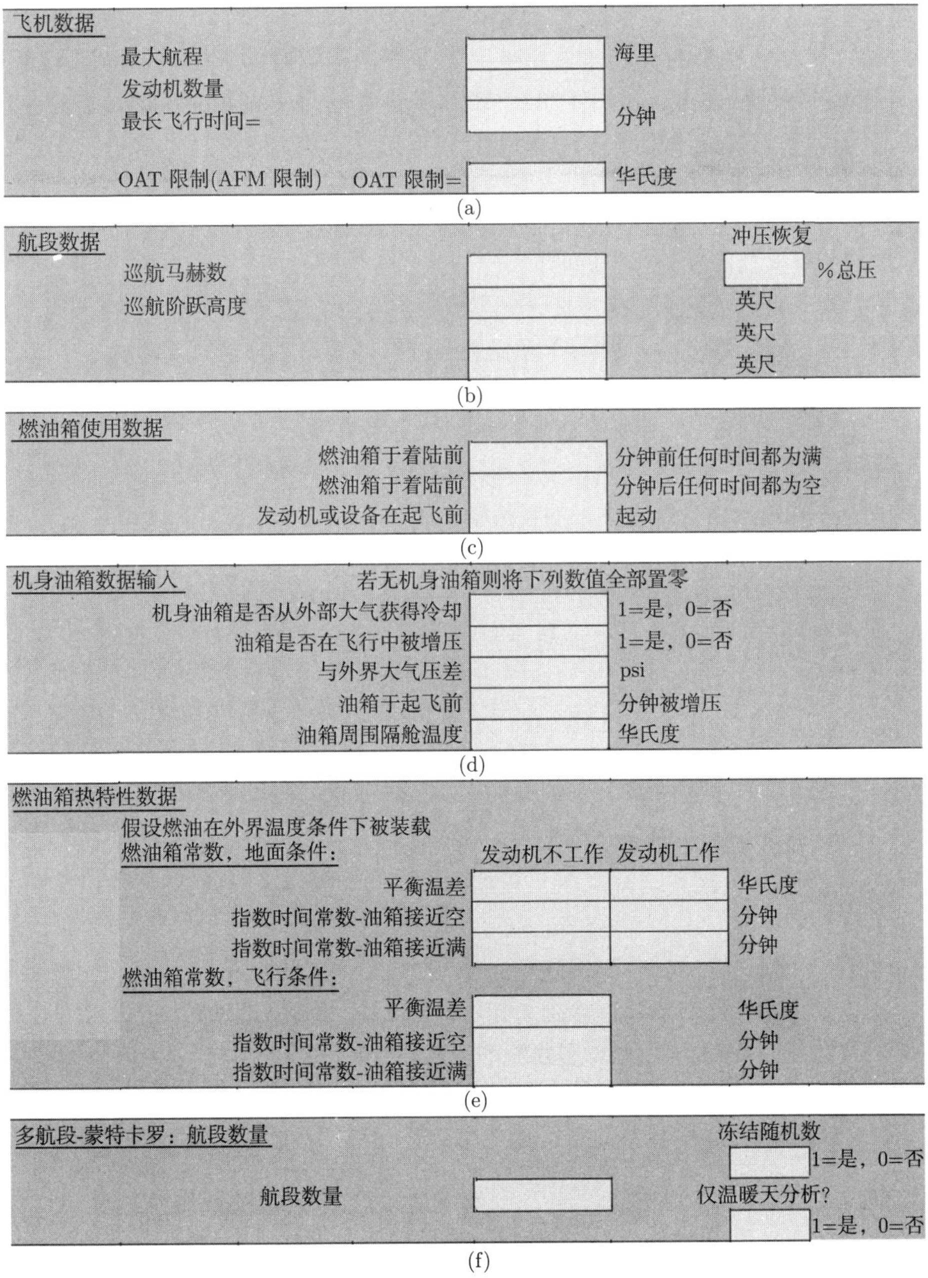

飞机数据		
最大航程		海里
发动机数量		
最长飞行时间=		分钟
OAT 限制(AFM 限制)	OAT 限制=	华氏度

(a)

航段数据		冲压恢复
巡航马赫数		_____ %总压
巡航阶跃高度		英尺
		英尺
		英尺

(b)

燃油箱使用数据		
燃油箱于着陆前		分钟前任何时间都为满
燃油箱于着陆前		分钟后任何时间都为空
发动机或设备在起飞前		起动

(c)

机身油箱数据输入	若无机身油箱则将下列数值全部置零
机身油箱是否从外部大气获得冷却	1=是，0=否
油箱是否在飞行中被增压	1=是，0=否
与外界大气压差	psi
油箱于起飞前	分钟被增压
油箱周围隔舱温度	华氏度

(d)

燃油箱热特性数据

假设燃油在外界温度条件下被装载

燃油箱常数，地面条件：	发动机不工作	发动机工作	
平衡温差			华氏度
指数时间常数-油箱接近空			分钟
指数时间常数-油箱接近满			分钟
燃油箱常数，飞行条件：			
平衡温差			华氏度
指数时间常数-油箱接近空			分钟
指数时间常数-油箱接近满			分钟

(e)

多航段-蒙特卡罗：航段数量		冻结随机数
		1=是，0=否
航段数量		仅温暖天分析？
		1=是，0=否

(f)

图 3.35 用户输入和结果工作表的 6 个数据框

对于最先使用的中央燃油箱 (CWT)，燃油箱满油时间为最长飞行时间，燃油箱空时间为飞机着陆前燃油箱为空的时间。对短航段，中央燃油箱在起飞时即为空。

辅助燃油箱在中央燃油箱之后使用，其燃油箱满时间为从辅助燃油箱内燃油开始减少时到飞机着陆时的时间，燃油箱空时间为飞机着陆前燃油箱为空的时间。

对于主燃油箱 (含储备燃油)，"空" 是指燃油消耗到燃油箱储备燃油量的程度，而不是主燃油箱真的为空。因此，主燃油箱 (含储备燃油) 在飞机着陆前的空时间为 0，而不是燃油箱真的为空的时间。

(2) 发动机启动时间。模型假设通常的热负载 (例如环控系统) 是在航段开始时开始工作的。发动机启动时间单元提供了选项以模拟燃油箱从发动机和 (或) 其他系统获得的额外热输入。例如，一些飞机布置有液压热交换系统、发动机燃/滑油热交换系统和 (或) 其他会对燃油箱导入热量的系统。

此单元的输入值为在飞机起飞前发动机和 (或) 其他系统开始向燃油箱导入热量的时间。此输入值会随着飞机的使用情况而变化。

(d) 机身燃油箱数据输入框(图 3.35(d))

模型需要的机身燃油箱数据包括五个输入。

第一个输入用于确定该燃油箱是否位于机身内且无外界大气直接冷却 (即是否为机身燃油箱)，用户输入 "1" 表示是机身燃油箱，反之输入 "0"。

然后，用户应明示燃油箱是否在飞行过程中被增压，输入 "1" 表示被增压，反之输入 "0"。若此项输入 "0"，则燃油箱压力将按每个时间阶段飞机所处的高度设定。

若燃油箱在航段中被增压，用户应输入燃油箱内与外界的压力差，同时输入飞机起飞前燃油箱增压系统开始工作的时间。这些输入应建立在验证过的数值之上。

最后一个输入是燃油箱周围隔舱温度。在起飞的开始阶段 (时间为 0)，燃油箱温度被设定为外界温度以表示燃油来自于地面加油。随后，燃油将按地面条件的指数时间常数冷却 (或加热) 到周围隔舱的温度。

(e) 燃油箱热特性数据框(图 3.35(e))

(1) 平衡温差输入单元中的数值是当给定充足时间后燃油温度相对于外界温度之差，此数值应从燃油箱和其周围环境的热力学分析中获得，且应考虑发动机和 (或) 其他系统工作和不工作的情况，即从发动机或其他设备向燃油箱导入热量的影响。

对于飞行状态，用户应输入给定充足时间后燃油温度相对于 TAT 的差值。如果燃油箱处于机身内且没有外界大气的冷却，输入值为燃油温度相对于其周围隔舱的温差。

(2) 指数时间常数。燃油箱热特性数据框有六个指数时间常数需要输入，这些时间常数决定了在热量进入燃油箱后燃油是被加热还是冷却。所有的时间常数应由飞行试验或基于飞行试验的热力学分析来决定。如果基于此数据, 指数转换并没有模拟出令人满意的温度变化, 用户可修改模型代码以得到更精确的燃油温度曲线。

(f) 多航段蒙特卡罗数据框(图 3.35(f))

(1) 航段数量。由于蒙特卡罗分析的特点, 模型的准确性随着航段数量的增长而增加, 因此应规定最小航段数量以确保结果的准确性。表 3.10 给出了最小航段数和对应的最高可接受的可燃暴露水平以满足 3% 和 7% 的可燃暴露要求。

表 3.10 最小航段数量和可接受的可燃暴露水平 (单位: %)

蒙特卡罗分析中的最小航段数量	最高可接受的蒙特卡罗平均燃油箱可燃暴露水平	
	满足 3% 的要求	满足 7% 的要求
10 000	2.91	6.79
100 000	2.98	6.96
1 000 000	3.00	7.00

当航段数量与其他所需参数被输入到用户输入和结果工作表中时, 用户点击蒙特卡罗运行按钮以启动蒙特卡罗分析。

(2) 随机数冻结。作为一个选项, 用户可在输入框中键入 "1" 以冻结模型随机数的生成, 这将使模型在每次进行分析时使用同样的随机数设置, 从而允许用户通过改变其他输入参数以更好地理解这些参数对燃油箱可燃性暴露的影响。此选项在进行最终审定分析时应输入 "0" 关闭。

(3) 温暖天分析。作为一个附加选项, 用户可进行温暖天可燃性分析。通过在输入框中键入 "1", 模型可只对地面外界温度高于 80 °F 的航班进行分析, 这使得用户可进一步分析特定燃油箱在温暖天运行的可燃暴露水平。

2) 使用降低可燃性方法 (FRM) 时用户输入

当进行蒙特卡罗分析时, 若同时采用了 FRM, 用户应输入一些额外的参数。FRM 的效用分为可靠性影响和性能影响两部分。

(a) 可靠性影响输入

FRM 的可靠性影响输入由 FRM 潜在故障的分析决定, 此潜在故障可能会使系统失去作用。为了确定这些影响, 除了上述 "蒙特卡罗分析用户输入" 规定的输入外, 用户还应向 FRM 工作表中输入图 3.36 所示的、由 FRM 分析和试验证明其准确性的额外数据。

(1) 两次失效的平均间隔时间 (MTBF)。预期的 FRM 系统两次失效事件之间间隔的小时数。

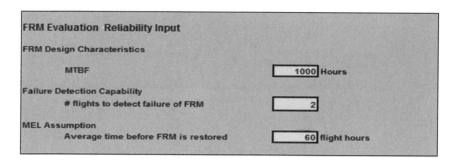

图 3.36   FRM 的可靠性输入框

(2) 失效探测能力。指预期的探测出 FRM 系统失效前的航班数量, 此数值是由系统监控和信息显示以及运行程序 (例如 FRM 维修检查频率) 所决定的。

(3) 最低设备清单 (MEL) 假设。指在 FRM 系统失效被检测出来后, 系统恢复所需的平均期望时间 (飞行小时)。

(b) 性能影响输入

FRM 的性能影响取决于其在期望的工作状态时维持空余空间不可燃的能力。FRM 程序包含可以模拟一套通用的地面惰性化系统的代码。用户应使用准确的、将要使用的 FRM 系统的程序来替换原代码。在编写 FRM 代码的过程中应考虑到此系统在所有飞行条件下的性能, 同时应通过 FRM 分析和试验来确保其准确性。

一旦 FRM 的性能特性被编码并嵌入模型中, 用户应输入 FRM 可靠性数据和 "蒙特卡罗分析用户输入" 规定的数据。当这些数据被完整输入, 用户可通过按 FRM 工作表上的 "Run FRM Evaluation" 按钮来启动 FRM 分析。而按用户输入和结果工作表上的 "Run Monte Carlo" 按钮时, 不管在 FRM 工作表上有没有输入的数据, 只进行可燃性分析 (不含 FRM)。

3) 单航段用户输入

在用户输入和结果工作表中单航段状态数据框 (图 3.37) 中, 允许用户针对单航段输入一组特定的条件数据并检查结果。

数据框中需要的输入包括总航段时间、外界温度 (地面和巡航) 和燃油闪点温度。当这些数据被输入后, 可以按 "Run Single Flight" 按钮以启动航段分析程序。应注意, 若用户输入的起飞外界温度高于 OAT 限制, 模型将使用 OAT 限制作为外界温度, 同时发警告提示用户。

作为一个选项, 用户可不必输入针对单航段的数据, 而是运行一个蒙特卡罗分析中已选定的航段来查看详细结果。这可通过从蒙特卡罗分析 (在 "n 算例概要" 工作表的 M 列) 选择算例号输入图 3.38 所示框中, 然后按相应的 "Run Selected

Flight"按钮。

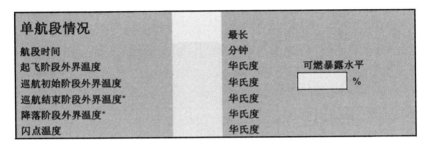

图 3.37　单航段状态数据框

图 3.38　蒙特卡罗单航段状态数据框

2. 评估结果查看与分析

1) 蒙特卡罗可燃性分析

当完成蒙特卡罗分析,模型将向用户展示"n 算例概要"工作表作为结果页。"n 算例概要"工作表中包含了每次模拟航段而产生的重要信息,并以燃油箱可燃占总航段时间的百分比为排序依据采用降序进行排列。"n 算例概要"工作表中由蒙特卡罗模型计算产生的数据主要包括:航前地面时间、航段时间、外界温度、巡航温度、燃油闪点温度、飞行中燃油箱可燃时间、燃油箱可燃时间占航段时间的百分比、每次随着时间的增长 FRM 是否使空余空间不可燃,如图 3.39 所示。

"n 算例概要"工作表是将蒙特卡罗分析的结果以图表形式展现在用户输入和结果工作表中,如图 3.40 所示。

图 3.40 描述了由蒙特卡罗分析得出的燃油箱对于各航段可燃时间占航段时间的百分比,用降序排序。此图表中还概括了总的可燃时间占总航段时间的百分比,用机队平均可燃暴露百分比来表示。此数值是用燃油箱被认为可燃的时间总和除以所有飞行时间的总和得到,是用来决定一个给定燃油箱可燃暴露水平的最重要参数。

	A	B	C	D	E	F	G	H	I	J	K	L
1		From Macro	242603				56510	23.29319954				
2		43635	168968	3212603								1.59
3							56510	1.76%		Return to input page		
4	Flight	Preflight							FRM		Late Flight	
5	Number	Ground Time	Flight Time	Ambient	Cruise	Flash Point	Flam Time	%exposure	Flam time	% exposure	OAT land	OAT CRZ
6	116	30	37	109.6	-72.1	111.45119	97	100	0	0	46.51906204	-71.78288269
7	914	30	129	106.0	-86.7	121.06843	172	91.00529101	0	0	48.79982376	-65.28243256
8	592	30	85	91.1	-66.6	108.57021	119	82.06896552	0	0	72.79788208	-68.81064606
9	599	90	305	92.0	-74.4	114.13693	333	78.35294118	0	0	21.97218895	-85.71487427
10	205	30	82	96.3	-57.1	115.69664	111	78.16901408	0	0	60.57439423	-67.18105316
11	684	90	387	89.3	-87.4	116.16451	394	77.71203156	0	0	75.25296021	-70.37498474
12	646	30	150	97.8	-72.7	116.1004	162	77.14285714	0	0	74.85224915	-63.71884537
13	536	30	85	94.7	-72.8	115.36571	111	76.55172414	0	0	53.69068146	-73.24608612
14	98	90	480	84.4	-69.7	114.60844	458	76.33333333	0	0	77.8946228	-79.81510925
15	409	30	68	88.6	-68.6	108.91039	97	75.78125	0	0	43.30464554	-69.19091797
16	715	45	204	114.5	-58.8	132.01347	211	75.62724014	0	0	37.87228394	-78.62498474
17	866	30	53	103.2	-77.1	121.07922	85	75.22123894	0	0	59.34615707	-73.34797668
18	95	45	227	102.7	-71.2	122.08729	227	75.16556291	0	0	67.1485672	-71.18844604
19	789	30	99	86.7	-70.7	108.02143	119	74.8427673	0	0	81.48166656	-80.19353485
20	80	45	231	92.6	-74.1	113.06921	228	74.50980392	0	0	53.97692871	-74.90542603
21	48	30	101	84.6	-75.7	103.7115	119	73.91304348	0	0	36.09405518	-64.66125488
22	608	30	120	103.3	-85.5	123.11589	132	73.33333333	0	0	71.13792419	-56.26935577
23	252	90	326	90.4	-62.8	119.00549	327	73.31838565	0	0	73.31704712	-57.38902664
24	66	45	190	95.6	-71.5	114.62096	194	73.20754717	0	0	35.13035965	-70.92624664
25	717	90	405	67.8	-68.2	113.71883	378	72	0	0	100.0304489	-71.40009308
26	857	45	210	82.7	-67.0	104.56557	203	71.22807018	0	0	78.95842743	-62.86148834
27	187	30	89	93.6	-65.1	115.72092	106	71.1409396	0	0	68.71598053	-84.91239166
28	289	90	325	87.1	-79.5	117.70799	316	71.01123596	0	0	55.6542244	-56.93397903
29	712	90	563	42.9	-59.3	97.75312	484	70.86383602	0	0	56.30692291	-72.93768311
30	703	90	415	57.1	-51.7	114.85255	376	70.28037383	0	0	89.05838776	-70.09138489

图 3.39　"n 算例概要"工作表

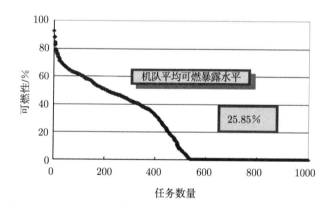

图 3.40　蒙特卡罗分析结果

在用户输入和结果工作表中，蒙特卡罗分析结果还进一步被分解成了温暖天运行结果表格，如图 3.41 所示。此表格展示了所有起飞前外界地面温度超过 80 ℉ 的飞行分析结果，表示了总航段时间、总可燃时间和相应的温暖天 (即外界温度高于 80 ℉) 可燃性暴露时间占总航段时间的百分比，还展示了不同飞行阶段相应的数据 (即地面、爬升、三个巡航阶段、下降、滑跑)。图 3.41 中还表示了燃油箱在温暖天运行中 60.9% 的时间是可燃的。

温暖天(高于80华氏度)计算结果			
	总时间	可燃暴露时间	% 可燃暴露水平
地面	4950	325	6.6
爬升	2565	1803	70.3
巡航1	6207	6158.	99.2
巡航2	4130	4100	99.3
巡航3	2505	1971	78.7
下降	2289	1130	49.4
滑行	3510	451	12.8
总计	26 156	15 938	60.9

图 3.41　温暖天运行结果表格

因受数据存储量的限制，当蒙特卡罗分析超过 5000 个航段数后，"n 算例概要" 工作表中的表格和用户输入和结果工作表中的图表都将为空。

若用户在评估完此工作表结果后，想进一步评估在蒙特卡罗分析表格中的某一特定航段分析数据，可通过输入图 3.38 中的 "航段算例编号" 以单航段场景的模式来评估。

2) 带有 FRM 的蒙特卡罗分析

FRM 分析得出的结果在 FRM 工作表中以不同表格的形式展示，包括：显示基准和可靠性影响数据，针对航段中各飞行阶段的性能影响和 FRM 有效性。

(a) 显示基准和可靠性影响数据

图 3.42 显示了可燃数据的基准 (即无 FRM) 和相应的带有 FRM 可靠性失效的可燃性数据，不仅表示出了总的机队平均可燃数据，还针对地面外界温度高于 80 °F 的爬升和巡航阶段的可燃数据进行了展示。

FRM对燃油箱可燃性的可靠性影响		
基准(无FRM)机队平均可燃性暴露 高于80华氏度	25.8	%
地面可燃性暴露	6.6	%
爬升可燃性暴露	70.3	%
FRM能力(仅限于可靠性和MEL情况下)		
机队平均可燃性暴露 高于80华氏度	3.94	%
地面可燃性暴露	0.39	%
爬升可燃性暴露	4.22	%

图 3.42　显示基准和可靠性影响数据

(b) 针对航段中各飞行阶段的性能影响

图 3.43 所示表格使用户可以分析 FRM 的性能影响。两个表格表示出了每个飞行阶段 (即地面、爬升、每个巡航阶段高度、下降和滑跑) 和总飞行时间的可燃数据。数据还包含地面外界温度高于 80 ℉ 时机队平均可燃性暴露值。

Baseline, NO FRM results
Summary data for specific portions of the flights

All flights						Flights above 80 Deg F			
	total time	flam time	% Flam	Contribution to whole			total time	flam time	% Flam
ground	300	0	0.0	0.0		ground	31	0	0.0
climb	270	28	10.4	13.3		climb	30	22	73.3
Cruise1	361	108	29.9	51.2		Cruise1	47	47	100.0
Cruise2	168	62	36.9	29.4		Cruise2	0	0	0.0
Cruise3	0	0	0.0	0.0		Cruise3	0	0	0.0
descent	205	13	6.3	6.2		descent	19	13	68.4
taxi-in	300	0	0.0	0.0		taxi-in	29	0	0.0
total	1604	211	13.2	100.0		total	156	82	52.6

FRM Performance results
Summary data for specific portions of the flights

All flights						Flights above 80 Deg F			
	total time	flam time	% Flam	Contribution to whole			total time	flam time	% Flam
ground	300	0	0.0	0.0		ground	31	0	0.0
climb	270	0	0.0	0.0		climb	30	0	0.0
Cruise1	361	0	0.0	0.0		Cruise1	47	0	0.0
Cruise2	168	0	0.0	0.0		Cruise2	0	0	0.0
Cruise3	0	0	0.0	0.0		Cruise3	0	0	0.0
descent	205	0	0.0	0.0		descent	19	0	0.0
taxi-in	300	0	0.0	0.0		taxi-in	29	0	0.0
total	1604	0	0.0	0.0		total	156	0	0.0

图 3.43　针对航段中各飞行阶段的性能影响

(c)FRM 有效性

图 3.43 向用户概要性地展示了使用 FRM 后的效果，包括由可靠性因子和性能因子以及由于 FRM 而产生的总的机队有效性而导致的可燃时间百分比，也包括总的在地面外界温度高于 80 ℉ 的情况下分别针对地面和爬升阶段的可燃性暴露时间 (由可靠性和性能因子决定的)。

FRM相关计算数据	
机队平均(所有航段)	
机队平均可燃性性能	0.8
机队平均可靠性影响	3.94
机队整体有效性	4.70
高于80华氏度的温暖天情况	
可燃暴露水平，地面条件	0.4
可燃暴露水平，爬升条件	0.0

图 3.44　FRM 有效性

作为对表格中数据的补充，蒙特卡罗基准结果 (无 FRM) 在"n 算例概要"和用户输入和结果工作表中已被显示。

3) 单航段可燃性分析

单航段可燃性分析结果在单航段工作表中分别以基于时间和基于高度两种图形格式展示。

(a) 基于时间的单航段结果

图 3.45 所示为基于时间的曲线，描述的是 TAT、燃油温度、LFL 温度和 UFL 温度作为时间的函数。另外，第二个 y 轴上的线条表示与特定航段对应的可燃性暴露时间。可燃暴露水平百分比同样显示在用户输入和结果工作表上的单航段状态框。当总体燃油平均温度在 LFL 和 UFL 温度曲线之间时，表示燃油箱在航段中处于可燃的时间段。当总体燃油平均温度在 LFL 温度曲线之下时，表示燃油箱中空余空间处于贫油的时间段。虽然图 3.45 中燃油温度没有高于 UFL 温度曲线，但是若这种情况发生了，则表明燃油箱中空余空间处于富油的时间段。TAT 也在此曲线图中作为飞机外界环境条件的参照而被表示出来。

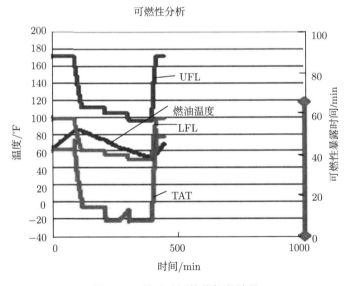

图 3.45 基于时间的单航段结果

(b) 基于高度的单航段结果

图 3.46 所示为基于高度的曲线，以高度为变量显示了与图 3.45 相同的信息。当总体燃油平均温度在 LFL 和 UFL 温度曲线之间时，表示燃油箱在航段中处于可燃的时间段；当燃油温度曲线在 LFL 温度曲线左侧时，表示燃油箱中空余空间处于贫油的时间段；当燃油温度曲线在 UFL 温度曲线右侧时，表示燃油箱中空余

空间处于富油的时间段。图 3.46 中曲线上的一些小扰动是由于每 1000 ft 高度变化导致温度变化引起的。

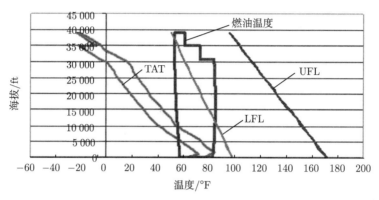

图 3.46　基于高度的单航段结果

3. 程序代码修改[7]

1) 燃油箱热效应影响

燃油箱周围环境的热效应是基于使用燃油与外界环境温差、TAT 以及一些指数时间常数的计算。如果飞行试验数据或关于燃油箱热效应分析表明这种方法无法准确地得出燃油箱的真实温度曲线时,可对此代码进行修改。

2) 燃油箱的使用

燃油箱内燃油的消耗是蒙特卡罗模型按燃油箱从满到空随时间线性减少来计算的,这种燃油消耗的方式为针对一般燃油箱的一种典型曲线。随着飞机和燃油箱构型的变化,例如燃油箱间的窜油,实际燃油消耗会与此曲线大不相同。

在这种情况下,用户可更改这部分代码以更好地反映真实燃油消耗。更改这部分代码时,应用飞行试验数据或以数据为依据的燃油消耗详细分析来表明其提供了有关燃油箱的准确燃油消耗。

3) 使用 FRM(降低可燃性方法)

当进行蒙特卡罗可燃性分析 FRM 评估时,用户应保证模型代码能够反映出 FRM 的性能影响。FRM 的性能影响取决于其在期望的工作状态时维持空余空间不可燃的能力,应与可靠性影响分开编程,因为当系统全部或部分失效会导致 FRM 不工作。此程序包含一套可以模拟通用的地面惰性化系统的代码。用户应使用准确的、将要使用的 FRM 系统的程序来替换原代码。

在编写此部分代码的过程中应考虑到此系统在所有飞行条件下的性能,同时通过 FRM 分析和试验来确保其准确性。如果 FRM 模块需要蒙特卡罗模型无法提供的额外数据,用户应计算这些信息并通过分析和 (或) 试验来证明其准确性。

新增 FRM 模块的输出应为参数 "FRMyesno"，若在每个时间增量 FRM 没有使得燃油箱不可燃，则设定其为 0；若在每个时间增量 FRM 使得燃油箱不可燃，则设定其为 1。

FRM 模块的替换是通过在模型代码中由一段注释文字 "TEST FRM ONLY" 来明确标识的。注释文字后的代码是目前默认的 FRM 执行代码，其模拟的是一套通用的地面惰性化系统。用户应使用自己的、能够反映正在使用的特定 FRM 系统的代码来替换原代码。这段程序如下：

```
====================TEST FRM ONLY ====================
'This is a very simple FRM to test the FRM module and data collecting code.
The FRM is 'assumed to be effective after t=10 min and to be
effective until the end of crusise for all flights.
If FRMonoff = 0 Then
flammyesnoFRM = flammyesno
GoTo 299
End If
If timel < phase6 And timel > 10 Then
FRMyesno = 1
End If
```

当使用氮气惰性化系统作为 FRM 时，在进行可燃性分析时应考虑到氧气从燃油中析出的问题。

当考虑空气从燃油中析出的问题时，应先考虑有多少空气溶解在燃油中，什么使它们溶解，什么使它们析出。溶解在燃油中的空气在其分压力等于空余空间的分压时开始析出。Ostwald 系数定义了燃油中能够溶解多少 (数量) 气体从而达到平衡，此系数是随温度而改变的。当气体溶解在燃油中，它会始终溶解于燃油中直到空余空间局部压力发生变化，燃油的表面张力帮助气体溶解于燃油中，这将导致燃油中气体过饱和，即溶解在燃油中气体的局部压力显著高于空余空间局部压力，破坏燃油表面张力，使得大量气体从燃油中快速释放。

此问题可通过确定氧气在空余空间和燃油中的分压来解决。假设燃油在起飞开始时是完全饱和的，再假设氧气释放或溶解是由两个分压的差来决定的，并且有一些指数质量转移时间常数来维持平衡。对于过饱和的情况，其氧气浓度没有与空余空间中的达成平衡，还因气体继续溶解于燃油而继续增加，直到达到某一特定压差。

用户应假设在正常大气条件下加油为完全饱和 (即燃油中溶解的空气含氧 21%，且氧气没有被提前过滤)。在静态且没有高度变化的状态下，气体转移使用的时间常数为 3500 min。对于爬升状态下，直到 15 000ft 高度没有氧气从燃油中析出的情况发生, 在爬升的剩余部分时间常数为 100 min。

参 考 文 献

[1]　FAA. Fuel Tank Flammability Assessment Method(Monte Carlo Model) Version10[S]. Federal Aviation Administration, 2007.

[2]　王盛园. 基于国产燃油物理–化学特性的油箱可燃性评估技术研究 [D]. 南京: 南京航空航天大学, 2012.

[3]　付振东. 燃油中溶解氧逸出规律与油箱热模型技术研究 [D]. 南京: 南京航空航天大学, 2013.

[4]　温博. 基于蒙特卡罗仿真的民用飞机燃油箱可燃性评估方法研究 [D]. 南京: 南京航空航天大学, 2016.

[5]　刘卫华, 冯诗愚. 飞机燃油箱惰化技术 [M]. 北京: 科学出版社, 2017.

[6]　Summer S M. Fuel Tank Flammability Assessment Method User's Manual[R]. DOT/ FAA/AR-05/8. Washington, DC,USA: Air Traffic Organization Operations Planning Office of Aviation Research and Development, 2008.

[7]　AC25.981-2A. Fuel Tank Flammability Reduction Means[S]. Federal Aviation Administration, 2008.

第4章 燃油箱可燃性适航符合性方法研究

14CFR25-102 修正案发布后，美国联邦航空局 (FAA) 率先认识到燃油箱点火源是不可穷举且总是难以完全消除的，于是于 2008 年 9 月 19 日发布了 14CFR25-125 修正案，增加了对新型号飞机燃油箱可燃性的要求。同日，FAA 还发布了 14CFR26-2 修正案，增加了对在役飞机型号持证人、在役飞机燃油箱可燃性相关设计更改持证人及申请人、在审飞机型号申请人以及新生产飞机的制造人的燃油箱可燃性追溯要求，并通过 14CFR121-340 修正案对运营人提出了 FRM(燃油箱可燃性降低措施) 或 IMM(减轻燃油蒸气点燃影响措施) 改装要求。中国民用航空局 (CAAC) 规章体系类似于 FAA，虽然燃油箱可燃性要求均晚于 FAA 发布，但规章间的逻辑关系一致。本章将基于作者的认识，就燃油箱可燃性的适航符合性方法、适航符合性验证要素和可燃性指标与符合性验证工作流程展开分析，并给出相关示例，以期为相关人员履职提供技术指导。

4.1 燃油箱可燃性适航符合性方法

1. 适航符合性验证方法

中国民航管理程序 AP-21-AA-2011-03-R4《航空器型号合格审定程序》中给出了常用的适航符合性验证方法，共有 10 种，它们分别如下所述。

1) MC0：符合性声明

通常在符合性记录文件中直接给出，如专门为条款符合性编制的条款符合性综述报告等。

2) MC1：说明性文件

能够表征型号设计的相关文件或图纸、报告，如技术说明、安装图纸、计算方法、技术方案、航空器飞行手册等。

3) MC2：分析/计算

分析或计算报告，如载荷、静强度和疲劳强度，性能，统计数据分析，与以往型号的相似性分析等。

4) MC3：安全评估

如功能危害性评估 (FHA)、系统安全性分析 (SSA) 等用于规定安全目标和演示已经达到这些安全目标的文件。

5) MC4：试验室试验

如静力和疲劳试验、环境试验等。试验可能在零部件、分组件和完整组件上进行。

6) MC5：地面试验

如旋翼和减速器的耐久性试验、环境试验等。

7) MC6：飞行试验

规章明确要求时，或用其他方法无法完全演示符合性时采用。

8) MC7：航空器检查

如系统的隔离检查、维修规定的检查等。

9) MC8：模拟器试验

如评估潜在危险的失效情况、驾驶舱评估等。

10) MC9：设备合格性

设备的鉴定是一种过程，它可能包含上述所有的符合性方法。

2. 符合性验证方法

对于飞机燃油箱可燃性适航符合性验证而言，通常采用上述的 MC1 说明性文件、MC2 分析/计算、MC3 安全评估、MC5 地面试验/MC6 飞行试验、MC9 设备合格性等验证方法来表明对条款的符合性，具体如下所述。

1) MC1 说明性文件

所提供的说明性文件 (譬如设计图纸、设计方案、持续适航文件等) 需能够表明燃油箱的布局、外翼油箱是否为传统非加热铝制机翼油箱、机身油箱 (若有) 的热量输入是否已最小化以及必要的适航限制 (CDCCL、特殊维护/检查等) 等。

2) MC2 分析/计算

对燃油箱可燃暴露水平进行定性或定量分析，包括采用必要的地面试验和飞行试验数据进行修正，来综合确定燃油箱的可燃暴露水平是否满足要求。对于传统的外翼油箱，往往通过定性分析是足够的；对于机身油箱，一般需要进行蒙特卡罗分析来定量计算该机队的可燃性暴露水平。

3) MC3 安全评估

如果通过采用惰化系统等 FRM 措施来降低燃油箱可燃性，则一般需要对新引入的系统开展必要的安全性评估 (包含 SFHA、SSA、FMEA 等) 以及可靠性分析等，确保新引入系统达到要求的安全性、可靠性指标。

4) MC5 地面试验/ MC6 飞行试验

对于高可燃性燃油箱，往往需要开展蒙特卡罗定量分析工作，而该分析需要的输入往往通过必要的地面试验和飞行试验来获得。

5) MC9 设备合格性

燃油箱系统/惰化系统 (若有) 的部件均须通过设备鉴定试验/必要的计算分析或相似性分析，满足预定要求和性能。对于燃油箱系统采用的减轻点燃影响措施 (如有)，其设备往往也需要开展合格鉴定试验/分析，确认其满足抑制燃油箱爆炸，而且不会妨碍继续飞行和着陆的要求。

3. 燃油箱可燃性适航符合性验证试验与报告

为了表明燃油箱可燃性的适航符合性，型号申请人通常需至少开展表 4.1 所示的相关地面/飞行试验，并提交相关试验报告供适航审定部门审查。

表 4.1　可燃性适航符合性验证试验

序号	试验项目内容	适航条款	推荐验证方法
1	燃油箱热模型验证试验	25.981(b)，附录 M25.2	MC5、6
2	燃油箱惰化系统性能及模型验证试验	25.981(b)，附录 M25.2，附录 N	MC5、6

燃油箱可燃性适航符合性表明，申请人应提交的审定报告一般包括：

(1) 燃油系统设计符合性说明；

(2) 燃油箱可燃性分析报告；

(3) 惰化系统安全性、可靠性评估报告；

(4) 燃油惰化系统地面/飞行试验大纲；

(5) 燃油惰化系统地面/飞行试验报告；

(6) 燃油惰化系统设备鉴定试验大纲；

(7) 燃油惰化系统设备鉴定试验报告或相似性分析报告。

在上述报告中，应该涵盖有下述相关内容：

(1) 燃油箱系统设计说明；

(2) 燃油箱说明；

(3) 燃油箱结构图；

(4) 燃油系统安装图；

(5) 惰化系统安装图 (如安装)；

(6) 适航性限制说明文件；

(7) 飞机维修手册；

(8) 燃油箱可燃性评估；

(9) 燃油箱热模型分析；

(10) 燃油箱惰化系统 (FTIS) 说明 (如安装)；

(11) 惰化系统性能分析 (如安装)；

(12) 燃油箱惰化系统仿真分析 (如安装)；

(13) 惰化系统可靠性分析 (如安装);

(14) 惰化系统功能危害性分析 (如安装);

(15) 惰化系统安全性评估 (如安装);

(16) 惰化系统故障树分析 (如安装);

(17) 惰化系统故障模式与影响分析 (如安装);

(18) 燃油箱地面温度试验方案与操作规范;

(19) 燃油箱地面温度试验报告;

(20) 惰化系统地面试验报告 (如安装);

(21) 燃油箱飞行状态下温度试验方案与操作规范;

(22) 燃油箱飞行温度试验报告;

(23) 惰化系统飞行试验报告。

4.2　燃油箱可燃性适航符合性验证要素分析

目前, 我国对运输类飞机燃油箱可燃性适航审定的技术标准与依据是 CCAR 25.981-R4 条款及其附录 M、N[1], 适航符合性指导与重要参考文献是 FAA AC 25.981-2A[2], 考虑到 IMM 方法国内尚无实际应用且国外民机型号上也鲜有成功案例, 故此, 本节下文均在假设型号申请人不采用 IMM 措施的情况下, 开展燃油箱可燃性控制工作。

根据对适航审定条款的理解, 绘制出如图 4.1 所示的燃油箱可燃性适航符合性验证要素一览图。图中, * 号标注部分为符合性验证中需重点关注的要素。

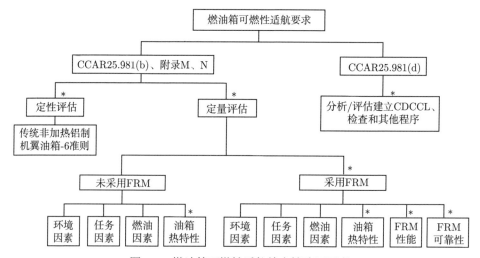

图 4.1　燃油箱可燃性适航符合性验证要素

由图 4.1 可知，对于燃油箱可燃性适航符合性验证工作将重点从两个方面来开展：一是满足 CCAR25.981(b) 条款及其附录 M、N 的可燃性暴露时间评估；二是满足 CCAR25.981(d) 条款的 CDCCL 建立、检查或其他程序。由于满足 CCAR25.981(d) 条款的 CDCCL 建立、检查或其他程序将具体体现在提交的适航限制文件、维修手册等材料中，且条款已经明确地给予了相应的要求，故无须赘述。因此，对于燃油箱可燃性适航符合性验证的重点将放在是否满足 CCAR25.981(b) 条款及其附录 M、N 规定的可燃性暴露时间的评估上。

对 CCAR25.981(b) 条款及其附录 M、N 所述内容进行综合分析，其符合性验证的主要内容可以分为燃油箱分布与功能梳理、机队平均可燃性暴露时间指标要求与评估方法和 FRM 性能与可靠性三个方面，如图 4.2 所示。

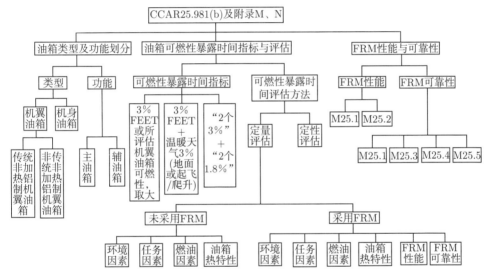

图 4.2　CCAR25.981(b) 条款及其附录 M、N 符合性验证内容

为此，著者对 FAR25.981(b) 条款及其附录 M、N 的符合性验证设计了如下工作流程。

1. 燃油箱分布与功能梳理

首先根据燃油箱所处位置进行燃油箱类型判别。如果整个燃油箱完全位于机翼，且无任何部分位于机身轮廓线内，则为机翼燃油箱；反之，则为机身燃油箱。机翼燃油箱中，凡满足传统非加热铝制机翼六点判别依据的，则定义为传统非加热铝制机翼燃油箱；反之，为非传统机翼燃油箱。

其次，根据燃油箱用途进行功能分类。燃油箱中凡是满足主燃油箱定义的，归类为主燃油箱；反之，则为辅助燃油箱。

通过上述的燃油箱类型与功能判别，最终可以将需评估燃油箱整理为如下六类：

(1) 传统的非加热铝制机翼主燃油箱；

(2) 传统的非加热铝制机翼辅助燃油箱；

(3) 非传统的机翼主燃油箱；

(4) 非传统的机翼辅助燃油箱；

(5) 机身主燃油箱；

(6) 机身辅助燃油箱。

考虑到不同燃油箱，CAAC 所要求的机队平均可燃性暴露水平不同，上述六类燃油箱可以按评价方法或指标要求合并为三类符合性验证标准，具体如下：

(1) 传统的非加热铝制机翼燃油箱符合性验证标准 (包含：机翼主燃油箱和机翼辅助燃油箱)；

(2) 主燃油箱或非传统的机翼燃油箱符合性验证标准 (包含：机身主燃油箱和非传统的机翼燃油箱)；

(3) 机身辅助燃油箱符合性验证标准。

无疑，适航条款对机身辅助燃油箱的符合性验证标准是最为严苛的。

2. 机队平均可燃性暴露时间指标要求和符合性方法

1) 传统的非加热铝制机翼燃油箱

传统的非加热铝制机翼燃油箱，通常具有这些特征：传统的铝制结构、亚音速运输类飞机机翼整体式油箱、从其他系统或油箱导入的热量最小化以及在飞行中能够被大气气流充分冷却。

此外，FAA AC25.981-2A 中还给出了表明某油箱为等效的传统非加热铝制机翼油箱的考虑因素：

(1) 飞机构型的描述，包括亚音速机翼结构等；

(2) 油箱内或邻近区域热源清单。本条重点关注为对非加热的说明，需有充分的资料证明，机翼燃油箱内外无显著可以提高燃油温度的热源 (如燃油箱内无换热器等设备)；如果有小型换热设备，则需要通过分析或试验证明该设备不会显著提升燃油温度；

(3) 所批准的飞机燃油牌号，用于评估燃油箱内可燃蒸气点燃温度的下限；

(4) 油箱相对于周围大气静压的运行压力差较小，一般为开式油箱；

(5) 油箱是非保温的铝制材料；

(6) 油箱相对于外界大气有较大的气动表面积，以便于从油箱向外界散热。一般而言，适航部门可接受的判据为，气动表面积 (油箱所有暴露于外界大气环境 (外界自由气流) 的表面积之和) 与油箱体积的比值大于 1(单位：ft^{-1}) 时可被视为 "较大的气动表面积"。

2) 主燃油箱或非传统的机翼燃油箱

对于主燃油箱或非传统的机翼燃油箱，需提交定量计算报告，其中，定量评估指标为：该油箱的机队平均可燃性暴露时间不超过附录 N 中定义的可燃性暴露评估时间 (FEET) 的 3%，或所评估机型机翼燃油箱的可燃性暴露时间，取较大者。

在定量计算报告符合性验证中，通常需考虑的要素有：

(1) 采用的计算方法是否采用了 CAAC 批准使用的蒙特卡罗评估方法；

(2) 计算中所采用的时间常数和平衡温差是否经过实际飞行测试数据的验证，按该时间常数和平衡温差计算所获得的燃油温度变化数据与实际飞行测量数据最大误差不能超过 3 °F，若超过 3 °F 则持续时间不得超过 5min (但如果计算所获得的燃油温度高于飞行实测燃油温度是允许的)；

(3) 计算报告中，如果采用的燃油消耗规律与源程序规定不同，则需提交对源程序的修改说明，并证实该修改程序可以反映真实情况。

3) 机身辅助燃油箱

机身辅助燃油箱是运输类飞机燃油箱可燃性适航符合性验证的重点与难点，CAAC 对其提出了更高的可燃性限制要求。对其开展适航符合性验证时，需要重点关注的要素如下：

(1) 定量评估是否采用了 CAAC 指定的蒙特卡罗评估程序；

(2) 评估程序中时间常数和平衡温差验证问题，是否提交报告以证明所采用的 "时间常数" 和 "平衡温差" 符合实际飞行测量情况；

(3) 是否对程序中燃油使用顺序进行了修改，如果修改，修改程序需提交文件证明该修改符合飞机真实情况，以供适航审定部门审定；

(4) 对于机身辅助燃油箱，定量评估结果必须满足 2 个 3% 要求；

(5) 是否采用了 FRM。FRM 性能与可靠性程序的编写是否符合真实情况 (需提交报告证明 FRM 性能和可靠性)；且机队平均可燃性暴露时间定量评估结果在上述 2 个 3% 基础上，还需要满足 2 个 1.8% 的要求。

3. FRM 性能与可靠性符合性验证

对于 FRM 系统适航符合性验证要素分析可以回溯至 FAA 的 "Fuel Tank Flammability Assessment Method User's Manual"，在该指南中，FAA 明确提出了如下要求[3](CAAC 与 FAA 要求一致)：

(1) 当进行蒙特卡罗分析时，若同时采用了 FRM，用户应输入一些额外的参数。FRM 的效用分为可靠性影响和性能影响两部分。

(2) FRM 的可靠性影响由 FRM 潜在故障的分析决定，此潜在故障可能会使系统失去作用。

(3) FRM 的性能影响取决于其在期望的工作状态时维持空余空间不可燃的能力。FRM 程序包含可以模拟一套通用的地面惰性化系统的代码。用户应使用准确的、将要使用的 FRM 系统的程序来替换原代码。在编写 FRM 代码的过程中应考虑到此系统在所有飞行条件下的性能，同时应通过 FRM 分析和试验来确保其准确性。

如果 FRM 模块需要蒙特卡罗模型无法提供的额外数据，用户应计算这些信息并通过分析和 (或) 试验来证明其准确性。

由此可见，对于 FRM 系统适航符合性验证可以重点关注如下几个方面问题。

(1) FRM 系统可靠性。FRM 系统可靠性可以 "惰化系统可靠性分析报告" 为基础，重点考查 "两次失效的平均间隔时间"(MTBF)、"失效探测能力" 和 "最低设备清单"(MEL)。

(2) FRM 系统性能。FRM 系统性能可以 "惰化系统性能分析报告" 为基础，重点考查其性能计算结果与试验结果的误差。其中，对于评估源程序的修改的审定，重点可关注两个方面：一是所修改的程序是否能准确反映实际惰化系统的性能 (这可以通过运行申请人所提交的修改程序，并将该运行程序计算结果与试验结果进行对比来确定之)；二是性能与可靠性影响是否分别采用了编程方法，按 CAAC 要求，这两者应该分别编程处理。

4.3　可燃性指标与符合性验证工作流程分析

4.3.1　不同类型油箱机队平均可燃性暴露时间指标

在油箱可燃性适航规章中，涉及油箱可燃性暴露时间定量或定性指标要求的条款有：

(1) 25.981(b) 条款："除本条 (b)(2) 款和 (c) 款规定的以外，一架飞机上每一燃油箱的机队平均可燃性暴露时间均不得超过本部附录 N 中定义的可燃性暴露评估时间 (FEET) 的 3%，或所评估机型机翼燃油箱的可燃性暴露时间，取较大者。如果机翼不是传统的非加热铝制机翼，则必须在假定的、与传统的非加热铝制机翼油箱等效的基础上进行分析。"

(2) 25.981(b)(2) 条款："除主燃油箱以外，飞机上的任何燃油箱，只要有部分位于机身轮廓线以内，就必须满足本部附录 M 规定的可燃性暴露标准。"

(3) M25.1(a) 条款："按照本部附录 N 确定的每一燃油箱的机队平均可燃性暴露时间不得超过本部附录 N 定义的可燃性暴露评估时间 (FEET) 的 3%。如果采用了降低可燃性措施 (FRM), 则在这 3% 当中, 下列每段时间均不得超过 FEET 的 1.8%: FRM 工作, 但燃油箱没有惰性化并且可燃; FRM 不工作, 燃油箱可燃。"

(4) M25.1(b) 条款: "本部附录 N 定义的每个燃油箱的机队平均可燃性暴露时间不可超过 FEET 中温暖天气条件下处于地面或起飞/爬升阶段部分的 3%。"

对上述条款内容进行梳理, 可获知如下信息:

(1) 油箱类型: 按功能可分为主油箱和辅助油箱; 按结构可分为机翼油箱和机身油箱;

(2) 机翼油箱又分为传统的非加热铝制机翼油箱和非传统机翼油箱;

(3) 对于不同类型油箱有不同的可燃性暴露评估时间要求;

(4) 对于采用了降低可燃性措施 (FRM) 的油箱有涉及 FRM 性能和可靠性的可燃性暴露评估时间要求。

基于上述认识, 著者对不同类型燃油箱可燃性暴露评估时间要求进行了总结。

1. 机翼油箱

1) 定义

所谓的机翼油箱是指油箱中无任何部分位于机身的轮廓线内的油箱。

2) 分类

机翼油箱可分为 "传统的" 和 "非传统的" 两类。

3) 机翼油箱机队平均可燃性暴露时间要求

(1) 对于传统的机翼油箱没有可燃性暴露评估时间要求, 仅需证明该油箱符合传统的机翼油箱六大特征即可。

(2) 对于非传统的机翼油箱的可燃性暴露评估时间要求是: 不大于可燃性暴露评估时间 (FEET) 的 3%, 或所评估机型机翼燃油箱的可燃性暴露时间, 取较大者。

2. 机身油箱

1) 定义

非机翼油箱的其他燃油箱统称为机身油箱。

2) 分类

根据功能的不同, 机身油箱可分为机身主油箱和机身辅助油箱。由于在可燃性暴露评估时间要求中, 对主油箱的要求是一致的 (无论它位于机身还是机翼), 因此, 在此仅探讨机身辅助油箱, 而机身主油箱将归入主油箱中进行定义和讨论。

3) 机队平均可燃性暴露时间要求

对于机身辅助油箱, 可燃性暴露评估时间要求为:

(1) 不得超过可燃性暴露评估时间 (FEET) 的 3%;

(2) 不可超过 FEET 中温暖天气条件下处于地面或起飞/爬升阶段部分的 3%。

3. 主油箱

1) 定义

主燃油箱指直接向一台或多台发动机供油,并且在每次飞行过程中持续保持所需燃油储备的燃油箱。

2) 机队平均可燃性暴露时间要求

不大于可燃性暴露评估时间 (FEET) 的 3%,或所评估机型机翼燃油箱的可燃性暴露时间,取较大者。

4. 采用了降低可燃性措施 (FRM) 的油箱

1) 分类

采用了降低可燃性措施 (FRM) 的油箱可分为:FRM 机翼油箱和 FRM 机身油箱两类。

2) 机队平均可燃性暴露时间要求

(1) FRM 机翼油箱:对于采用 FRM 的机翼油箱,如全复材机翼油箱,一般难以表明其为等效的传统非加热铝制机翼油箱,因此,如不采用 FRM,则其可燃性暴露水平一般是比较高的,对其可燃性暴露水平的控制依赖于 FRM 的性能与可靠性,因此对其可燃性暴露要求同下面 FRM 机身油箱。

(2) FRM 机身油箱:FRM 机身油箱的机队平均可燃性暴露时间要求相对复杂,它要求:①机队平均可燃性暴露时间不得超过可燃性暴露评估时间 (FEET) 的 3%;②在这 3%当中,FRM 工作、但燃油箱没有惰性化并且可燃和 FRM 不工作、燃油箱可燃的每段时间均不得超过 FEET 的 1.8%;③机队平均可燃性暴露时间不可超过 FEET 中温暖天气条件下处于地面或起飞/爬升阶段部分的 3%。

4.3.2 不同类型油箱的适航符合性验证工作流程

1. 机翼油箱符合性验证流程与分析

机翼油箱的符合性验证流程如图 4.3 所示。该工作流程可为三步:①判断该油箱是否是 "传统非加热铝制机翼油箱" 或等效的 "传统非加热铝制机翼油箱";②如果该油箱不能满足,则采用蒙特卡罗评估程序进行计算,评估其可燃性暴露时间是否满足小于 3%FEET 指标要求;③如果该油箱不满足 3%指标的要求,则需要对该油箱施加 FRM 技术措施,并且再次开展可燃性评估,判定其是否满足相关适航条款要求。

对符合性验证中的相关要求作如下说明。

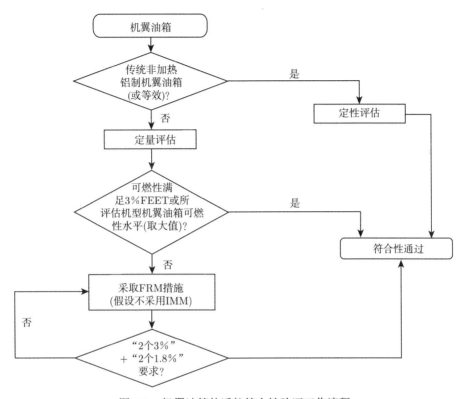

图 4.3 机翼油箱的适航符合性验证工作流程

1) (等效的) 传统非加热铝制机翼油箱的认定方法

在 FAA 颁布的 AC25.981-2A (CAAC 亦采用) 中明确地对 "传统非加热铝制机翼油箱" 或等效的 "传统非加热铝制机翼油箱" 的特征进行了描述,具体而言,传统非加热铝制机翼油箱是指传统的铝结构亚音速运输类飞机机翼的整体油箱,仅有很小的热量来自飞机系统或其他燃油箱,飞行中可以被环境空气流所冷却。能潜在显著增加燃油箱可燃性暴露的热源会将油箱排除在 "非加热" 之外,具有这种效应热源的典型例子有热交换器、邻近加热的燃油箱、从较温暖油箱来的燃油和邻近的空调设备等;但热防冰系统通常不会显著增加燃油箱的可燃性,因此可以认定为 "非加热" 的装置。对于 "传统非加热铝制机翼油箱" 的审定需要考虑上文第 4.2 节第 2 条中的 6 个方面特征。

如果某型飞机机翼油箱符合 "传统非加热铝制机翼油箱" 或等效的 "传统非加热铝制机翼油箱" 定义,则对于其可燃性暴露时间不做具体的定量要求,可视为其 "可燃性暴露时间" 审查 "合格"。这是由于:传统含有 JET A 燃油的非加热的铝制机翼油箱的勤务历史已经表明进一步限制这些油箱的可燃性几乎没有安全收益。

需要说明的是: 虽然在 ARAC 的事故总结中, 17 次的燃油箱爆炸事故有 9 次涉及机翼油箱, 但 FAA 对这 9 次机翼着火事件的审查表明, 9 架飞机中有 5 架使用了 JP-4 燃油, 而这种型号的燃油除了紧急情况外已不在民机使用, 剩余 4 次事件中有 3 次是由发动机着火外部加热机翼而引起的, 剩余 1 次发生在地面维护中; 目前为止, 并没有在加注 JET A 燃油的传统非加热铝制机翼油箱上发生导致任何死亡的燃油箱爆炸 (JP-4 燃油的可燃特性使得飞机飞行中的燃油箱非常易燃, 但对于 JET A 燃油的机翼油箱却不是这样的)。

2) 机队平均可燃性暴露时间要求

对于安装在机翼内的燃油箱, 如果不能证实该油箱为 "传统的非加热机翼油箱" 或等效的 "传统的非加热机翼油箱", 则必须对其进行可燃性暴露分析, 以确定该机队平均可燃性暴露时间是否满足小于可燃性暴露评估时间 (FEET) 的 3% 的要求。如果超过该指标要求, 则需要施加 FRM 技术措施。

在可燃性暴露时间分析计算中, 需要注意的事项有:

(1) 必须采用蒙特卡罗分析方法作为评估燃油箱的机队平均可燃性暴露的符合性方法;

(2) 对于被隔板或隔舱分隔成不同部分的机翼油箱, 必须对油箱的每一部分或者可燃性暴露在每一时刻总是最高的部分进行分析;

(3) 分析中不允许考虑运输效应 (运输效应是指由于低燃油情况和燃油冷凝、雾化导致燃油箱内燃油蒸气浓度的变化);

(4) 分析必须按照 CAAC 指导的方法和程序进行。

3) 采用 FRM 技术措施

(1) 对于未满足 3%FEET (以及非传统非加热铝制机翼油箱且并不能等效) 的机翼油箱, 需要施加 FRM 技术措施。

(2) 对于施加 FRM 技术措施的非传统非加热铝制机翼油箱且并不能等效的机翼油箱, 其机队平均可燃性暴露时间要求同采用 FRM 措施的机身油箱。

(3) 如果采用 FRM, 必须使用经适航部门批准的蒙特卡罗程序进行可燃性暴露时间评估。该程序必须确定具有 FRM 的燃油箱或隔舱在每一飞行阶段中可燃的时间段 (该程序需要用户自行编制并经适航部门审定批准)。

2. 机身油箱符合性验证工作流程与分析

对于机身油箱, 其适航符合性验证工作流程如图 4.4 所示。该工作流程可以分为四步, 首先判断是否为主油箱; 其次对于机身辅助油箱进行机队平均可燃性暴露分析, 判断是否满足不大于 3%FEET 和 3% "温暖天气条件" 的指标要求; 再次, 对于未能满足上述两个 3% 指标油箱的机身辅助油箱判断是否实施了 FRM 措施; 最后, 对于实施 FRM 措施的机身辅助油箱机队平均可燃性暴露进行分析, 并要求其满足 2 个 3%和 2 个 1.8%以及相应的可靠性要求等。

对符合性验证中的相关要求作如下说明。

1) 主油箱界定

主燃油箱指直接向一台或多台发动机供油,并且在每次飞行过程中持续保持所需燃油储备的燃油箱。它有两个显著的特征,一是直接给飞机供油;二是在飞行过程中通常为满的油箱。

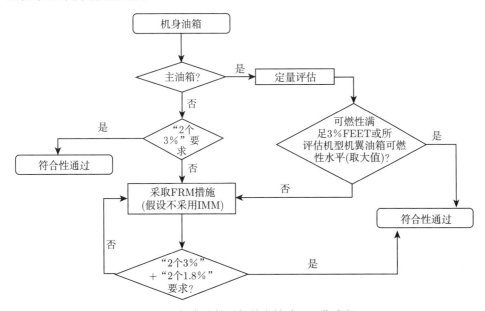

图 4.4　机身油箱适航符合性验证工作流程

2) 机队平均可燃性暴露时间要求

对于机身辅助油箱的机队平均可燃性暴露时间需满足不大于 3%FEET 和 FEET 中温暖天气条件下处于地面或起飞/爬升阶段部分的 3%。对于温暖天气条件下处于地面或起飞/爬升阶段部分机队平均可燃性暴露时间的统计需考虑以下条件:

(1) 分析必须使用从为全部工作性能进行的可燃性暴露分析中提取的那些起始于海平面高度、地面环境温度为 26.7℃ (80 ℉,标准日 +21 ℉ 大气条件) 或更高的航段子集。

(2) 对于航段的地面和起飞/爬升阶段,必须用该特定阶段中燃油箱可燃的时间除以该阶段总的时间来计算平均可燃性暴露时间。

(3) 本段的符合性可以只用在 FRM 工作情况下放行的航段来表明。

3) 采用 FRM 技术措施

(1) 对于未满足两个 3%要求的机身辅助油箱,需要施加 FRM 技术措施。

(2) 对于施加 FRM 技术措施的机身辅助油箱，其机队平均可燃性暴露时间要求为：两个 3% 和两个 1.8%。

(3) 如果采用 FRM，必须使用经适航部门批准的蒙特卡罗程序进行可燃性暴露时间评估。该程序必须确定具有 FRM 的燃油箱或隔舱在每一飞行阶段中可燃的时间段 (该程序需要用户自行编制并经适航部门审定批准)。在确定这些时间段时必须考虑以下因素：①在整个可燃性暴露评估时间内，全部预期的运行条件下，FRM 工作正常，但由于燃油箱通气系统或其他原因无法保持燃油箱不可燃的任何时间段。②如果请求按主最低设备清单 (MMEL) 放行，可靠性分析中假设的时间段 (对于 10 天 MMEL 放行限制，必须是 60 飞行小时，除非适航部门已批准了可替代的时间段)。③FRM 不能运行的频率和持续时间段。FRM 不能运行是由潜在或已知的故障引起，包括可能造成 FRM 关断或停止工作的飞机系统关断或失效，而且经过适航部门可接受的试验或分析证实。④可能增加燃油箱可燃性暴露的 FRM 失效的影响。⑤如果采用的 FRM 受燃油箱内氧气浓度的影响，则从燃油中析出的氧气导致燃油箱或隔舱内超过惰性水平的时间段。申请人必须考虑所评估的燃油箱或隔舱内的燃油中析出的氧气可能导致油箱可燃的所有时间。必须用到经中国民用航空局适航部门认可的氧气析出率。⑥如果采用惰性化系统 FRM，当天最后一个航班后，由于外界温度变化可能进入燃油箱内的空气的影响。

4.4   燃油箱可燃性适航符合性验证示例

基于 AC25.981-2A 中建议的符合性方法、航空工业实践、型号合格审定经验总结，本节以假想的典型民用运输类飞机燃油箱为例，来简述需提交的材料和采取的验证方法，如表 4.2 所示。

表 4.2   飞机燃油箱可燃性适航符合性验证方案示例

燃油箱结构假设	假想的典型民用运输类飞机为具有 2 个机翼燃油箱和 1 个中央翼燃油箱的亚音速飞机，其中，机翼燃油箱为传统的非加热半硬壳式铝制整体燃油箱，中央翼燃油箱采用了 FRM 技术措施 (惰化系统)
审定标准	CCAR25.981(b)、 CCAR25.981(c)、 CCAR25.981(d) 和附录 M、N

CCAR25.981(b) 适航条款：除本条 (b)(2) 和 (c) 规定的以外，一架飞机上每一燃油箱的机队平均可燃性暴露时间均不得超过本部附录 N 中定义的可燃性暴露评估时间 (FEET) 的 3%，或所评估机型机翼燃油箱的可燃性暴露时间，取较大者。如果机翼不是传统的非加热铝制机翼，则必须在假定的、与传统的非加热铝制机翼燃油箱等效的基础上进行分析。

(1) 机队平均可燃性暴露时间应按照本部附录 N 来确定。必须按照中国民用航空局适航部门认可的方法和程序进行评估。

(2) 除主燃油箱以外，飞机上的任何燃油箱，只要有部分位于机身轮廓线以内，就必须满足本部附录 M 规定的可燃性暴露标准。

(3) 本段用到的术语:

(i) 等效的传统非加热铝制机翼燃油箱,是一个位于亚音速飞机非加热半硬壳式铝制机翼内的整体燃油箱,该机翼在气动性能、结构能力、燃油箱容量以及燃油箱构型上与所设计的机翼相当。

(ii) 机队平均可燃性暴露在本部附录 N 中定义,是指在一个机型机队运行的各个航段距离范围内,每个燃油箱的空余空间处于可燃状态的时间比例。

(iii) 主燃油箱指直接向一台或多台发动机供油,并且在每次飞行过程中持续保持所需燃油储备的燃油箱

验证方法	工作描述	提交证明材料
	机翼燃油箱:假想的机翼燃油箱不仅完全位于机翼 (无任何部分位于机身轮廓线内) 范围内且为传统的非加热半硬壳式铝制整体燃油箱,同时,部分机翼燃油箱还起着主燃油箱的功能	
MC1	(1) 通过燃油箱系统设计和燃油箱说明书证明机翼燃油箱完全位于机翼范围内; (2) 依据主燃油箱定义说明部分机翼燃油箱为主燃油箱; (3) 依据燃油箱系统设计和燃油箱说明书证明机翼燃油箱为 "位于亚音速飞机非加热半硬壳式铝制机翼内的整体燃油箱"	(1) 燃油箱系统设计说明 (2) 燃油箱设计说明
MC2	(1) 证明无任何可明显影响机翼燃油箱燃油温度的内/外热源存在; (2) 证明机翼燃油箱满足 "等效的传统非加热铝制机翼燃油箱" 定义	(1) 机翼燃油箱内/外热源及其对燃油温度影响的分析报告 (2) 燃油箱可燃性定性评估报告
	中央翼燃油箱:中央翼燃油箱位于机身轮廓线内,且不是主燃油箱	
MC1	对采用燃油箱惰化系统作为降低中央翼燃油箱可燃性暴露时间技术措施的说明	燃油箱惰化系统说明书
MC2	(1) 建立热模型,开展中央翼燃油箱热分析,确定蒙特卡罗评估程序中的时间常数和平衡温差; (2) 建立惰化系统性能模型,并通过地面/飞行试验数据校准; (3) 采用 CFD 计算分析以确定惰化流场的真实分布; (4) 开展惰化系统可靠性分析; (5) 开展中央翼燃油箱可燃性暴露时间计算 (蒙特卡罗计算)	(1) 中央翼燃油箱热分析报告 (2) 惰化系统性能分析报告 (3) 惰化系统可靠性分析报告 (4) 燃油箱可燃性评估报告

验证方法	工作描述	提交证明材料
MC3	依据附录 M 中的 M25.3 和 M25.4 要求，开展 FRM 系统可靠性计算分析，证明其 MTBF 满足 1.8%条件；开展惰化系统安全性分析	(1) 惰化系统功能危害性分析报告 (2) 惰化系统安全性评估报告 (3) 惰化故障树分析报告 (4) 故障模式与影响分析报告 (5) 惰化系统可靠性分析报告
MC5	(1) 通过地面热力试验验证时间常数与平衡温差的正确性； (2) 通过地面惰化试验验证惰化系统性能计算模型的正确性	(1) 中央翼燃油箱地面温度试验方案与操作规范 (2) 中央翼燃油箱地面温度试验报告 (3) 中央翼燃油箱地面状态下 NEA 分布试验方案与操作规范 (4) 中央翼燃油箱地面状态下惰化效性能试验报告
MC6	(1) 通过飞行试验验证时间常数与平衡温差的正确性； (2) 通过飞行试验验证惰化性能分析结果的正确性	(1) 中央翼燃油箱飞行状态下温度试验方案与操作规范 (2) 中央翼燃油箱飞行温度试验报告 (3) 中央翼燃油箱飞行状态下 NEA 分布试验方案与操作规范 (4) 中央翼燃油箱飞行状态下燃油箱惰化性能试验报告

CCAR25.981 (c) 适航条款：本条 (b) 不适用于采用减轻燃油蒸气点燃影响措施的燃油箱，该措施使得燃油蒸气点燃所造成的损伤不会妨碍飞机继续安全飞行和着陆

MC1	通过燃油系统设计说明燃油箱未采用减轻燃油蒸气点燃影响措施 (IMM)	燃油系统说明书

CCAR25.981(d) 适航条款：必须建立必要的关键设计构型控制限制 (CDCCL)、检查或其他程序，以防止依照本条 (a) 的燃油箱系统内形成点火源；燃油箱可燃性暴露时间超过本条 (b) 的允许值；以及按照本条 (a) 或 (c) 采用的任何措施的性能和可靠性的降低。这些 CDCCL、检查和程序必须纳入第 25.1529 条所要求的持续适航文件的适航限制部分。飞机上可预见的维修行为、修理或改装会危及关键设计构型控制限制的区域内，必须设置识别这些关键设计特征的可视化措施 (如用导线的颜色编码识别隔离限制)。这些可视化措施也必须被认定为 CDCCL

MC1	通过适航性限制说明和维修手册来证明已建立必要的关键设计构型控制限制 (CDCCL)、检查或其他程序	(1) 飞机适航性限制说明 (2) 飞机维修手册
MC2/3	对机翼燃油箱、中央翼燃油箱和通气箱进行安全性评估，确定需要保持的关键设计特征。 (1) 燃油箱内部/外部燃油特征； (2) 燃油箱结构与布置特征； (3) FRM 系统设计特征； (4) 危险区域标注特征	CDCCL、检查和其他程序分析报告

参 考 文 献

[1] 中国民用航空局. 运输类飞机适航标准 CCAR-R4[S], 2011.

[2] AC25.981-2A. Fuel Tank Flammability Reduction Means[S]. Federal Aviation Administration, 2008.

[3] Summer S M. Fuel Tank Flammability Assessment Method User's Manual[R]. DOT/FAA/AR-05/8. Washington, DC, USA: Air Traffic Organization Operations Planning Office of Aviation Research and Development, 2008.

第5章 燃油箱热模型分析

由上所述，燃油箱可燃性评估的核心就是获取准确的燃油温度变化规律。获取燃油温度变化规律有试验法和热模型分析法，基于经济性、实用性等方面的考虑，热模型分析法在适航符合性验证过程中得到了广泛的应用。

燃油箱热模型分析法的关键就是建立燃油箱热模型，该方法可在设计研发阶段为燃油箱内热源和燃油箱附近的热源系统布置安装提供指导，在燃油箱可燃性适航取证阶段可为蒙特卡罗分析提供数据支持。

本章所讨论的燃油箱热模型分析法主要是在 MATLAB/Simulink 软件基础上，通过对软件的相关运用，建立满足燃油箱热模型研究相关要求的仿真分析系统，利用数值仿真技术实现对燃油箱温度在各种工况与环境条件下的动态仿真计算，并通过数据、图像等形式对计算结果和物理现象等进行综合处理。

5.1 燃油箱热模型建立[1]

燃油箱热模型是通过仿真软件将燃油箱内主要部件模型化，对燃油箱之间的质量流动、热焓流动以及燃油箱和外界的热量交换进行动态模拟，用于计算燃油箱隔舱的散布平均燃油温度 (bulk fuel temperature)、气相空间温度 (ullage temperature) 和燃油箱壁面温度 (tank wall temperature)，并根据散布平均燃油温度计算燃油箱隔舱的热时间常数 (thermal time constant) 和平衡温差 (equilibrium delta temperature)，以用于蒙特卡罗分析。

燃油箱热模型建模及仿真计算流程如图 5.1 所示。

将燃油箱结构离散为计算所需的各节点时，应该依照 AC25.981-2A 的相关说明，使得每个燃油箱隔舱内的燃油和气体温度是基本一致的。

为了不触及已有机型的知识产权且方便后续对燃油箱热模型建立进行充分说明，本章将以自行构建的燃油箱模型为例来简述油箱热模型建立、计算与完善的整个过程。

1. 所构建的燃油箱结构特点

所构建飞机燃油箱由左、右机翼燃油箱和中央翼燃油箱组成，其中：所有油箱左右对称，均采用传统的铝合金整体油箱结构；其机翼油箱包含 20 条肋，从中央翼 1 号肋一直延伸至外翼的 20 号肋；1 号肋和 10 号肋均为半密封肋，使得燃油可以从外翼部分自由流动到内翼部分,而内翼部分的燃油不会回流到外翼部分;集油箱布置在中央翼 1 号展向梁和后梁之间 (图 5.2)。

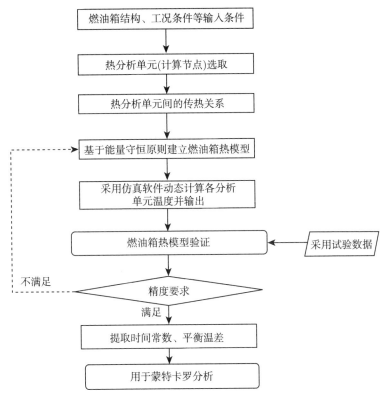

图 5.1 燃油箱热模型建模及仿真计算流程

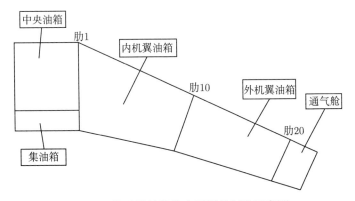

图 5.2 燃油箱结构特点及隔舱划分示意图

为了突出燃油箱热模型的建模方法论述,忽略其他因素的干扰,假设所有燃油箱均采用传统的铝合金材料建造，整个油箱中未安装惰化系统。

2. 基本假设与建模方法

1) 建模前的基本假设

(1) 不考虑燃油的蒸发；

(2) 忽略燃油箱内部间的热辐射；

(3) 不考虑无油空间气体流入和流出带来的热量变化；

(4) 燃油箱隔舱油量变化的计算不考虑加速飞行的影响；

(5) 仅考虑零滚转角度的飞机姿态。

2) 热分析单元的选取

在蒙特卡罗可燃性分析中，燃油温度直接影响燃油箱的可燃性水平，应选取燃油温度基本一致的每个燃油箱隔舱作为一个热分析单元。根据 CCAR-25-R4 附录 N 的说明，燃油在相邻半密封肋 (密封肋) 之间舱段内不仅可以自由流动，且结构振动等因素还会诱发热流混合，使得该舱段内燃油温度是基本一致的，因此，可将密封肋和半密封肋作为燃油箱隔舱划分的边界。

3) 建模方法

首先，通过对燃油箱系统所涉及的流动和换热问题进行分析，简化出一些典型的系统部件和热源。例如，飞机燃油箱系统内及附近的热源和热沉主要包括：太阳辐射、地面辐射、燃油泵散热、液压系统热交换器和液压管路散热以及燃油循环等。然后，利用集中参数法将燃油箱系统划分为不同的节点 (质量块)，并用热阻建立各节点之间的换热关系 (导热、对流换热、热辐射)，如图 5.3 所示。

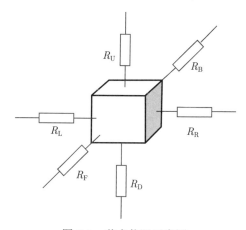

图 5.3 节点热阻示意图

对于不同的计算节点，其周围六个相邻节点与计算节点都有不同的换热关系。这些换热关系主要体现在：燃油节点之间的对流换热，燃油节点与壁面之间的对流换热, 燃油节点与上部空气节点之间的对流换热, 空气节点之间的对流换热, 空气节点与壁面之间的对流换热等。计算中, 如假设集油箱始终为满油状态, 中央翼油箱、机翼油箱为半油状态 (半油是指油箱内存在燃油, 但是燃油没有充满油箱), 通气油箱为无油状态; 则集油箱中存在的换热关系为燃油与壁面之间的对流换热; 中央翼油箱和机翼油箱中存在的换热关系为燃油与壁面的对流换热, 油气混合物与壁面的对流换热, 燃油与油气混合物之间的对流换热; 通气油箱中存在的换热关系为油气混合物与壁面之间的对流换热。

计算中, 假设计算节点温度为 T, 节点产热量或散热量为 Q, 周围邻近节点温度分别表示为: $T_F, T_B, T_U, T_D, T_L, T_R$, 对应热阻分别为 $R_F, R_B, R_U, R_D, R_L, R_R$, 则节点热平衡方程可以表示为

$$\frac{T - T_F}{R_F} + \frac{T - T_B}{R_B} + \frac{T - T_U}{R_U} + \frac{T - T_D}{R_D} + \frac{T - T_L}{R_L} + \frac{T - T_R}{R_R} + Q = 0 \qquad (5.1)$$

计算节点温度 T 为

$$T = \frac{\dfrac{T_F}{R_F} + \dfrac{T_B}{R_B} + \dfrac{T_U}{R_U} + \dfrac{T_D}{R_D} + \dfrac{T_L}{R_L} + \dfrac{T_R}{R_R} - Q}{\dfrac{1}{R_F} + \dfrac{1}{R_B} + \dfrac{1}{R_U} + \dfrac{1}{R_D} + \dfrac{1}{R_L} + \dfrac{1}{R_R}} \qquad (5.2)$$

通过设置不同节点和热阻的参数, 以代表不同燃油箱隔舱的形状、体积、内部无油空间体积以及热源和热沉导致的热量流入和流出, 并基于 MATLAB/Simulink 软件将飞机燃油箱内及附近主要热源部件数学模型化, 建立换热关系, 即可实现在各种飞行状态下对燃油箱系统的质量流动、热焓流动的动态计算。

需注意的是, 节点的设置影响到求解的精度和效率, 一般来说, 对一个研究对象进行空间网格划分可以是任意的, 但是由于热网络把研究对象离散化了, 所以相邻节点间的温度在空间的变化是不连续的。因此, 微元体分隔的越小, 求解的数值越接近真实值, 求解的误差越小; 但同时, 微元体越小, 热阻数目也就越多, 分析和计算也就越复杂。

3. 热模型隔舱划分与节点定义

1) 隔舱划分

对于图 5.2 所示的油箱, 由于燃油箱 1 号肋、10 号肋、集油箱展向梁和 20 号肋为半密封肋, 为此, 可将燃油箱划分为: 集油箱隔舱、中部燃油箱隔舱、外翼燃油箱内侧隔舱和外翼燃油箱外侧隔舱。

2) 节点定义

进行节点定义时, 一般遵循原则是: 根据实际需要把燃油箱划分成小的隔舱, 将一个或几个隔舱作为一个单元, 并以每个单元中心选取为计算节点。在没有热源

存在的区域，或者如果燃油箱的厚度与长度、宽度相比，相对尺寸较小，对燃油箱进行划分时，只进行长度和宽度的划分，而不进行厚度方向的划分。而存在热源或者温度测点的区域，或者燃油高度较高，厚度较大，为了能够更加准确地描述热源周围温度场的分布，可以考虑在各个方向上都进行较细的单元划分。

确定节点之间的换热关系是搭建燃油箱热模型的基础，需要根据所划分的计算单元节点与周围邻近节点的特性，确定出相应的换热关系。

针对图 5.2 油箱结构，其机翼燃油箱隔舱节点及热传输路径如图 5.4 所示。因为湿表面和干表面的热传递速率差别很大，因此通过单独的燃油箱壁面湿表面和干表面节点来模拟热量传递是十分必要的。燃油箱壁面干、湿面积是随着燃油箱隔舱内燃油高度变化的，燃油油量的变化可通过燃油箱油量数学模型根据飞行剖面计算获取，进而获得燃油箱隔舱的湿壁面、干壁面面积。

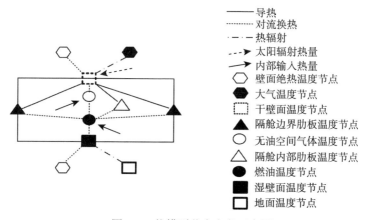

图 5.4　热模型节点定义示意图

中央翼燃油箱隔舱节点及热传输路径如图 5.5 所示。因为中央翼燃油箱隔舱位于机身内部，没有太阳辐射及地面辐射带来的热量，也不能得到飞行时外界高速气流的冷却，仅与周围舱室 (客舱、货舱等) 存在较为单一的对流换热关系。

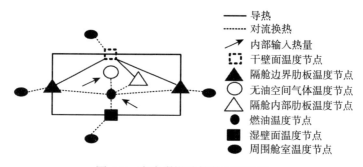

图 5.5　中央翼燃油箱节点示意图

5.2 燃油温度计算

5.2.1 燃油温度计算方法

1. 热焓流动分析

以图 5.2 燃油箱为例,通过对系统中转输泵建模,来模拟燃油从外翼燃油箱内侧隔舱及中央翼燃油箱隔舱向集油箱的流动;通过对重力作用下外侧隔舱向内侧隔舱的燃油流动来反映燃油消耗所带来的影响;通过通气系统的空气流动和压降来模拟燃油箱气体空间与大气之间不同温度空气的流入和流出,油箱隔舱间的热焓流动关系如图 5.6 所示。

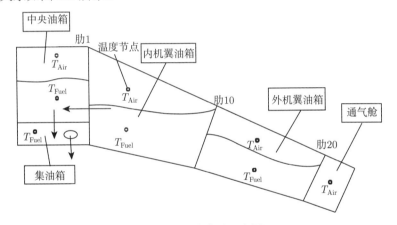

图 5.6 热焓流动示意图

机翼燃油箱隔舱节点及热传输路径如图 5.7 所示。

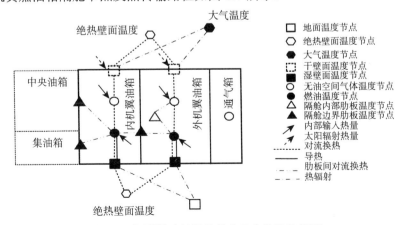

图 5.7 机翼燃油箱隔舱节点及热传输路径图

中央翼燃油箱隔舱节点及热传输路径如图 5.8 所示。

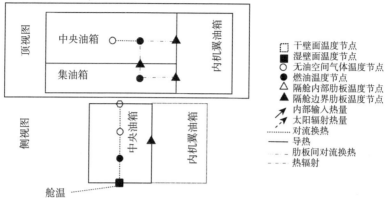

图 5.8   中央翼燃油箱隔舱节点及热传输路径图

2. 热量传输路径与计算公式

上述燃油箱热传输路径中涉及了导热、对流换热以及热辐射三种基本热交换形式。

1) 导热

导热传递路径示意图如图 5.9 所示。其计算方法为

$$Q = \frac{kA}{l}(T_1 - T_2) \tag{5.3}$$

式中，k 表示导热系数；A 表示对应的导热面积；l 表示材料的厚度；T_1、T_2 分别表示导热对象的温度。

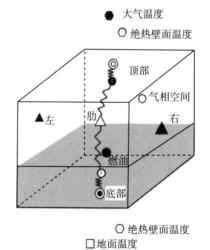

图 5.9   导热传递路径

2) 对流换热

在燃油箱热模型热量计算中，考虑了燃油、空气以及燃油箱壁面间的对流换热，对流换热的路径如图 5.10 所示。

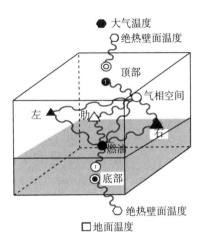

图 5.10 对流换热路径

对流换热计算方法为

$$Q = hA(T_1 - T_2) \tag{5.4}$$

式中，h 表示换热系数；A 表示对应的换热面积；T_1、T_2 分别表示换热对象的温度。

不同对流换热对象之间的换热系数 h 和面积 A 并不相同，需分别计算，这是开展燃油箱热分析的难点问题之一。

3) 热辐射

热辐射量计算方法为

$$q = \varepsilon A \sigma (T_1^4 - T_2^4) \tag{5.5}$$

式中，ε 为对应的表面发射率；σ 为对应表面的斯特藩–玻尔兹曼常数；A 为辐射表面的面积；T_1、T_2 分别表示换热对象的温度。

在燃油箱热模型热量计算中，仅考虑了燃油箱上下表面的外部辐射换热 (地面辐射等) 以及太阳辐射在燃油箱上表面产生的热载荷，忽略了燃油箱内部的辐射换热，其辐射换热路径如图 5.11 所示。

基于上述工作，依据热力学第一定律可完成燃油箱热分析计算方程组的建立，而在给定燃油箱壁面的边界条件后，就可实现对方程组的求解。

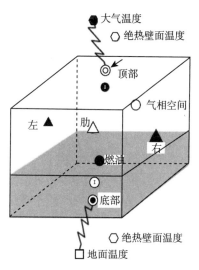

图 5.11　热辐射路径

3. 边界条件

如果已经有了飞行试验数据，则可以直接将壁面边界条件随时间的变化代入方程组中进行求解计算；如果没有飞行试验数据，或者试验数据不全面，则需要根据燃油箱所在飞机上的位置以及其周围环境，包括飞行高度、飞行马赫数、太阳辐射、环控系统散热、惰化系统散热等因素设立边界条件。

在飞行条件下，飞机蒙皮即燃油箱壁面的气动加热不能忽略，上壁面同样受到太阳辐射的影响，此影响同样不能忽略。而由于飞行高度较高，在飞机起飞后，地面辐射的影响忽略。

在地面停机时，机身外燃油箱受到太阳辐射和地面辐射的影响。

对于商用飞机，位于机身内部的中央燃油箱，其上壁面与客舱下壁面位置很近，可以参考客舱温度来给出中央燃油箱上壁面温度。而其前壁面、后壁面以及下壁面附近设备布置情况与飞机具体型号相关性较大，可能存在设备舱、空调包、惰化系统等部件，需要综合考虑各个因素给出燃油箱前后以及下壁面的温度分布。

1) 气动加热

对于位于机身外部的机翼燃油箱，其上、下壁面与大气直接接触，飞机飞行时上壁面会有气动加热和太阳辐射，下壁面会有气动加热和地面辐射，由于飞机飞行时，距离地面较高，地面辐射经过大气的吸收、反射等，使机翼下壁面能够接收到的地面辐射量很小。

对于气动加热，如果气流各个部分之间没有热交换，空气是黏性流体，在机翼表面上，气流速度滞止为零，因此可以将机翼表面温度视为滞止温度；实际上，机翼表面不会达到滞止温度，而是小于滞止温度。该壁面温度称为恢复温度 T_r。

层流附面层时：$T_r = T \cdot \{1 + [(k-1)/2] \cdot Ma^2 \cdot (Pr)^{1/2}\}$　　　(5.6)

湍流附面层时：$T_r = T \cdot \{1 + [(k-1)/2] \cdot Ma^2 \cdot (Pr)^{1/3}\}$　　　(5.7)

2) 太阳辐射与地面辐射

表面状态对物体的辐射率影响很大，粗糙表面的辐射率常常要比光滑表面的辐射率大几倍甚至数十倍。在工程计算中认为一切实际物体的辐射力都与绝对温度的四次方成正比，而把由此引起的修正包含在辐射率中。

对于实际中的机翼，可以简化为一个平板，假设太阳辐射总是垂直于机翼表面，机翼表面具有漫射性质，即满辐射表面的定向辐射率为常数。并且机翼蒙皮上温度分布均匀。

假设机翼上表面的辐射率为 e，机翼上表面对外界的辐射力为 $E(T)$，对太阳的吸收率为 α，周围环境的温度为 T_S，机翼上表面和空气之间的对流换热系数为 h，太阳辐射强度为 E。

根据能量守恒可列出方程：

$$\alpha \cdot E = h \cdot (T_W - T_S) + e \cdot \sigma \cdot T_W^4 \qquad (5.8)$$

4. 计算方法

基于上述方程组和边界条件，可以在 Simulink 中进行燃油箱热模型的搭建并开展燃油温度计算。在搭建燃油箱热模型时，可以分为三大模块：温度计算模块、燃油油量模块以及边界条件模块。

在温度计算模块中，根据所构造节点之间的热网络，形成方程组。在方程组中，依据节点与壁面或者节点之间的换热系数，进而得到相对应的热阻。

在燃油油量模块中，根据燃油箱隔舱的划分及其结构参数等数据，获得燃油箱中各隔舱燃油自由液面与时间的关系，从而计算燃油高度，并编译成相关的文件供燃油油量模块调用，最终输出每个隔舱的燃油油量随时间的变化提供给燃油箱温度计算模块。

在边界条件模块中，输入试验数据或者输入飞行高度、飞行马赫数等相关参数随时间的变化规律，输出燃油箱壁面温度提供给燃油箱温度计算模块。

5.2.2　燃油温度计算示例[2]

作为示例，本节就图 5.2 机翼燃油箱的外热源状况进行分析，介绍如何建立燃油箱边界条件，即蒙皮表面的热交换模型和利用相关试验数据完成模型正确性验证，并通过计算和分析，获取实际飞行包线内机翼燃油箱边界温度的变化规律。

1. 机翼燃油箱外热源分析

燃油热载荷可分为机体内部和外部两部分。机体内部热量主要来自于电子设备、环控系统、滑油系统、液压系统和发动机附件等，它们是通过直接或间接方式将热量输送给燃油，在此不作考虑；外部热量主要来自于太阳辐射和飞行中的气动加热，它通过蒙皮及燃油箱隔热材料传给燃油。

对机翼燃油箱而言，燃油箱的边界即飞机机翼蒙皮，太阳辐射、气动加热等外热源通过蒙皮产生对燃油温度的影响。

1) 气动加热

对于气动加热，普遍认为，在马赫数小于 2 的飞行环境下其壁面温度即为大气的恢复滞止温度 T_r。

恢复因数 r 定义为

$$r = \frac{T_r - T}{T^* - T} \tag{5.9}$$

理论和试验表明，对于普朗特数 Pr 接近于 1 的气体，可近似地认为：层流时 $r = Pr^{1/2}$，湍流时 $r = Pr^{1/3}$。

层流附面层时：$r = Pr^{1/2} = 0.850$；湍流附面层时：$r = Pr^{1/3} = 0.896$。

$$T^* = T \cdot \left[1 + \left(\frac{k-1}{2} \right) \cdot Ma^2 \right] \tag{5.10}$$

式中，T^* 为飞机蒙皮驻点温度；T 为周围大气温度；Pr 为普朗特常数；k 为空气的定压热容；Ma 为马赫数。

从上述式中可以看出，只考虑气动加热的情况下，上、下壁面的温度比滞止温度稍低，飞行马赫数越小，上、下壁面的恢复温度与滞止温度的差异越小。

2) 太阳辐射

实际状态下物体都在不间断地向外界发射辐射能，同时也在不间断地吸收辐射能。当物体处于辐射热平衡状态时，表明发射和吸收的辐射能相等，这种平衡也是发射和吸收过程的动平衡。当发射和吸收辐射能的速率不相等时，就会有辐射差额产生，即存在辐射换热。

当热辐射的能量 G 投射到物体表面上时，辐射能被物体吸收、反射或穿透物体。用 α、ρ、τ 分别表示该物体辐射的吸收率、反射率和穿透率，则有 $\alpha + \rho + \tau = 1$。固体的分子排列紧密，辐射能的吸收只在一个很薄的表面薄层内进行。因此，可以认为固体不透过热辐射能量，即 $\tau = 0$。对飞机机翼来说，其穿透率为 0。

用 E 来描述太阳的热辐射能力，E 表示在单位时间内、物体每单位表面积向半球空间所发射的全波长范围内的能量，其单位为 W/m^2。辐射率是物体辐射能力与同温度下黑体辐射能力的比值：$\varepsilon = E/E_b$，其值接近于 1，表明物体辐射接近黑体的程度。

对于飞机机翼，在正常情况下只有机翼上蒙皮会受到太阳辐射的影响，下蒙皮并不会被太阳照射而直接受到太阳辐射的影响，因此太阳辐射对机翼的影响研究主要是针对机翼上蒙皮。对于实际中的机翼，可将其简化为一个平板，假设太阳辐射总是垂直于机翼表面，机翼表面具有漫射性质，即满辐射表面的定向辐射率为常数，并且机翼蒙皮上温度分布均匀。

设机翼上表面的辐射率为 ε，机翼上表面对外界的辐射力为 $E(T)$，太阳的吸收率为 α，周围环境的温度为 T_S，机翼上表面和空气之间的对流换热系数为 h，太阳辐射强度为 E。根据能量守恒可列出方程：

$$\alpha \cdot E = Q + E(T) \tag{5.11}$$

式中：$\alpha \cdot E$ 为机翼上蒙皮吸收的太阳辐射能量；$Q = h \cdot (T_W - T_S)$ 是机翼上蒙皮与周围大气的对流换热；$E(T) = \varepsilon \cdot \sigma \cdot T_W^4$ 是机翼上蒙皮向外界空间辐射出去的能量，即有

$$\alpha \cdot E = h(T_W - T_S) + \varepsilon \sigma T_W^4 \tag{5.12}$$

式中，σ 为斯特藩–玻尔兹曼常数，$\sigma = 5.67 \times 10^{-8} \mathrm{W/(m^2 \cdot K)}$；机翼表面对太阳的吸收率 $\alpha = 0.21$；$\varepsilon = 0.96$；在海平面太阳辐射强度 E 大约为 $1135.0 \mathrm{W/m^2}$，在高空太阳辐射强度 E 大约为 $1335.0 \mathrm{W/m^2}$。

3) 对流换热系数

对流换热系数 h 可表示为

$$h = \frac{Nu \cdot \lambda}{L} = \frac{0.664 \cdot \lambda \cdot Re^{\frac{1}{2}} \cdot Pr^{\frac{1}{3}}}{L} \tag{5.13}$$

式中，L 为特征长度；λ 取值为 $2.0 \times 10^{-2} \mathrm{W/(m \cdot K)}$；$Pr$ 取 0.72。

通过式 (5.13) 可以计算在不同外界温度下的对流换热系数的值，分别代入相对应的能量方程中，最终可以求得因太阳辐射导致的蒙皮表面温度变化的结果。

地面停机时，机外风速可按自然风速 $1 \sim 3.5 \mathrm{m/s}$ 来选取，此时对应的对流换热系数约为 $6.82 \sim 17.46 \mathrm{W/(m^2 \cdot K)}$。

2. 机翼燃油箱辐射换热模型

采用 MATLAB/Simulink 建立相应的燃油箱太阳辐射换热模型，来研究在某飞行包线下太阳辐射对机翼燃油箱的影响。本示例中飞行高度与相应飞行马赫数如图 5.12 所示。

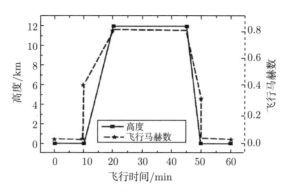

图 5.12   计算示例采用的飞行包线

根据图 5.12 的飞行条件, 需要将模型分为地面停机状态的太阳辐射和高空飞行状态太阳辐射, 这是因为两种模型的飞行状态不同, 求解参数不同。

1) 高空飞行条件下太阳辐射模型

在高空飞行条件下的太阳辐射计算模型如图 5.13 所示, 分为恢复温度计算模型、换热系数计算模型和壁面温度计算模型。

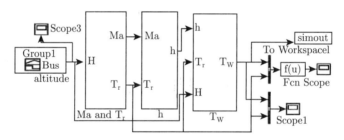

图 5.13   高空飞行条件下太阳辐射计算模型

在高空飞行条件下, 对应的任务时间段为 10~50min, 此时环境温度 T_S 随高度改变, 根据相关文献可知, 在从地面开始到对流层顶区间, 温度随高度向上递减, 递减速率大约为 6.5℃/km, 在海平面温度为 15℃ 的情况下, 环境温度 T_S 可表示为

$$T_S = 15 - 6.5H \tag{5.14}$$

式中, H 为高度, 单位为 km。

在高空中机翼存在气动加热, 此时的机翼表面环境温度应该为恢复温度 T_r, 而恢复温度又是一个与马赫数相关的参数, 其求解模型如图 5.14 所示。

根据式 (5.13) 建立相应的换热系数计算模型, 如图 5.15 所示, 其中机翼的特征长度 L 取值为 1.2m。根据式 (5.12) 建立求解壁面温度 T_W 的模块, 如图 5.16 所示。

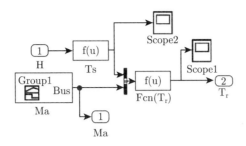

图 5.14　恢复温度计算模型

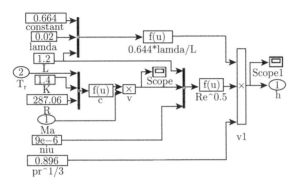

图 5.15　换热系数计算模型

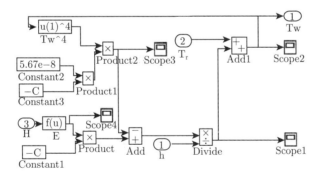

图 5.16　壁面温度计算模型

其中太阳辐射强度应随高度变化在此采用的计算公式为

$$E = 1135 + 16.67H \tag{5.15}$$

通过以上建立的高空飞行条件下太阳辐射模型,可获得燃油箱上壁面温度。

2) 地面停机条件下太阳辐射模型

地面停机状态下的太阳辐射模型如图 5.17 所示,其对应的任务时间段为 0~10min 和 50~60min,地面温度 T_S 取值为 15℃,换热系数取值为 15.2W/(m²·K)。

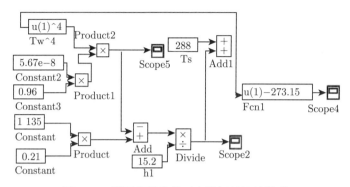

图 5.17　地面停机条件下太阳辐射计算模型

根据以上模型可以求解出地面状态下太阳辐射对燃油箱温度的影响。

3. 计算结果分析

图 5.18 给出了整个飞行包线下燃油箱温度变化情况，其温度增加范围大约在 4.2~5.4K。

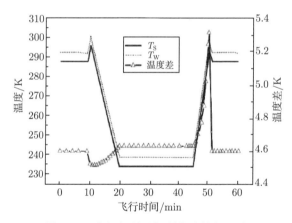

图 5.18　太阳辐射对机翼燃油箱的影响

在飞行时间段内，气动加热会造成燃油箱边界温度上升，此时的燃油箱环境温度为恢复温度 T_r，如图 5.19 所示。

图中可见在起飞阶段温度差值增加，下降阶段温度差值减少，而在巡航阶段温度差值达到最大，其原因是在起飞阶段，飞行马赫数增加，在巡航阶段达到最大，降落时飞行马赫数减少。其中温度最大差值可达 24K，可见在高速飞行情况下研究机翼燃油箱温度，必须考虑气动加热对燃油箱的影响。

由图 5.18 可见，起飞阶段燃油箱壁面温度随高度的增加而减少，但由于受到气动加热和太阳辐射的影响，壁面温度与环境温度的差值随着时间增加，可以看出其差值的斜率随时间增加, 其原因有两点: 一是飞行马赫数的增加使气动加热影响明显; 二是太阳辐射强度随高度增加。

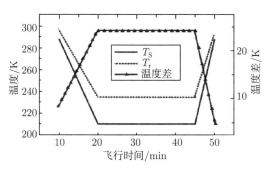

图 5.19 气动加热对机翼燃油箱温度的影响

在巡航阶段燃油箱壁面温度保持不变, 这是因为高度、马赫数和太阳辐射等因素恒定。

在下降阶段温度差值变化明显, 并且短时间内达到很高的差值, 其差值斜率也随着时间增加。

由图 5.18 可知, 0~10min 与 50~60min 是处于地面停机状态的, 由于受到太阳辐射对机翼蒙皮加热的影响, 机翼蒙皮的温度始终比外界环境静温高出 4.6K, 这是由于在地面停机状态下, 换热系数与辐射强度可以大致认为是不变的, 其计算结果也很好地解释了这个情况。

5.3 燃油箱热模型验证与完善

按照 AC25.981-2A 的要求, 需至少进行两次用于验证燃油箱热模型的飞行试验: 短任务 (short mission) 试验和长任务 (long mission) 试验, 其中还应有暖天 (地面大气温度高于 80 ℉, 约 26.7℃) 下的试验[3]。

在热模型验证中, 标准天长任务的飞行试验数据常用来作为验证的基本数据。这是因为: 比起标准天短任务和暖天短任务的飞行试验, 标准天长任务的飞行试验初始油量多, 外翼燃油箱外侧隔舱和外翼燃油箱内侧隔舱的燃油温度传感器浸没在燃油里的时间要长, 可以获得更长时间段的燃油温度用于校验仿真计算值。此外, 验证中, 人们还可以将燃油箱热模型的仿真气温、壁温与试验数据进行对比, 以更好地反映出燃油箱热模型的准确性和可信性。

模型验证重点工作有三: 一是传感器布置, 二是计算与采集的燃油温度对比, 三是模型修正。

1. 传感器布置

通过飞行试验采集燃油温度、气相空间温度及燃油箱壁板温度等参数,用于验证所建燃油箱热模型的正确性,其首要解决的问题就是传感器的布置问题。传感器布置不仅要参考同类飞机的布置先例,更应该结合所建模型中计算单元的划分。作为示例,对于图 5.2 所构想的油箱,可以考虑采用图 5.20 所示的传感器布置方式。

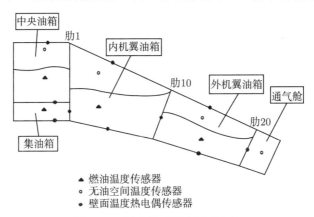

　　▲ 燃油温度传感器
　　○ 无油空间温度传感器
　　● 壁面温度热电偶传感器

图 5.20　温度传感器布置示意图

如图 5.20 所示,在燃油箱内布置了 7 个温度传感器。其中,4 个燃油温度传感器 (fuel temperature sensor) 和 3 个气相空间温度传感器 (ullage temperature sensor)。同时,在燃油箱前、后梁以及上、下壁板上选择多处位置布置温度测点 (wall thermal couple),采用热电偶来测量燃油箱壁面温度。

需要强调的是,中央翼燃油箱属于温度相对较高的燃油箱部分,应对该部分的温度进行重点关注。所以,应该考虑在中央翼燃油箱上布置较多的温度测点。

2. 模型验证

将燃油箱热模型输入参数依据飞行试验条件来进行设定,以便于热模型输出的温度数据与飞行试验实测结果的直接对比。

模型验证合格的标准是:计算所获取的燃油温度与实测燃油温度变化基本一致,且计算值不小于实测值 (或小于实测值不大于 3 ℉/大于 3 ℉ 的持续时间不超过 5min)。如果计算值均高于实测值,就适航符合性而言,可以判定该模型合格,但它将带来所评估油箱可燃性高于实际情况的现象值得读者注意。

图 5.21 为中央翼油箱燃油温度热模型计算结果与试验数据对比情况。由图中可以看出,虽然所建燃油箱热模型基本上可以反映出燃油温度的变化规律,但在飞行包线的大部分时间内,模型计算值均低于实测值,且最大偏差大于 5℃,持续时间大于 5min,无疑该模型还存在较大误差,需要对其进一步修正。

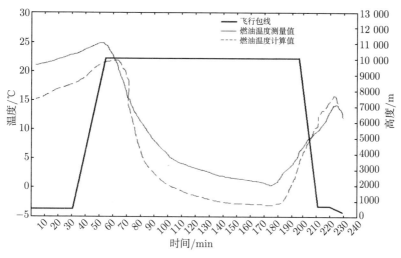

图 5.21 中央翼油箱燃油温度计算结果与试验数据对比

3. 燃油箱热模型修正

依据 AC25.981-2A 规定,燃油箱热模型温度模拟结果与试验结果误差超过 3 ℉ 的时间应不大于 5min,虽然 AC25.981-2A 中亦明确,如果燃油温度计算值大于实测值是允许的,但这也无疑会带来采用计算燃油温度进行可燃性评估时,评估结果较实际情况偏高的情况,因此,在实际评估过程中依据热模型计算与实测的比较结果,对燃油箱热模型进行修正是必须的。

图 5.22 给出了实测燃油温度与修正后燃油箱热模型仿真结果的对比。从图中可以发现,仿真油温变化趋势与试验数据均基本一致。亦即该油箱热模型准确、有效。

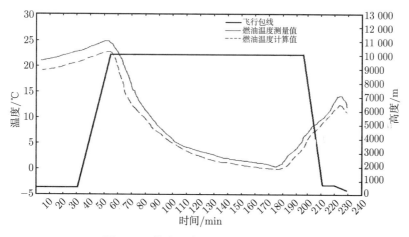

图 5.22 燃油温度仿真值与试验值对比

5.4　确定时间常数和平衡温差的方法

在燃油温度的计算中，人们一般是采用能量守恒原理来建立数学模型，并通过对该模型是数值解来获取燃油温度变化规律 (或通过试验来获取燃油温度变化规律)；而可燃性模型中为了简化计算，采用的是时间常数和平衡温差来模拟燃油温度随时间变化规律，并应用式 (3.18) 来计算下一时刻的燃油温度。因此，自然存在着如何根据已知的温度变化曲线确定不同阶段时间常数和平衡温差问题。

著者认为：为了反演时间常数和平衡温差，首先需要建立相应的数学模型。参数反演问题实质是参数优化问题。优化的变量就是不同阶段的时间常数和平衡温差，优化的目标是：在所优化变量下，计算得到的燃油温度与测量的燃油温度误差平方和最小，即

$$\min J(\tau, \Delta T) = \sum_{i=0}^{N} (T_i - T_{mi})^2 \tag{5.16}$$

对此，著者建议可以采用遗传算法进行参数寻优工作。

采用遗传算法主要基于如下考虑：①遗传算法是群体搜索，易于并行化处理；②不是盲目穷举，而是启发式搜索；③适应度函数不受连续、可微等条件的约束，适用范围很广，通用性强；④编程方便，属于全局优化算法。

遗传算法模拟自然选择和自然遗传过程中发生的繁殖、交叉和基因突变现象，在每次迭代中都保留一组候选解，并按某种指标从解集中选取较优的个体，利用遗传算子 (选择、交叉和变异) 对这些个体进行组合，产生新一代的候选解集，重复此过程，直到满足某种收敛指标为止。遗传算法程序流程如图 5.23 所示。

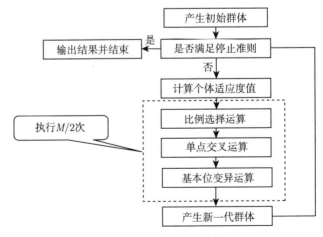

图 5.23　遗传算法流程

　　图 5.24 给出了著者用反演参数模拟的燃油温度和原始的热模型预测温度的对比及误差，它可说明用遗传算法反演模型中的时间常数及平衡温差思路是可行的，方法是正确的。

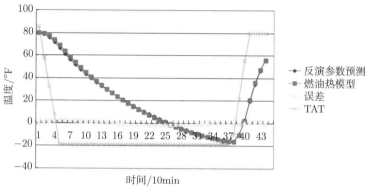

图 5.24　遗传算法反演误差

参 考 文 献

[1] 付振东. 燃油中溶解氧逸出规律与油箱热模型技术研究 [D]. 南京: 南京航空航天大学, 2013.

[2] 童升华, 邵垒, 古远康, 等. 外热源作用下机翼油箱边界温度变化规律研究 [J]. 航空兵器, 2014, 48-52.

[3] AC25.981-2A. Fuel Tank Flammability Reduction Means. Federal Aviation Administration, 2008.

第6章 燃油箱空余空间氧浓度变化规律分析方法

如上所述，在 CCAR 和 FAR 指定的燃油箱可燃性评估程序中，并没有给出通用的燃油箱空余空间氧浓度计算程序。它仅仅规定：如果未安装 FRM 系统，燃油箱空余空间氧浓度始终处于可支持燃油燃烧的氧浓度水平之上；如果安装了 FRM 系统，燃油箱空余空间氧浓度变化规律将由 FRM 系统性能和可靠性决定，申请人必须通过自编 FRM 性能和可靠性的程序来反映出燃油箱空余空间的氧浓度变化规律，而申请人自编的 FRM 性能和可靠性程序的正确性还需经适航审定部门审定与批准。

本章将就 FRM 系统设计、性能计算及可靠性分析进行简要的论述，以便于读者全面理解与掌握燃油箱空余空间氧浓度变化规律分析方法。

6.1 燃油箱惰化系统设计技术

6.1.1 总体设计流程[1]

燃油箱惰化系统设计，简单地说就是设计满足机载环境和飞机级功能的惰化系统，使其能够安全、有效地在机载环境下工作；为了达到这个目的，必须使惰化系统合理地安装在飞机上，并同上下游系统交联协同一致。

整个设计过程复杂而漫长，机载系统的研制应根据 SAE ARP 4754《高综合和复杂飞机系统合格审定需要考虑的问题》、SAE ARP 4754A《民用飞机与系统研制指南》和 SAE ARP 4761《民用飞机机载系统和设备安全性评估过程指南和方法》开展，如不考虑燃油箱惰化系统的验证过程，单就其设计过程而言，作为初步了解，其设计过程可简化为图 6.1。

1. 根据飞机级的功能，对惰化系统进行功能分解

一般而言，惰化系统应具备以下主要功能：
(1) 防止高温气体进入燃油箱；
(2) 防止在易燃易爆区产生点火源；
(3) 防止高压气体进入燃油箱；
(4) 防止燃油倒流进入惰化系统高温部分；
(5) 防止富氮气体流量或浓度过度衰减。

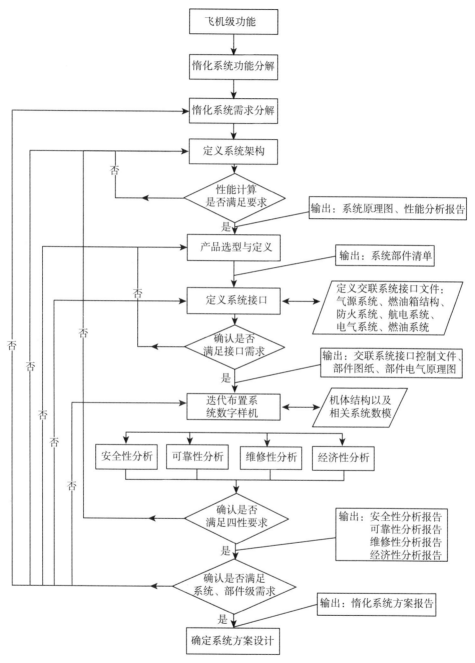

图 6.1 惰化系统设计流程简图

除上述 5 项主要功能外,惰化系统其余的通用功能还包括:为机组提供信息显示、为地面维护人员提供接口、转子爆破防护、安装和维护的防差错设计、记录飞行数据等。

以系统功能为依据,可以分解出惰化系统的系统级需求,进而定义系统的初步构架。系统构架对系统方案有决定性作用,确定系统构架时需要参考现有飞机设计经验和未来新技术的发展,此外还要预期适航规章可能的完善和改进。

系统构架确定之后,就可以开展第一轮的系统性能计算分析,初步确定系统主要部件的性能、数量、尺寸,并输出系统设计原理图和性能分析报告。在此基础上,可进一步确定系统各部件的选型和接口定义,输出系统的部件清单。惰化系统部件一般包括:系统控制器、进口隔离阀、流量控制阀、臭氧转换器、过滤器、火焰抑制器、压力传感器、温度传感器、氧气浓度传感器、单向阀、地面风扇等。

2. 定义惰化系统与交联系统之间的接口

该项工作主要涉及:

(1) 气源系统:引气流量、压力、温度范围,控制信号逻辑交联关系;

(2) 燃油箱结构:燃油箱体积、燃油箱开孔、设备和管路的安装连接方式;

(3) 燃油系统:通气系统的设计构型和尺寸、通气管路的出口位置;

(4) 防火系统:引气泄漏过热探测线的布置方式、引气泄漏的概率、超温报警阈值;

(5) 航电系统:通信方式、输入信号、输出信号、信号逻辑交联关系;

(6) 电气系统:设备供电方式、供电量。

在确认惰化系统与交联系统之间的接口协调一致后,可以输出惰化系统同气源、燃油、防火、航电、电气等系统以及燃油箱机构之间的接口控制文件。同时也可初步确定系统部件的安装二维图、三维图和电气原理图。

在系统主要部件和安装方式确定之后,开始设计管路在飞机安装环境下的走向,布置设备和管路的数字样机,确保惰化系统和其他系统及结构之间留有足够的安全距离。随着各系统成熟度的不断提高,系统数字样机的布置还需要进行多轮迭代。

惰化系统的安全性、可靠性、维修性和经济性分析在确定系统初步构架时就应进行考虑,并在系统完成第一轮的数字样机布置后形成相应的报告。如果该"四性"报告能够满足飞机级的设计指标要求,就可形成初步的安全性分析报告、可靠性分析报告、维修性分析报告和经济性分析报告。在此基础上,还应追溯惰化系统和各设备是否满足相应的设计需求,如果不能全部满足,可参考图 6.1 的流程进行对应的修改和完善,当全部设计需求都能被满足时,系统设计方案就可初步确定。

6.1.2 惰化引气调节系统设计

1. 惰化引气调节系统设计[2]

当发动机可以为惰化系统提供高压气体时，惰化系统应采用发动机引气分离来制取富氮气体。发动机引气惰化系统典型的设计如图 6.2 所示，环控系统和惰化系统共用冲压进气道，分流后分别进入环控和惰化系统的换热器，对各自引气进行冷却。被冷却后的引气进入空气分离器，分离出富氮气体 (NEA) 和富氧气体 (OEA)。此处设计有一条管路将引气直接通入冲压空气排气管，可以利用引气引射冷却空气，使换热器能够在没有冲压空气时获得冷边气流，以实现地面工作和地面维护的功能。换热器旁通阀通过控制旁通的引气流量来控制引气混合后的温度。冲压进气道通过冲压进气口捕获外界空气，对于环控系统、燃油和惰化系统，冲压进气口多采用埋入式 NACA (National Advisory Committee for Aeronautics，美国国家航空咨询委员会) 进气口，它既可以获得较高冲压恢复系数，又可以有效降低进气阻力和防止外来物的吸入。典型埋入式 NACA 进气口外形剖面见图 6.3，其坐标比例见表 6.1。

当发动机不能为惰化系统提供高压气体时，可采用座舱排气作为气源来制取富氮气体，典型的座舱引气惰化系统设计如图 6.4 所示，座舱引气经过压缩机增压和换热器降温后被通入空气分离器中。

采用座舱排气方式时应在座舱排气管路上增加消音器以降低压缩机振动对客舱的噪声影响。

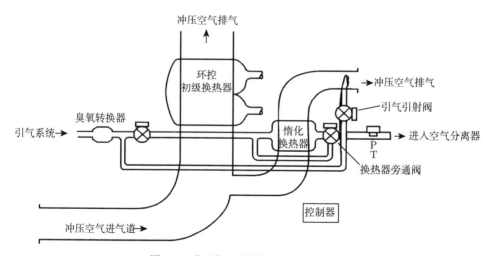

图 6.2 发动机引气惰化系统构架简图

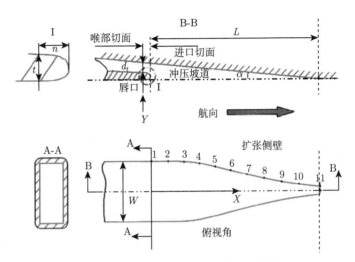

图 6.3　典型埋入式 NACA 通气口剖面图

d_t. 通气口喉部深度，单位 m；L. 进气口长度，单位 m；n. 唇口长度，单位 m；t. 唇口高度，单位 m；W. 通气口喉部宽度，单位 m；α. 冲压坡道和外形面的夹角，单位 (°)

表 6.1　典型埋入式 NACA 通气口外形面坐标比例

	点 1	点 2	点 3	点 4	点 5	点 6	点 7	点 8	点 9	点 10	点 11
X/L	0	0.1	0.2	0.3	0.4	0.5	0.6	0.7	0.8	0.9	1
$Y/(W/2)$	1	0.996	0.916	0.766	0.614	0.466	0.388	0.312	0.236	0.158	0.085

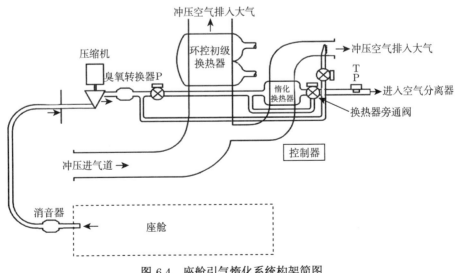

图 6.4　座舱引气惰化系统构架简图

2. 国外先进飞机设计示例

图 6.5 展示了某型飞机惰化引气调节系统原理图,在涡轮增压阀门关闭时,系统进入直接引气模式,全部引气依次经过进口隔离阀、臭氧转换器,流经单向阀后分成两路,分别流向温度控制阀和主换热器。通过控制温度控制阀的开度可以控制这一旁路的气流量,进而控制混合后气流的温度。调温后的引气进入空气分离器中,制取富氮气体和富氧气体。

直接引气模式可以将全部的引气进行分离,得到较高流量的 NEA。

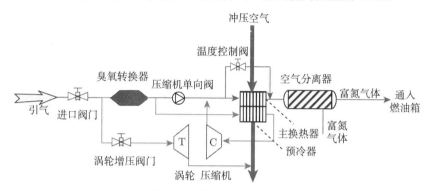

图 6.5 某型飞机惰化引气调节系统原理图

在涡轮增压阀门打开时,系统开启增压引气模式,用于涡轮增压的引气流入动力涡轮膨胀做功,对同轴压缩机内的气体进行压缩,以达到提高空气分离器入口气压的作用。

增压引气模式可以在引气压力较低的时候提高进入空气分离器的气源压力,从而提高氮气分离的效率,降低 NEA 的氧浓度,但是会减少进入空气分离器的引气流量。

此外,当惰化系统因为故障需要在地面进行工作检查的时候,由于停机状态没有冲压空气对换热器中的高温引气进行冷却,此时开启增压引气模式,可以降低热交换器中高温引气的流量,降低换热器的热负荷;与此同时,在涡轮中膨胀做功的高速引气最终作为动流被排入冲压进气道,引射冷却空气进入换热器,使得换热器中的引气能够在地面阶段得到充分冷却。

某型飞机设计的这套系统的特点在于涡轮增压的巧妙运用,带来的优点是:

(1) 开启增压引气模式可以提高空气分离器的工作压力,降低 NEA 的氧浓度;

(2) 惰化系统可以在不使用额外设备抽吸空气的情况下,在地面停机状态获得冷却空气,从而保证系统在地面阶段的工作和维护功能。

某型多电飞机的惰化系统利用座舱排气作为引气,其惰化引气调节系统原理图如图 6.6 所示,安装于右侧翼身整流罩到翼身融合处,其主要部件包括:电动压

缩机、换热器、流量控制阀、冲压空气进排气口 (和空调系统共用)、冷却启动阀、
电动压缩机、空气分离器等。工程设计中常采用 2 级离心式电动压缩机来对座舱压
力引气进行增压,并可通过控制器调节转速。引气被一级压缩后分为两部分,一部
分气体进入第二级压缩腔进一步被压缩以提高空气分离器的工作压力,压缩后的
气体再次进入换热器进行冷却,在流经过滤器后进入空气分离器中制取富氮气体;
一级压缩后的另一部分气体用于对压缩机电机进行冷却,由于这部分气体压力较
高,可以引射冲压进气,增强对压缩机电机的冷却效果,然后被排出机外。冷却启
动阀控制这部分一级增压引气的通断,既降低了二级压缩机出口的高温气体流量,
同时又可以利用这部分气体来引射冷却空气,可以从两方面防止通入空气分离器
的气体超温。

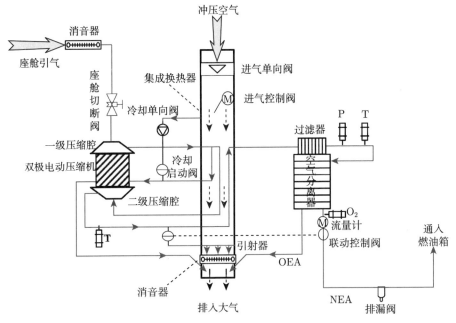

图 6.6 某型多电飞机惰化引气调节系统原理图

6.1.3 富氮气体分配系统设计

富氮气体分配系统负责将机载制氮系统制取的富氮气体合理地分配到需要惰
化的燃油箱内,使各燃油箱内氧浓度尽量的均匀一致,以降低富氮气体总消耗量。
如果飞机机翼燃油箱可以等效为传统非加热铝制机翼燃油箱,即一个位于亚音速
飞机非加热半硬壳式铝制机翼内的整体燃油箱,则该部分燃油箱不需要被惰化,而
只有位于机身内的燃油箱需要被惰化。一般的飞机复材燃油箱需要全部进行惰化,
以满足 CCAR 25.981 对可燃性暴露率的要求。

某型飞机中央翼燃油箱分为左侧隔舱、中隔舱、右侧隔舱三部分。图 6.7 展示了某型飞机燃油箱总体结构和富氮气体分配系统的设计，某型飞机设计有对称的两套机载制氮系统，主要设备分别安装于左右机翼前缘。机载制氮系统制取的富氮气体在流经前梁外的外部单向阀后进入左侧隔舱 (即外翼内隔舱)，随后管路沿前梁延伸到左侧隔舱的最外侧，在流经内部单向阀后分为两路，一路继续沿前梁延伸到通气油箱，在流经通气油箱单向阀后折返到外翼隔舱的内侧，并在折返的管路上布置有 6 处排气管路；另一路气体折返到中央翼隔舱，并在左侧隔舱外侧和中央翼隔舱前部分别设置一处排气管路，同时在一号肋上设置有引射器，利用富氮气体将左侧隔舱角落里的气体引射到中央翼，以加速富氮气体的均匀分配。某型飞机左右两侧的富氮气体分配系统近似对称，只是在中央翼隔舱的两路排气管分别设置在靠近前梁和后梁的地方，以加速富氮气体的均匀分配。

图 6.7 某型飞机富氮气体分配系统原理图

某型多电飞机富氮气体分配系统如图 6.8 所示，其中灰色管路代表燃油箱通气系统管路，左侧的通气管路不包括任何设备，其中的气体可以双向通行；右侧的通气管路包含两个单向阀和一个浮子通气阀，能够防止外界气流从右侧通气管路进入中央翼。之所以利用单向阀限制右侧通气管路的进气功能，是为了降低下降阶段外界空气的充入量，使得燃油箱的氧浓度升高速率降低，同时也防止富氮气体引射更多的空气进入中央翼隔舱。

富氮气体分配系统在中央翼前梁安装有火焰抑制单向阀，具有火焰抑制器和单向阀的双重功能，既能防止燃油倒流到上游管路和设备，又能防止上游的点火源进入燃油箱内。富氮气体从火焰抑制单向阀进入中央翼燃油箱后，分成三路分支，分别通入燃油箱的左翼、中央翼和右翼，每个支路分别设有隔离阀、单向阀、限流孔，隔离阀可以控制该分支富氮气体的通断，根据燃油箱的载油量优化富氮气体分支的通断，单向阀可以防止燃油倒流进入上游管路和设备，限流孔能够起到合理分配富氮气体流量的作用。中央翼富氮气体分配管路被引入右侧通气系统的管路中，可利用富氮气体高速射流的引射作用，使远离富氮气体排气口的气体通过浮子通气阀的入口被引射到另一侧，加速富氮气体在中央翼隔舱的均匀分配。左右两侧的富氮气体分配管路成对称式分布，管路自中央翼隔舱引入外翼隔舱的最外侧，接着流经单向阀后再以反向折回到外翼燃油箱内侧，排气的笛形管分布在折回的管路上, 且排气孔随着气流的方向逐渐增大。富氮气体分配管路要绕到外翼外侧, 是为了设置管路的最高点, 以尽量降低燃油从排气孔倒流进入中央翼富氮气体分配管路的概率和倒流的燃油含量。

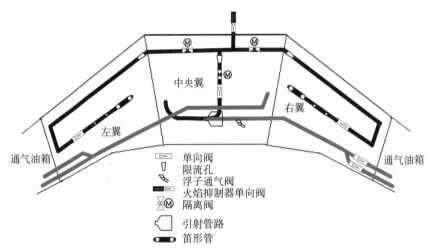

图 6.8　某型多电飞机富氮气体分配系统原理图

一般燃油箱内应尽量减少用电设备部件的安装, 如果必须使用用电设备, 则尽量将用电部件的带电部分安装在燃油箱外, 以杜绝燃油箱内点火源的产生。

6.2　燃油箱惰化系统性能计算基础知识

6.2.1　有关氧气析出现象的探讨

如第 3 章所述, 当使用氮气惰性化系统作为 FRM 时, 在进行可燃性分析时应考虑到氧气从燃油中析出的问题, 为此, 本节将探讨燃油中氧氮溶解度和飞行过程中析出量的计算方法, 以为 FRM 用户自编性能程序提供参考。

1. 燃油中氧氮溶解度[3]

燃油中气体溶解总量虽然十分有限, 但由于飞行过程中, 环境压力、温度的改变, 将使得燃油中溶解气体产生溶解/析出现象, 其中, 溶解氧的析出对于燃油箱上部气相空间氧浓度的控制有着重大影响。

不同气体在燃油中的溶解度不同, 例如, 在海平面某温度条件下, 3 号燃油溶解气体中, 氧气约占 35%, 氮气仅占 65%; 而溶解气体的逸出量, 也是依照其溶解度不同而变化的。这里以气相空间初始氧浓度为 21%、载油量为 80% 的燃油箱为例, 当飞机爬升至巡航高度时, 由于溶解氧的逸出, 燃油箱内气相空间的氧浓度将升至 33%~34%；又如，在地面用富氮气体冲洗燃油箱，使得其气相空间初始氧浓度为 6%，如果对该燃油箱搅动，则由于溶解氧逸出，其气相空间氧浓度可增至 12%~13%，而随着飞机爬升，气相空间氧分压的降低，该燃油箱气相空间氧浓度还将进一步增加。

燃油中平衡状态下气体溶解量大小有很多表示方法，如采用本生系数 (B)、库恩系数 (γ)、拉乌尔系数 (δ)、亨利系数 (H) 及阿斯特瓦尔德系数 (β) 等表示。为了使用方便，常用本生系数或阿斯特瓦尔德系数来表征气体在燃油中的溶解量大小。本生系数指溶于单位体积燃油中的气体换算成 $t = 0$℃ 和 $p = 0.1$MPa 时的体积，可表示为

$$B = \frac{V_0}{V_1} = \frac{273 \cdot V_2 \cdot p_2}{V_1(273 + t)(p_t - p_v)} \tag{6.1}$$

式中，V_0 为换算到标准条件下的气体体积，m^3；V_1 为饱和温度下燃油的体积，m^3；V_2 为饱和温度下被吸收的气体体积，m^3；p_2 为释放出的气体压力，Pa；p_v 为燃油的饱和蒸气压，Pa；p_t 为大气压力，Pa。

阿斯特瓦尔德系数 (β) 指单位体积燃油在气体和液体规定的气体分压和温度下处于平衡时溶解的气体体积。

本生系数可按下式从阿斯特瓦尔德系数求出：

$$B = \frac{273 p \beta_C}{T} \tag{6.2}$$

式中，T 为气体饱和时燃油的温度，K；p 为气体饱和时燃油箱压力，10^{-5}Pa；β_C 为 15℃ 时，气体溶解于燃油中的阿斯特瓦尔德系数。

任意温度和密度燃油溶解气体的阿斯特瓦尔德系数可由式 (6.3) 计算得出：

$$\beta = 2.31 \left(\frac{980 - \rho_p^t}{1000} \right) \exp \left[\frac{0.639(700 - T)}{T} \ln 3.333 \beta_0 \right] \tag{6.3}$$

式中，T 为燃油以及气体的热力学温度，K；p_v 为燃油蒸气压，Pa；β_0 系指气体在 t=15℃、密度 ρ=850kg/m^3 时燃油中的阿斯特瓦尔德系数，某些气体的 β_0 值可以从表 6.2 查出。采用上式计算时，若燃油的蒸气压超过总压 10% 时，则需将 β 乘以 p_t-p_v)/p_t。

气体在燃油中的溶解量 (G)，可利用本生系数 (B) 按式 (6.4) 计算 (单位为 ppm)。

$$G = \frac{BM_1}{0.0224} \left\{ \rho \left[1 - 0.000595 \left(\frac{T - 288.6}{\rho^{1.21}} \right) \right] \right\}^{-1} \tag{6.4}$$

式中，M_1 为气体的分子量，g/mol；0.0224 为气体在 0℃ 和 0.1MPa 下的摩尔体积，L/mol；0.000595 和 1.21 为将密度 (ρ) 校正到规定温度 T 时的经验常数。

当气体溶解度表示为摩尔分数 (X) 时，则可利用式 (6.5) 计算：

$$X = 10^{-6} G \frac{M_2}{M_1} \tag{6.5}$$

式中，M_2 为燃油的分子量，g/mol。

表 6.2 部分气体阿斯特瓦尔德系数 β_0

气体	阿斯特瓦尔德系数 β_0	有效温度区间/℃
氦 (He)	0.012	20～150
氖 (Ne)	0.018	15～40
氢 (H$_2$)	0.040	0～200
氮 (N$_2$)	0.069	0～200
空气	0.098	0～100
一氧化碳 (CO)	0.12	25～200
氧 (O$_2$)	0.16	25～100
氩 (Ar)	0.8	15～40
二氧化碳 (CO$_2$)	1.45	25～215
氨 (NH$_3$)	1.7	25～200

其他表示平衡状态下气体溶解度的系数，均可按表 6.3 从本生系数中换算出来。

表 6.3 平衡溶解度系数换算关系式

项目	本生系数	库恩系数	拉乌尔系数	亨利系数
换算公式	B	$\gamma = B/\rho_1$	$\delta = 100\rho_2 B$	$H = \rho_2 B/p_0$
单位	m^3/m^3	m^3/kg	kg/100m^3	kg/(m^3·Pa)

注: ρ_1 为燃油密度，kg/m^3；ρ_2 为溶解气体在 0℃、0.1MPa 下的密度，kg/m^3；p_0 为 0.1MPa。

当要计算压力对气体溶解度的影响时，则可用亨利定律。

$$Q = H p_2 = \rho_2 B \frac{p_2}{p_0} \tag{6.6}$$

式中，Q 为气体在 0℃ 和压力 p (MPa) 下的溶解度，kg/m^3；p_2 为释放出的气体压力，Pa。

2. 飞行状态下溶解氧析出量计算方法[4]

在飞机飞行过程中，随着燃油箱内压力、温度变化，燃油中溶解氧将发生析出，但由于燃油表面张力的束缚作用，实际燃油中溶解氧的析出将需要一定时间，它将产生析出滞后现象，同时，其逸出量也并非符合平衡状态关系，而是普遍存在着过饱和状态。由于该过饱和状态是一个极不稳定的状态，它受到多种因素的综合作用，而实际飞行过程中，这些因素又是难以量化与计算的，因而这就造成了燃油中溶解氧的析出速率难以把握与控制。

　　图 6.9、图 6.10 为文献 [5] 所提供的溶解氧逸出试验结果,从图中可见,不同的激励方式,不同的海拔,溶解氧逸出速率是不同的。

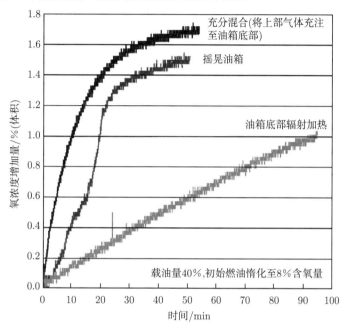

图 6.9　不同激励方式对溶解氧析出速率影响

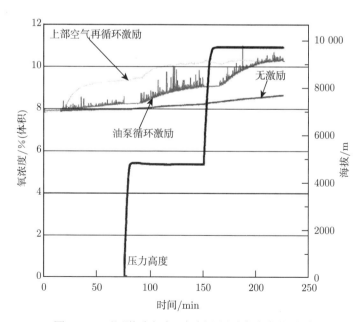

图 6.10　不同激励方式下氧析出量随高度变化关系

为了规避燃油中溶解氧不同析出速率所造成的无法量化的影响，在燃油箱可燃性分析中，FAA 规定了燃油中溶解氧析出量的计算方法，简介如下。

考虑到实际过程的复杂性，经过无数飞行试验修正后，美国 FAA 在建立如下假设的基础上，提出一种简单的燃油中溶解氧析出计算模型，该模型假设如下：

(1) 地面所加入的燃油处于饱和状态；

(2) 飞行过程中，燃油按照指数变化规律消耗；

(3) 飞行过程中燃油温度按蒙特卡罗分析程序获得；

(4) 燃油箱上部空间温度与燃油的温度相同；

(5) 燃油箱上部空间以及燃油各处物性相同；

(6) 忽略燃油箱上部空间燃油蒸气压的影响。

基于上述假设，根据 FAA 的相关资料，可以推得下面的计算公式：

$$\frac{O_{F,i} - O_{F,i-1}}{O_{F,i} - O_{F,\text{equal}}} = 1 - \mathrm{e}^{-t/\tau} \tag{6.7}$$

式中，$O_{F,i}$，$O_{F,i-1}$ 是指前后两个时刻燃油中溶解氧气的质量；$O_{F,\text{equal}}$ 是指气液平衡状态时的氧质量；t 是经过的时间；τ 是气体传质时间常数。

由式 (6.7) 可知，每一时刻燃油中溶解氧的质量取决于气体传质时间常数 τ。基于 FAA 研究结果，FAA 所规定的传质时间常数 τ 为：当维持地面高度不变，气体传质时间常数 τ 取 3500；在飞机爬升阶段，如果飞行高度未超过 4752m (15 000ft)，则不考虑溶解氧逸出，即 τ 取无穷大，超过 4752m (15 000ft) 后，τ 取 100。

因此，只要知道初始状态燃油中溶解氧量，结合飞机特定的飞行包线，就可以利用式 (6.7) 计算出各个高度下燃油中溶解氧气的浓度。而作为初始条件的溶解氧量可以采用图 6.11 所示的计算流程开展计算。

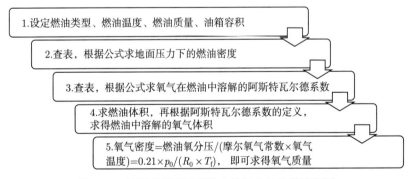

图 6.11　地面环境下平衡状态的氧含量计算流程图

对于图 6.11 计算流程，详细说明如下。

1) 设定参数

设定燃油类型、燃油温度 t_F (热力学温度 T_F)、燃油箱容积 V、燃油质量 m_F 等参数。

2) 计算燃油密度

查表 6.4,得到该类型燃油的 $\rho_{p_0}^{20}$ 和 γ。

表 6.4 20℃、0.1MPa 时燃油的计算密度和平均温度修正系数 (γ)

燃油品种	JET A	JP-4	RP-3
密度/(kg/m^3)	805	754	779.5
γ/(kg/(m^3·K))	-0.7573	-0.764	-0.7607

燃油密度:

$$\rho_{p_t}^{t_F} = \rho_{p_0}^{20} + \gamma(t_F - 20) + (0.5600 + 0.0082t_F)(101\,325 - 10^5) \times 10^{-6}$$

3) 计算阿斯特瓦尔德系数

根据燃油类型,查表 6.5,得到常数 A、B、C。

表 6.5 饱和蒸气压计算常数

燃油种类	A	B	C
JET A	8.8275	1486.65	—
JP-4	9.2446	1940.27	—
RP-3	5.3958	1053.6	240.7

国内燃油饱和蒸气压:

$$p_v^* = 10^{A - \frac{B}{t_F - C}}$$

国外燃油饱和蒸气压:

$$p_v^* = 10^{A - \frac{B}{T_F}}$$

氧气的阿斯特瓦尔德系数:

$$\beta_O = \frac{101\,325 - p_v}{101325} \cdot \frac{2.31(980 - \rho_p^{15})}{1000} e^{\frac{0.639(700 - T_F)}{T_F} \ln(3.333\beta_{O0})}$$

氮气的阿斯特瓦尔德系数:

$$\beta_N = \frac{101\,325 - p_v}{101325} \cdot \frac{2.31(980 - \rho_p^{15})}{1000} e^{\frac{0.639(700 - T_F)}{T_F} \ln(3.333\beta_{N0})}$$

4) 计算燃油中溶解的氧气体积

燃油体积:

$$V_F = m_F / \rho_{p_t}^{t_F}$$

溶解的氧气体积：

$$V_{FO} = \beta_O \cdot V_F$$

溶解的氮气体积：

$$V_{FN} = \beta_N \cdot V_F$$

5) 求燃油氧和氮含量、燃油氧和氮浓度、气相氧和氮浓度

燃油含氧量：

$$O_F = \frac{p_O}{R_O T_F} \cdot V_{FO}$$

燃油含氮量：

$$N_F = \frac{p_N}{R_N T_F} \cdot V_{FN}$$

燃油氧浓度：

$$c_{FO} = \frac{n_O}{n_O + n_N} = \frac{\dfrac{p_O V_{FO}}{RT}}{\dfrac{p_O V_{FO}}{RT} + \dfrac{p_N V_{FN}}{RT}} = \frac{p_O \beta_O V_F}{p_O \beta_O V_F + p_N \beta_N V_F} = \frac{p_O \beta_O}{p_O \beta_O + p_N \beta_N}$$

燃油氮浓度：

$$c_{FN} = \frac{p_N \beta_N}{p_O \beta_O + p_N \beta_N}$$

气相氧浓度：

$$c_{UO} = 0.21$$

气相氮浓度：

$$c_{UN} = \frac{(1 - 0.21) \times 101325 - p_v}{101325}$$

读者可以依据上述计算方法编程来计算不同飞行状态下溶解氧的析出。

6.2.2　燃油箱洗涤和冲洗惰化模型建立方法

机载燃油箱惰性化主要有两种方式，第一种是将富氮气体通入燃油中，从而将燃油中溶解的氧气加以置换，该方法通常称为燃油洗涤技术；第二种是将富氮气体通入燃油箱上部气相空间，将该空间中的部分氧气排出，称为燃油箱冲洗技术。由于民机对气相空间氧浓度控制要求较军机低，且飞行时的姿态相对平稳，因此通常采用冲洗技术；而军机除飞行姿态变化大导致燃油中的氧更容易逸出外，还存在比民机更易着火爆炸的危险，因此还采用了燃油洗涤技术，以尽可能减少整体氧含量，提高安全性。

1. 洗涤模型[6-7]

燃油洗涤技术实现的方法有很多,比如可以用燃油引射富氮气体或用气体喷嘴将富氮气体引入燃油箱下部,不论何种方式,其目的均是使富氮气体形成大量均匀且微小的气泡,增加气体和燃油的气液传质面积,更有效地置换燃油中的氧气。本节将介绍如何基于平衡传质过程,引入洗涤效率的概念,采用微元计算方法来建立洗涤过程的数学模型。

如图 6.12 所示,一定流量 $\dot{m}_{NEA}$ 的富氮气体充入燃油箱底部形成小气泡,部分气体由于气泡直径较大,或位于气泡中央,未与燃油发生传质作用,直接进入了气相空间,这部分气体仍保持原始的氧含量;另一部分气体与燃油产生传质,燃油中的部分氧气被置换,因此气体的含氧量发生了变化,而后再进入气相空间,若定义洗涤效率为

$$\eta = \frac{\text{实际用于洗涤燃油的气体质量}}{\text{总的 NEA 洗涤气质量}} \tag{6.8}$$

显然,参与传质的气体流量为 $\eta\dot{m}_{NEA}$。以如图 6.12 所示的某个微元段为例,初始时刻为 t、终了时刻为 $t + \Delta t$,气相空间的总压与外界环境压力相同,气液均处于平衡状态;而混合状态时,燃油内气液传质已经达到平衡,但是气相空间内,总压比外界压力高,因此氧氮会等摩尔比排出,直至总压达到终了状态时的外界压力。当 Δt 选择的足够小,且气泡分布较均匀时,上述描述基本可反映洗涤的实际物理过程。

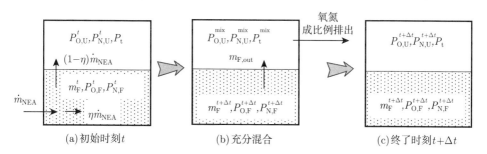

图 6.12 微元段内洗涤过程简化示意图

在建立数学模型前,需做如下假设:

(1) 燃油箱气相空间的气体为氧气、氮气和燃油蒸气,忽略其他微量气体的影响;

(2) 将燃油和气相空间分为两个部分,认为参与洗涤的气体与燃油满足平衡关系,而燃油和气相不为平衡关系;

(3) 气相空间温度与燃油温度相同;

(4) 氧氮在燃油中的溶解量可按照阿斯特瓦尔系数计算;

(5) 气相空间和燃油中各处物性参数均匀;

(6) 忽略燃油箱与外界的阻力,认为燃油箱内总压与外界环境压力相同。

在 Δt 时间内,燃油中氧氮的质量平衡关系为

$$\eta \dot{O}_{\mathrm{NEA}} \Delta t + O_{\mathrm{F}}^{t} = O_{\mathrm{F}}^{t+\Delta t} + O_{\mathrm{F,out}} \tag{6.9}$$

$$\eta \dot{N}_{\mathrm{NEA}} \Delta t + N_{\mathrm{F}}^{t} = N_{\mathrm{F}}^{t+\Delta t} + N_{\mathrm{F,out}} \tag{6.10}$$

由于燃油中的氧氮溶解质量与阿斯特瓦尔德系数有关,因此式 (6.9) 和式 (6.10) 可表述为

$$\eta \dot{O}_{\mathrm{NEA}} \Delta t + \frac{\beta_{\mathrm{O}} p_{\mathrm{O,F}}^{t} V_{\mathrm{F}}}{R_{\mathrm{O}} T_{\mathrm{F}}} = \frac{\beta_{\mathrm{O}} p_{\mathrm{O,F}}^{t+\Delta t} V_{\mathrm{F}}}{R_{\mathrm{O}} T_{\mathrm{F}}} + O_{\mathrm{F,out}} \tag{6.11}$$

$$\eta \dot{N}_{\mathrm{NEA}} \Delta t + \frac{\beta_{\mathrm{N}} p_{\mathrm{N,F}}^{t} V_{\mathrm{F}}}{R_{\mathrm{N}} T_{\mathrm{F}}} = \frac{\beta_{\mathrm{N}} p_{\mathrm{N,F}}^{t+\Delta t} V_{\mathrm{F}}}{R_{\mathrm{N}} T_{\mathrm{F}}} + N_{\mathrm{F,out}} \tag{6.12}$$

若认为逸出的氧氮气体 $O_{\mathrm{F,out}}$ 和 $N_{\mathrm{F,out}}$ 所占容积为 V_{E},则式 (6.11) 和式 (6.12) 可变换为

$$\left(\eta \dot{O}_{\mathrm{NEA}} \Delta t + \frac{\beta_{\mathrm{O}} p_{\mathrm{O,F}}^{t} V_{\mathrm{F}}}{R_{\mathrm{O}} T_{\mathrm{F}}} - \frac{\beta_{\mathrm{O}} p_{\mathrm{O,F}}^{t+\Delta t} V_{\mathrm{F}}}{R_{\mathrm{O}} T_{\mathrm{F}}} \right) \frac{R_{\mathrm{O}} T_{\mathrm{F}}}{p_{\mathrm{O,F}}^{t+\Delta t}} = V_{\mathrm{E}} \tag{6.13}$$

$$\left(\eta \dot{N}_{\mathrm{NEA}} \Delta t + \frac{\beta_{\mathrm{N}} p_{\mathrm{N,F}}^{t} V_{\mathrm{F}}}{R_{\mathrm{N}} T_{\mathrm{F}}} - \frac{\beta_{\mathrm{N}} p_{\mathrm{N,F}}^{t+\Delta t} V_{\mathrm{F}}}{R_{\mathrm{N}} T_{\mathrm{F}}} \right) \frac{R_{\mathrm{N}} T_{\mathrm{F}}}{p_{\mathrm{N,F}}^{t+\Delta t}} = V_{\mathrm{E}} \tag{6.14}$$

此外,燃油中的压力平衡关系为

$$p_{\mathrm{O,F}}^{t} + p_{\mathrm{N,F}}^{t} = p_{\mathrm{O,F}}^{t+\Delta t} + p_{\mathrm{N,F}}^{t+\Delta t} = p_{\mathrm{t}} - p_{\mathrm{v}} \tag{6.15}$$

将式 (6.13) 除以式 (6.14),并将式 (6.15) 代入后化简可得

$$\left[\eta \dot{O}_{\mathrm{NEA}} \Delta t R_{\mathrm{O}} + \frac{\beta_{\mathrm{O}} V_{\mathrm{F}}}{T_{\mathrm{F}}} \left(p_{\mathrm{O,F}}^{t} - p_{\mathrm{O,F}}^{t+\Delta t} \right) \right] \left(p_{\mathrm{t}} - p_{\mathrm{v}} - p_{\mathrm{O,F}}^{t+\Delta t} \right)$$

$$= \left[\eta \dot{N}_{\mathrm{NEA}} \Delta t R_{\mathrm{N}} + \frac{\beta_{\mathrm{N}} V_{\mathrm{F}}}{T_{\mathrm{F}}} \left(p_{\mathrm{O,F}}^{t+\Delta t} - p_{\mathrm{O,F}}^{t} \right) \right] p_{\mathrm{O,F}}^{t+\Delta t} \tag{6.16}$$

使

$$\begin{cases} A = (\beta_{\mathrm{O}} - \beta_{\mathrm{N}}) V_{\mathrm{F}} / T_{\mathrm{F}} \\ B = \dfrac{V_{\mathrm{F}}}{T_{\mathrm{F}}} \left[p_{\mathrm{O,F}}^{t} \beta_{\mathrm{N}} + (p_{\mathrm{v}} - p_{\mathrm{t}} - p_{\mathrm{O,F}}^{t}) \beta_{\mathrm{O}} \right] \\ \qquad - \eta \Delta t \left(\dot{N}_{\mathrm{NEA}} R_{\mathrm{N}} + \dot{O}_{\mathrm{NEA}} R_{\mathrm{O}} \right) \\ C = \dfrac{p_{\mathrm{t}} - p_{\mathrm{v}}}{T_{\mathrm{F}}} \left(\eta \Delta t \dot{O}_{\mathrm{NEA}} R_{\mathrm{O}} T_{\mathrm{F}} + p_{\mathrm{O,F}}^{t} V_{\mathrm{F}} \beta_{\mathrm{O}} \right) \end{cases} \tag{6.17}$$

则，式 (6.16) 可简化为

$$A\left(p_{\mathrm{O,F}}^{t+\Delta t}\right)^2 + Bp_{\mathrm{O,F}}^{t+\Delta t} + C = 0 \tag{6.18}$$

因此，只需要知道该微元段初始状态燃油中的氧分压，则可得到终了状态时的氧分压。

未参与传质的洗涤气及传质完成后的析出气体与气相空间中初始状态的原有气体混合后，其氧氮总质量为

$$
\begin{aligned}
O_{\mathrm{U}}^{\mathrm{mix}} &= (1-\eta)\dot{O}_{\mathrm{NEA}}\Delta t + O_{\mathrm{U}}^{\mathrm{mix}} + O_{\mathrm{F,out}} \\
&= \dot{O}_{\mathrm{NEA}}\Delta t + \frac{p_{\mathrm{O,U}}^t V_{\mathrm{U}}}{R_{\mathrm{O}}T_{\mathrm{U}}} + \frac{\beta_{\mathrm{O}}p_{\mathrm{O,F}}^t V_{\mathrm{F}}}{R_{\mathrm{O}}T_{\mathrm{F}}} - \frac{\beta_{\mathrm{O}}p_{\mathrm{O,F}}^{t+\Delta t} V_{\mathrm{F}}}{R_{\mathrm{O}}T_{\mathrm{F}}}
\end{aligned} \tag{6.19}
$$

$$
\begin{aligned}
N_{\mathrm{U}}^{\mathrm{mix}} &= (1-\eta)\dot{N}_{\mathrm{NEA}}\Delta t + N_{\mathrm{U}}^{\mathrm{mix}} + N_{\mathrm{F,out}} \\
&= \dot{N}_{\mathrm{NEA}}\Delta t + \frac{p_{\mathrm{N,U}}^t V_{\mathrm{U}}}{R_{\mathrm{N}}T_{\mathrm{U}}} + \frac{\beta_{\mathrm{N}}p_{\mathrm{N,F}}^t V_{\mathrm{F}}}{R_{\mathrm{N}}T_{\mathrm{F}}} - \frac{\beta_{\mathrm{N}}p_{\mathrm{N,F}}^{t+\Delta t} V_{\mathrm{F}}}{R_{\mathrm{N}}T_{\mathrm{F}}}
\end{aligned} \tag{6.20}
$$

气相中混合气的压力为

$$
\begin{aligned}
p_{\mathrm{t}}^{\mathrm{mix}} &= p_{\mathrm{v}} + p_{\mathrm{O,U}}^{\mathrm{mix}} + p_{\mathrm{N,U}}^{\mathrm{mix}} \\
&= p_{\mathrm{v}} + \frac{O_{\mathrm{U}}^{\mathrm{mix}}R_{\mathrm{O}}T_{\mathrm{U}}}{V_{\mathrm{U}}} + \frac{N_{\mathrm{U}}^{\mathrm{mix}}R_{\mathrm{N}}T_{\mathrm{U}}}{V_{\mathrm{U}}}
\end{aligned} \tag{6.21}
$$

混合气的氮氧摩尔比为

$$C_n^{\mathrm{mix}} = \frac{n_{\mathrm{N,U}}^{\mathrm{mix}}}{n_{\mathrm{O,U}}^{\mathrm{mix}}} = \frac{x_{\mathrm{N,U}}^{\mathrm{mix}}}{x_{\mathrm{O,U}}^{\mathrm{mix}}} = \frac{p_{\mathrm{N,U}}^{\mathrm{mix}}}{p_{\mathrm{O,U}}^{\mathrm{mix}}} = \frac{N_{\mathrm{U}}^{\mathrm{mix}}R_{\mathrm{N}}}{O_{\mathrm{U}}^{\mathrm{mix}}R_{\mathrm{O}}} \tag{6.22}$$

混合气的压力比外界压力高，因此氧氮气体等摩尔比排出，排气结束后，气相空间压力与外界压力相同，故终了状态时气相空间氧氮分压为

$$p_{\mathrm{O,U}}^E = \frac{p_{\mathrm{t}} - p_{\mathrm{v}}}{1 + C_n^{\mathrm{mix}}} \tag{6.23}$$

$$p_{\mathrm{N,U}}^E = \frac{C_n^{\mathrm{mix}}(p_{\mathrm{t}} - p_{\mathrm{v}})}{1 + C_n^{\mathrm{mix}}} \tag{6.24}$$

同样，只要知道该微元段初始时候的气相空间氧浓度，则根据以上各式及燃油的计算结果得到终了状态气相空间氧氮浓度。前一个微元的终了状态计算结果为下一个微元段入口状态参数。

图 6.13 示出了不同洗涤效率下气相空间和燃油中氧浓度随洗涤时间的变化关系及与试验数据的对比情况。图中：洗涤采用了纯氮气，在洗涤开始前，已用纯氮

气冲洗气相空间并使得其初始氧浓度为 0%。从图中可见，所建立的数学模型计算结果与试验值趋势一致；选取合适的洗涤效率后，能够更加真实反映实际过程 (当模型中选取洗涤效率为 75% 时，气相空间试验值与计算值吻合度较高)，因此可认为建立的数学模型准确度较高，可用于预测洗涤过程的氧浓度变化。但从图中也可发现，燃油中氧浓度计算值与试验值相差较大，特别是初始时刻，相对误差达到 16% 左右，其原因是气相空间预先进行了冲洗，不可避免地导致部分氧从燃油中逸出，而数学模型中初始燃油氧浓度仍然按阿斯特瓦尔德系数进行计算，因此造成了计算误差。

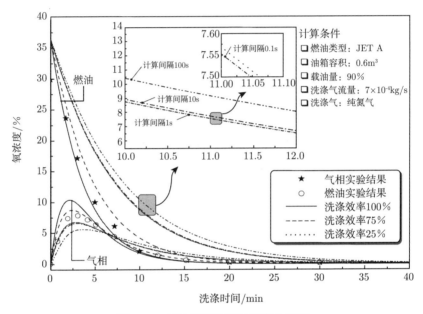

图 6.13　氧浓度随洗涤时间变化关系

图 6.13 中还选取了不同的计算间隔 Δt，计算了洗涤效率同为 50% 时的氧浓度分布，从图中可见，当计算间隔为 0.1s、1s 和 10s 时，氧浓度曲线基本重合，而计算间隔增加至 100s 时，计算结果明显有较大偏差，考虑到数据量和计算精度的平衡，计算中选取计算间隔 $\Delta t = 1s$ 为宜。

如前所述，洗涤效率与参与传质的洗涤气密切相关，通过调整洗涤喷嘴或引射器的设计可在一定程度改变洗涤效率，显然不同的洗涤效率将导致不同的气相和燃油中的氧浓度变化。

图 6.14 给出了海平面下，载油量为 90%、温度 15℃ 时，几种不同洗涤效率时，氧浓度随洗涤时间的变化关系，计算中气相空间初始未进行冲洗惰化，同时洗涤气中氮气含量为 95%。从图中可见，当洗涤效率很低时，因为大部分洗涤气直接

进入了气相空间，而溶解氧气逸出量很小，因此气相空间达到同样氧浓度所需的时间也较少。随着洗涤效率增加，更多的燃油中溶解氧被洗涤置换出来，因此洗涤时间延长。图 6.14 中还能看出，当气相空间达到同样惰化效果时，燃油中的氧含量却有很大差别。当洗涤效率越高时，有越多的洗涤气用于置换燃油中的氧气，故燃油中氧浓度越低。极限情况下，即洗涤效率为 0%，这时没有任何洗涤气用于燃油中氧气置换，因此燃油的氧浓度不发生变化，这种情况将蜕化为类似于气相空间冲洗技术。

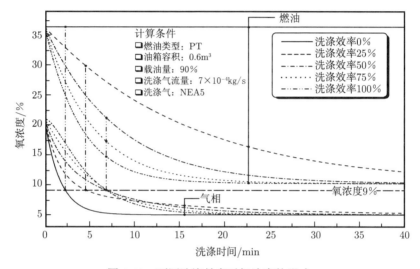

图 6.14 不同洗涤效率对氧浓度的影响

2. 冲洗模型[8−14]

燃油箱冲洗技术是将富氮气体通入燃油箱上部气相空间，将其中的氧气和燃油蒸气置换排出，使气相空间氧浓度达到所要求的极限氧浓度值以下，20 世纪 90 年代以来，美国和欧洲开展了大量的研究工作，波音、空客公司的众多机型和国产 C919 飞机都已成功应用了燃油箱冲洗惰性化技术。

1) 无溶解氧逸出冲洗模型

所谓无溶解氧逸出模型是指：不论燃油箱中是否存有燃油，均不考虑燃油中所溶解的氧气向气相空间的逸出，本章后续讨论中简称其为"无氧逸出模型"。为了简化研究的复杂性，模型中做以下基本假设。

(1) 不考虑燃油中氧气逸出；

(2) 外界环境的压力与燃油箱内压力保持一致；

(3) 忽略氧氮分子量的差异；

(4) 富氮气体和燃油箱气相及燃油温度相同；

(5) 燃油箱上部的热力参数和浓度参数各处相同，且混合过程瞬间完成。

如图 6.15 所示，某个微元时刻 dt 内，一定流量的富氮气体 $\dot{m}_{\text{NEA}}$ 从入口进入燃油箱上部气相空间，与气相空间原来的气体混合后，部分混合后的气体从出口排出至外界环境中。由于认为燃油箱的压力无变化，即不存在质量堆积，因此排出的气体流量为

$$\dot{m}_{\text{out}} = \dot{m}_{\text{NEA}} \tag{6.25}$$

由于忽略氧氮分子量差异，即不同组分气体密度保持一致，因此流入和流出的气体体积流量相同，即

$$\dot{Q}_{\text{NEA}} = \dot{Q}_{\text{out}} = \dot{Q} \tag{6.26}$$

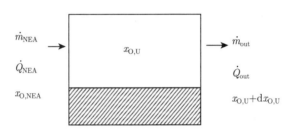

图 6.15　无氧逸出模型冲洗惰化示意图

故 dt 时间内，气相空间内氧气浓度的变化与流入流出气体体积流量的平衡关系如下：

$$\dot{Q}x_{\text{O,NEA}}dt - \dot{Q}x_{\text{O,U}}dt = V_{\text{U}}(x_{\text{O,U}} + dx_{\text{O,U}}) - V_{\text{U}}x_{\text{O,U}} \tag{6.27}$$

式中，$x_{\text{O,NEA}}$、$x_{\text{O,U}}$ 为气相空间和富氮气体摩尔氧浓度；V_{U} 为气相空间体积。

另 $x = x_{\text{O,NEA}} - x_{\text{O,U}}$，将其代入式 (6.27) 并化简可得

$$\dot{Q}xdt = V_{\text{U}}d(x_{\text{O,NEA}} - x) = -V_{\text{U}}dx \tag{6.28}$$

若认为冲洗开始时，气相空间氧浓度与外界环境摩尔氧浓度一致，为 $x_{\text{O,amb}}$，则对式 (6.28) 积分

$$\int_0^t \frac{\dot{Q}}{V_{\text{U}}}dt = \int_{x_{\text{O,NEA}} - x_{\text{O,amb}}}^{x_{\text{O,NEA}} - x_{\text{O,U}}(t)} -\frac{1}{x}dx \tag{6.29}$$

式中，t 为冲洗惰化时间。

积分后可得

$$\frac{x_{\text{O,amb}} - x_{\text{O,U}}}{x_{\text{O,amb}} - x_{\text{O,NEA}}} = 1 - e^{-\frac{\dot{Q}t}{V_{\text{U}}}} \tag{6.30}$$

若定义燃油箱惰化率 IR (inerting ratio) 为

$$\text{IR} = \frac{x_{\text{O,amb}} - x_{\text{O,U}}}{x_{\text{O,amb}} - x_{\text{O,NEA}}} \tag{6.31}$$

定义燃油箱气相体积换气次数 $\mathrm{VTE_U}$ (volumetric tank exchange of ullage)

$$\mathrm{VTE_U} = \frac{t \cdot \dot{Q}}{V_\mathrm{U}} \tag{6.32}$$

则式 (6.31) 可简化为

$$\mathrm{IR} = 1 - \mathrm{e}^{-\mathrm{VTE_U}} \tag{6.33}$$

采用式 (6.33) 来表征无溶解氧逸出的冲洗过程具有很强的物理意义, 在初始时刻, 未进行冲洗, 此时燃油箱内气相氧浓度与外界大气一致, 即 $x_\mathrm{O,U} = x_\mathrm{O,amb}$, 惰化率 IR 为 0, 当冲洗过程持续无限长时间后, 则 $x_\mathrm{O,U} = x_\mathrm{O,NEA}$, 此时惰化率 IR 为 1; 类似地, 如果气相体积换气次数 $\mathrm{VTE_U}$ 为 0, 则燃油箱未进行惰化, 即 IR = 0, 当 $\mathrm{VTE_U}$ 为无穷大, 则 IR = 1。

当燃油箱中载油量发生变化时, 气相空间的容积也相应发生变化, 为了便于计算冲洗的气量, 定义燃油箱总体积换气次数为

$$\mathrm{VTE_T} = \frac{t \cdot \dot{Q}}{V_\mathrm{U} + V_\mathrm{F}} = \frac{t \cdot \dot{Q}}{V_\mathrm{TANK}} \tag{6.34}$$

若定义燃油箱载油率为

$$\varepsilon_\mathrm{V} = \frac{V_\mathrm{F}}{V_\mathrm{U} + V_\mathrm{F}} \tag{6.35}$$

气相体积换气次数与总体积换气次数关系为

$$\mathrm{VTE_T} = (1 - \varepsilon_\mathrm{V}) \mathrm{VTE_U} \tag{6.36}$$

2) 溶解氧平衡逸出冲洗模型

假设初始状态时, 燃油与气相空间中的氧气处于平衡状态, 当富氮气体进入气相空间后, 导致其氧浓度降低, 燃油中氧气有向气相空间逸出的趋势, 将造成计算结果与实际有较大偏差。特别是若燃油箱存在较强的外界激励, 例如晃动、颠簸、加热等时, 逸出的速率会较大, 故称之 "有氧逸出模型"。

有氧逸出模型推导中做出了如下假设:

(1) 逸出的氧气与气相空间原有气体及冲洗过程所流入的富氮气体混合过程在瞬间完成, 且其热力和浓度参数各处均相同;

(2) 燃油中氧气的逸出速率足够快, 且氧气逸出后, 气相和液相立刻达到平衡状态;

(3) 外界环境的压力与燃油箱内压力保持一致;

(4) 富氮气体和燃油箱气相及燃油温度相同;

(5) 排出燃油箱外的气体与气相空间混合后的气体其氧氮摩尔比相同。

如图 6.16 所示，某个微元时刻内，富氮气体流入燃油箱气相空间，并与原有的气体混合，由于混合后气相空间中氧浓度减少，因此燃油中的氧气将向气相空间中逸出，并再次与气相空间中的气体混合后排出燃油箱外，当微元时刻 $\mathrm{d}t$ 足够小时，可认为排出的氧氮气体其摩尔比为该微元初始时刻气相空间中氧氮摩尔比，其质量比可由下式描述：

$$\frac{\mathrm{d}O_{\mathrm{out}}}{\mathrm{d}N_{\mathrm{out}}} = \frac{p_{\mathrm{O,U}} M_{\mathrm{O}}}{p_{\mathrm{N,U}} M_{\mathrm{N}}} \tag{6.37}$$

式中，$p_{\mathrm{O,U}}$ 和 $p_{\mathrm{N,U}}$ 为氧氮分压；M_{O} 和 M_{N} 为氧氮分子量。

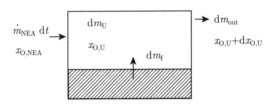

图 6.16　有氧逸出模型冲洗惰化示意图

气相空间氧氮分压与总压 p 的关系为

$$p = p_{\mathrm{O,U}} + p_{\mathrm{O,N}} = x_{\mathrm{O,U}} p + (1 - x_{\mathrm{O,U}}) p \tag{6.38}$$

微元时刻内排出的氧气其质量 $\mathrm{d}O_{\mathrm{out}}$ 与流入的氧气 $\mathrm{d}O_{\mathrm{in}}$、气相空间氧气质量变化量 $\mathrm{d}O_{\mathrm{U}}$ 及燃油中氧气逸出量 $\mathrm{d}O_{\mathrm{f}}$ 的关系为

$$\begin{aligned} \mathrm{d}O_{\mathrm{out}} &= \mathrm{d}O_{\mathrm{in}} + \mathrm{d}O_{\mathrm{f}} - \mathrm{d}O_{\mathrm{U}} \\ &= \dot{O}_{\mathrm{NEA}} \mathrm{d}t - \frac{\beta_{\mathrm{O}} V_{\mathrm{F}} p}{R_{\mathrm{O}} T_{\mathrm{F}}} \mathrm{d}x_{\mathrm{O,U}} - \frac{p V_{\mathrm{U}}}{R_{\mathrm{O}} T_{\mathrm{U}}} \mathrm{d}x_{\mathrm{O,U}} \end{aligned} \tag{6.39}$$

排出的氮气质量 $\mathrm{d}N_{\mathrm{out}}$ 与流入的氮气 $\mathrm{d}N_{\mathrm{in}}$、气相空间氮气变化量 $\mathrm{d}N_{\mathrm{U}}$ 及溶解到燃油中的氮气量 $\mathrm{d}N_{\mathrm{f}}$ 的关系为

$$\begin{aligned} \mathrm{d}N_{\mathrm{out}} &= \mathrm{d}N_{\mathrm{in}} + \mathrm{d}N_{\mathrm{f}} - \mathrm{d}N_{\mathrm{U}} \\ &= \dot{N}_{\mathrm{NEA}} \mathrm{d}t + \frac{\beta_{\mathrm{N}} V_{\mathrm{F}} p}{R_{\mathrm{N}} T_{\mathrm{F}}} \mathrm{d}x_{\mathrm{O,U}} + \frac{p V_{\mathrm{U}}}{R_{\mathrm{N}} T_{\mathrm{U}}} \mathrm{d}x_{\mathrm{O,U}} \end{aligned} \tag{6.40}$$

将式 (6.39) 和式 (6.40) 代入式 (6.37)，并考虑到气体和燃油温度相同，即 $T_{\mathrm{U}} = T_{\mathrm{F}} = T$，化简可得

$$\frac{\mathrm{d}x_{\mathrm{O,U}}}{\mathrm{d}t} = \frac{\left(\dot{O}_{\mathrm{NEA}} R_{\mathrm{O}} + \dot{N}_{\mathrm{NEA}} R_{\mathrm{N}} \right) T x_{\mathrm{O,U}} - R_{\mathrm{O}} T \dot{O}_{\mathrm{NEA}}}{(\beta_{\mathrm{O}} - \beta_{\mathrm{N}}) V_{\mathrm{F}} p x_{\mathrm{O,U}} - (\beta_{\mathrm{O}} V_{\mathrm{F}} p + p V_{\mathrm{U}})} \tag{6.41}$$

以上各式中，R_{O} 和 R_{N} 为氧氮气体常数；V_{F} 为燃油体积；$\dot{O}_{\mathrm{NEA}}$ 为富氮气体中氧气流量。

将式 (6.41) 积分，并将式 (6.32) 和式 (6.35) 代入可得

$$
\begin{aligned}
\mathrm{VTE_U} &= \frac{\dot{Q}t}{V_\mathrm{U}} \\
&= \int_{x_\mathrm{O,amb}}^{x_\mathrm{O,U}} \frac{R_\mathrm{NEA}}{R_\mathrm{O} M_\mathrm{O}} \cdot \frac{(\beta_\mathrm{O} - \beta_\mathrm{N}) \dfrac{1-\varepsilon_\mathrm{V}}{\varepsilon_\mathrm{V}} x_\mathrm{O,U} - \left(\beta_\mathrm{O} \dfrac{1-\varepsilon_\mathrm{V}}{\varepsilon_\mathrm{V}} + 1\right)}{\dfrac{x_\mathrm{O,U}}{x_\mathrm{O,NEA} M_\mathrm{O} + (1 - x_\mathrm{O,NEA}) M_\mathrm{N}} - x_\mathrm{O,NEA}} \, \mathrm{d}x_\mathrm{O,U}
\end{aligned} \quad (6.42)
$$

式中，R_NEA 为富氮气体的气体常数。

显然，从式 (6.42) 可见，即使考虑了燃油中溶解氧的逸出，在一定的载油率下，气相空间氧浓度的变化仍然只与气相体积换气次数相关。

同样考虑到载油量发生变化后，气相空间的体积非恒值，将式 (6.34) 代入式 (6.42) 积分可得燃油箱总体积换气次数为

$$
\begin{aligned}
\mathrm{VTE_a} &= \frac{\dot{Q}t}{V_\mathrm{U} + V_\mathrm{F}} = \frac{\dot{Q}t}{V_\mathrm{TANK}} \\
&= \int_{x_\mathrm{O,amb}}^{x_\mathrm{O,U}} \frac{R_\mathrm{NEA}}{R_\mathrm{O} M_\mathrm{O}} \cdot \frac{(\beta_\mathrm{O} - \beta_\mathrm{N}) x_\mathrm{O,U} - (\beta_\mathrm{O} + 1 - \varepsilon_\mathrm{V})}{\dfrac{x_\mathrm{O,U}}{x_\mathrm{O,NEA} M_\mathrm{O} + (1 - x_\mathrm{O,NEA}) M_\mathrm{N}} - x_\mathrm{O,NEA}} \, \mathrm{d}x_\mathrm{O,U}
\end{aligned} \quad (6.43)
$$

从图 6.17 中可见，所建立的数学模型可基本反映出冲洗惰化过程中上部气相空间氧浓度的变化规律。对于空燃油箱，试验值与无氧气逸出模型十分吻合，而当燃油箱存有一定燃油，且传质较剧烈时，试验值与有氧逸出模型更加贴近。

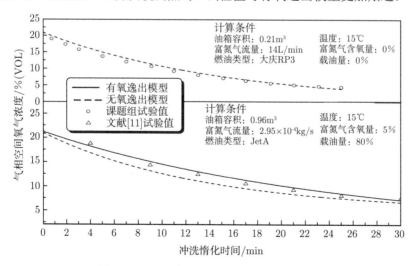

图 6.17　两种模型计算结果与试验值对比

3) 频率传质模型[15]

为了描述溶解氧逸出的真实传质过程, 著者提出了一种气液边界层的频率传质模型, 该模型利用传质的频率来表征传质过程的快慢。

传质频率是指进行传质的两种组分在单位时间内的传质次数, 用符号 f 表示。

对应于传质频率的概念, 频率传质模型所假设的传质方式如图 6.18 所示, 假设气相与液相之间有一较薄的传质边界层将气相层和液相层的直接传质阻隔开。在进行传质过程时, 假设气相层先和传质边界层进行平衡, 使得传质边界层的气体组分体积分数升高或者降低; 接着传质边界层再和液层进行平衡使得液层中的气体组分体积分数升高或者降低。

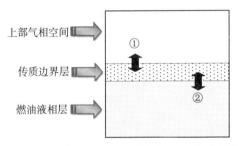

图 6.18   燃油和气相空间频率传质方式示意图

需要说明的是这两个先后进行的平衡都假设是瞬间完成的, 这样就用瞬时平衡的频率替代了每次传质的速率来对传质过程的快慢进行表征。假设传质边界层的厚度与总的燃油层厚度比为 x, $x = H_m/(H_m + H_f)$, 理论上 x 的取值范围可在 0~1 之间, 在本章的计算中, 暂定 $x = 0.01$。对一个既定的传质过程而言, x 和 f 的搭配是反相关的。如果能够依据试验而发现液相体积分数梯度的一般性的变化规律, 那么可以参照速度边界层或者温度边界层的方法来给传质边界层下一个确切的物理定义。

当 $f = 0$ 的时候, 气相就无法和传质边界层进行传质, 此时液相的组分和气相的组分之间相互没有影响。

当 $f = \infty$ 的时候, 气相、传质边界层和液相之间三者的相关组分浓度瞬时达到平衡。

当 $0 < f < \infty$ 的时候, 传质频率就可以量化实际气液两相间的传质速率的快慢。

传质的频率的大小主要取决于燃油的种类和温度这两个因素, 燃油箱的晃动或泵射气体进入液层内部增大了燃油和气体的接触表面积, 为了模型计算的方便, 增大的接触表面积可近似等效为增大了传质的频率, 而气相空间压力的变化则只关系到每次传质平衡时的质量交换量的大小。环境温度、燃油箱晃动程度和燃油品种都会影响到传质频率的大小。

在建立飞机燃油箱冲洗传质模型理论模型前，可提出如下假设：

(1) 富氮气体、气相空间中的氧气和氮气、燃油蒸气及其混合气体视为理想气体；

(2) 冲洗过程中，恢复平衡状态所需的弛豫时间远远小于计算步长；

(3) 计算步长内，各种气体充分混合，气体内部各处的温度、压力和密度状态参数相同；

(4) 混合气体按组分的摩尔分数比排出；

(5) 富氮气体与燃油温度相等；

(6) 忽略燃油蒸气的溢出引起的燃油质量的减少；

(7) 不考虑飞行中燃油消耗引起的燃油液面下降及其对惰化效果的影响。

基于频率传质的传质模型，飞机爬升阶段通气式燃油箱内氧氮传质的过程如图 6.19 所示。它将某一微元时间段内的传质过程分为三步。假设起始时刻为 t 时刻，终了时刻为 $t+\Delta t$，下面以建立氧的数学模型示例，演示具体的推导过程。

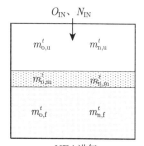 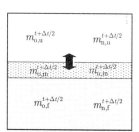 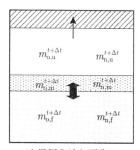

图 6.19 频率传质模型建模步骤图

第一步：从 t 时刻到 $t+\Delta t/2$ 时刻，NEA 进入燃油箱上部空间，燃油箱内的氧氮质量增加，氧的质量平衡方程如下：

$$\dot{m}_{\rm o,NEA}\Delta t + m_{\rm o,u}^{t} + m_{\rm o,m}^{t} = m_{\rm o,u}^{t+\Delta t/2} + m_{\rm o,m}^{t+\Delta t/2} \tag{6.44}$$

式中，$\dot{m}_{\rm o,NEA}$ 为单位时间内 NEA 的质量流量；$m_{\rm o,u}^{t}$ 为 t 时刻气相空间的氧的质量；$m_{\rm o,m}^{t}$ 为 t 时刻传质边界层中氧的质量；$m_{\rm o,u}^{t+\Delta t/2}$ 为 $t+\Delta t/2$ 时刻气相空间的氧质量；$m_{\rm o,m}^{t+\Delta t/2}$ 为 $t+\Delta t/2$ 时刻传质边界层的氧质量。

第二步：$t+\Delta t$ 时刻气相和传质边界层之间氧组分瞬时达到平衡，平衡时液相

中含有的氧氮的质量根据 β_O 系数来计算。此时气相和传质边界层内的氧质量比为

$$\frac{m_{o,u}^{t+\Delta t/2}}{m_{o,m}^{t+\Delta t/2}} = \frac{\dfrac{p_{o,u}^{t+\Delta t/2}V_u}{R_o T_o}}{\dfrac{\beta_o p_{o,m}^{t+\Delta t/2}V_m}{R_o T_f}} \tag{6.45}$$

式中，V_u 指气相空间的体积；V_m 为传质边界层的体积；T_u 为燃气相空间的温度；T_f 为燃油的温度；β_o、β_n 为某种燃油在温度为 T_f 时的氧或氮的阿斯特瓦尔德系数；R_o 为氧气的气体常数；$p_{o,u}^{t+\Delta t/2}$ 为 $t+\Delta t/2$ 时刻气相空间的氧压；$p_{o,m}^{t+\Delta t/2}$ 为 $t+\Delta t/2$ 时刻传质边界层的氧压。

因为假设 $T_u = T_f$，且 $p_{o,u}^{t+\Delta t/2} = p_{o,m}^{t+\Delta t/2}$，代入式 (6.45) 有

$$\frac{m_{o,u}^{t+\Delta t/2}}{m_{o,m}^{t+\Delta t/2}} = \frac{V_u}{\beta_o V_m} \tag{6.46}$$

令 $\dfrac{V_u}{\beta_o V_m} = A_o$，代入氧质量守恒方程 (6.45) 中可以得到

$$m_{o,u}^{t+\Delta t/2} = (\dot{m}_{O,NEA}\Delta t + m_{o,u}^t + m_{o,m}^t)\left(\frac{A_o}{1+A_o}\right) \tag{6.47}$$

$$m_{o,m}^{t+\Delta t/2} = (\dot{m}_{O,NEA}\Delta t + m_{o,u}^t + m_{o,m}^t)\left(\frac{1}{1+A_o}\right) \tag{6.48}$$

第三步：传质边界层和燃油液层进行氧浓度均匀混合，其所含氧质量的多少正比于传质边界层和燃油液层的体积 V_m 和 V_f，传质边界层的氧质量满足下式：

$$m_{o,m}^{t+\Delta t} = \frac{V_m}{V_f + V_m}(m_{o,f}^t + m_{o,m}^{t+\Delta t/2}) = 0.01(m_{o,f}^t + m_{o,m}^{t+\Delta t/2}) \tag{6.49}$$

$$m_{o,f}^{t+\Delta t} = \frac{V_f}{V_f + V_m}(m_{o,f}^{t+\Delta t/2} + m_{o,m}^{t+\Delta t/2}) = 0.99(m_{o,f}^t + m_{o,m}^{t+\Delta t/2}) \tag{6.50}$$

式中，$m_{o,m,2}^{t+\Delta t}$ 为 $t+\Delta t$ 时刻传质边界层和燃油液层平衡后的氧质量；$m_{o,f}^t$ 为燃油在 t 时刻的氧质量；$m_{o,f}^{t+\Delta t}$ 为 $t+\Delta t$ 时刻燃油液层和传质边界层平衡后的氧质量；V_f 为燃油液层中不包括传质边界层的那部分体积，$V_f = 99V_m$。

氮组分的计算过程与氧组分的计算过程类似，终了时刻传质边界层和液层内的氮的质量分别为

$$m_{n,m}^{t+\Delta t} = 0.01(m_{n,f}^t + m_{n,m}^{t+\Delta t/2}) \tag{6.51}$$

$$m_{n,f}^{t+\Delta t} = 0.99(m_{n,f}^t + m_{n,m}^{t+\Delta t/2}) \tag{6.52}$$

与此同时，气相空间由于压力超过大气压而向大气层排出多余气体，气体中氧氮组分按压力比排出，燃油箱内的气相压力值下降为外界大气压的大小，气相空间终了时刻的氧质量含量方程可表示为

$$\frac{m_{\mathrm{o,u}}^{t+\Delta t}}{m_{\mathrm{o,u}}^{t+\Delta t/2}} = \frac{p_{\mathrm{amb}}^{t+\Delta t}}{p_{\mathrm{o,u}}^{t+\Delta t/2} + p_{\mathrm{n,u}}^{t+\Delta t/2} + p_{\mathrm{v}}^{t+\Delta t/2}} \tag{6.53}$$

式中，$p_{\mathrm{amb}}^{t+\Delta t}$ 为 $t+\Delta t$ 时刻外界大气压；$p_{\mathrm{v}}^{t+\Delta t/2}$ 为燃油蒸气压。

终了时刻气相空间的氧浓度可表示为

$$C_{\mathrm{o2}}^{t+\Delta t} = \frac{\left(\dfrac{\dot{m}_{\mathrm{O,NEA}}\Delta t + m_{\mathrm{o,u}}^t + m_{\mathrm{o,m}}^t}{\dot{m}_{\mathrm{n,NEA}}\Delta t + m_{\mathrm{n,u}}^t + m_{\mathrm{n,m}}^t}\right)\left(\dfrac{\beta_{\mathrm{n}}V_{\mathrm{m}} + V_{\mathrm{u}}}{\beta_{\mathrm{o}}V_{\mathrm{m}} + V_{\mathrm{u}}}\right)\dfrac{Ro}{Rn}}{1 + \left(\dfrac{\dot{m}_{\mathrm{O,NEA}}\Delta t + m_{\mathrm{o,u}}^t + m_{\mathrm{o,m}}^t}{\dot{m}_{\mathrm{n,NEA}}\Delta t + m_{\mathrm{n,u}}^t + m_{\mathrm{n,m}}^t}\right)\left(\dfrac{\beta_{\mathrm{n}}V_{\mathrm{m}} + V_{\mathrm{u}}}{\beta_{\mathrm{o}}V_{\mathrm{m}} + V_{\mathrm{u}}}\right)\dfrac{Ro}{Rn}} \tag{6.54}$$

此时，t 到 $t+\Delta t$ 时刻的计算结束，$m_{\mathrm{o,u}}^{t+\Delta t}$、$m_{\mathrm{n,u}}^{t+\Delta t}$、$m_{\mathrm{o,m}}^{t+\Delta t}$、$m_{\mathrm{n,m}}^{t+\Delta t}$、$m_{\mathrm{o,f}}^{t+\Delta t}$、$m_{\mathrm{n,f}}^{t+\Delta t}$ 成为下个时间段的初始时刻的氧质量含量。通过计算每个步长的氧氮含量的变化就能得到惰化过程中氧的体积分数随时间的变化曲线。

为了验证频率传质模型的有效性，著者根据 FAA 的相关试验条件，编制了相关计算程序，并将两者的结果进行了对比，对比结果见图 6.20。

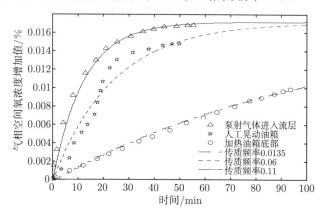

图 6.20 传质试验数据和频率模型计算结果对比

图 6.20 中的三种间断线分别表示三种激励条件下的试验数据，从中可以看出，将气体泵入燃油底层来加速传质，是几种激励中最有效加快传质的方法，泵入的气体在从燃油箱底部上升到燃油液面的过程中可以大大加快气相和燃油液层之间的氧氮传质。人工晃动燃油箱可以在一定程度上加快燃油和气层的氧氮传质，而依靠加热燃油箱底部来加速传质的方法效果最差。图 6.20 中的连续线表示频率传质模型计算结果，传质边界层厚度比定为 $x = 0.01$。当传质的频率 f 分别取 0.11、0.0135

时，频率模型计算结果和对应条件下的试验结果较吻合。而人工晃动燃油箱条件下的计算和试验数据则有较大的差别，这是因为 50min 内由不同人员轮流晃动燃油箱，因此不同时间段内燃油箱晃动的程度有所不同，造成了传质快慢的突变，导致其数据点不规则，当 f 取 0.08 时可以表示晃动燃油箱的平均传质情况。对这三种情况下气体传质过程的模拟是较准确的，可以表明频率传质模型的有效性和实用性。此外若增大 (或减小) x 时，可以通过减小 (或增大) f 来达到相同的传质仿真效果。

6.2.3　空气分离器性能分析

1. 空气分离器性能参数[16]

空气分离一般可采用分子筛变压吸附或膜分离两种方法。在分离性能要求一定的情况下膜分离系统所需引气量约为分子筛的一半且设备质量和体积比分子筛小系统内无运动部件寿命长可靠性高，因此目前机载制氮系统主要采用膜分离法。

空气分离器的性能会随着使用时间的增加而降低，当其低于设计要求时，会导致燃油箱长期处于非惰化状态，因此应针对空气分离器的性能增加设备健康监测的功能，一般通过监控空气分离器出口 NEA 氧浓度可以监控空气分离器的性能状况，以及时发现并替换性能退化的空气分离器。

气体分离膜按结构形式可分为板框式、卷式、管式和中空纤维式等，其中中空纤维膜可以增加气体与膜接触的比表面积能承受较大的压力和压差，与常规的板状膜和管状膜相比，中空纤维膜的外径小 (小于 2~3mm)、壁薄 (小于 0.1~0.2mm)，单位体积可填充的膜数量多，单位时间单位面积的透氧量大。因此，中空纤维膜装置的氧气生产能力将大大高于常规的板状膜和管状膜，获得了广泛应用。

中空纤维膜渗透率 J 可由下式计算：

$$J = Q/\Delta pA = Q/(n\pi Dl\Delta p) \tag{6.55}$$

式中，Q 为纯气体体积流量；Δp 为膜两侧的压差；A 为膜的有效面积；n 为测试组件中中空纤维膜的根数；D 为中空纤维膜的外径；l 为被测试中空纤维膜的有效长度。

假设膜丝外侧富氧气体中氧氮组分的体积分数分别为 y_O 和 y_N，膜丝内侧的 NEA 中氧氮组分的体积分数分别为 x_O 和 x_N，则该膜的理想氧氮分离系数可表示为

$$\alpha = \frac{J_N}{J_O} = \frac{y_O/y_N}{x_O/x_N} = \frac{y_O x_N}{y_N x_O} \tag{6.56}$$

定义气体分离过程理想度 N

$$N = \alpha/\alpha_0 \tag{6.57}$$

式中，α_0 为理想分离系数，它与膜的特性有关；α 为实际分离过程分离系数。

理想度 N 表示气体分离过程由于一些非理想因素，例如膜分离过程中的浓度和温度极化、气体各组分在膜材料内的组分竞争、毛细冷凝现象等偏离理想分离状态的程度。N 越接近 1，表明分离过程越趋于完善。在实际分离过程中 N 总小于 1。

膜的制氮效率反映了发动机的引气量转化为富氮气体的有效转化率，制氮效率定义为

$$\eta = \frac{m_{\mathrm{NEA}}}{m_{\mathrm{AIR}}} = \frac{m_{\mathrm{NEA}}}{m_{\mathrm{NEA}} + m_{\mathrm{OEA}}} \tag{6.58}$$

图 6.21 为理想度随压比的变化规律。从图中可以看出，随着压比的增加，中空纤维膜分离过程的理想度随之减小，这是因为传质推动力的增加一方面提高单位时间氧气和氮气的渗透通量，有利于分离过程的彻底进行；另一方面氧气在膜壁处堆积浓差极化现象随之严重，对渗透作用产生不利影响，阻碍了丝内氧气向丝外的渗透，氧氮渗透竞争关系加剧分离效果劣化。压比通过这两种作用对过程的非理想性产生的影响效果是相反的，而浓差极化对分离过程的不利影响大于由于压比增加引起的通量增加，表现为理想度 N 减小、越来越偏离理想分离过程。从图中可以看出，当压比增加至 60 时理想度只有 20%，因此在高压比的分离过程中浓差极化不容忽视。

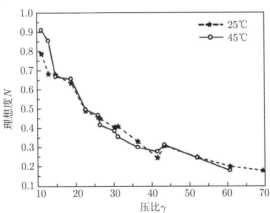

图 6.21 中空纤维膜理想度随压比的变化规律

机载制氮系统在工作时，膜内压力高达 60psi (413 685Pa)，膜外压力可低至 2.73psi (18 823Pa)，最大压比高达 22，对应的膜分离理想度在 0.5～0.9，变化较大。在工程实际中，机载空气分离器性能的确定依赖于大量试验来获取性能数据库，进而利用数据库中的性能数据，来对空气分离器的性能进行量化。

2. 中空纤维膜数学模型[17,18]

中空纤维膜的数学描述可根据膜组件高压侧和低压侧气体流动状态分为三种基本类型：

(1) 并流模型，即高压侧与低压侧同向流动；

(2) 逆流模型，即高压侧与低压侧逆向流动；

(3) 错流模型，高压侧与低压侧垂直流动。

根据膜内外侧的混合类型分为单侧混合型 (低压侧完全混合) 和完全混合型 (高压侧和低压侧均完全混合)。膜分离装置中原料气可走丝内也可走丝外。

这里以原料气走丝内、原料气与渗透气顺流流动中空纤维膜模型为例，来简述其数学模型的建立方法。

在建模之前，先作出如下假设：

(1) 渗透气各个组分 (氧气与氮气) 渗透系数一定，不随着环境条件的变化而变化；

(2) 不考虑温度变化以及温度极化现象和浓度极化现象的影响；

(3) 丝内由于阻力造成的压力降忽略不计；

(4) 丝内与丝外径向方向不考虑由于黏度造成的浓度梯度，流动形式为柱塞流；

(5) 分离空气中仅含氧气与氮气，其中氧气体积浓度为 21%，氮气为 79%。

如图 6.22 所示，将膜丝沿轴向分为若干微元段并取微元段 dA，其中：

$$dA = s\pi D_m dz \tag{6.59}$$

式中，s 为膜丝数，根；z 为膜丝长度，m；D_m 为膜丝名义直径，m；$D_m = \dfrac{(D_o - D_i)}{\ln(D_o/D_i)}$，$D_o$ 和 D_i 分别为膜丝的外径和内径。

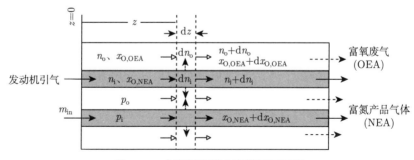

图 6.22　中空纤维膜分离模型示意图

定义丝内外流量增加为正，减小为负，则膜丝微元段内外侧氧气和氮气的摩尔

流量变化为

$$\mathrm{d}\dot{n}_{\mathrm{O,o}} = \mathrm{d}(\dot{n}_{\mathrm{o}}x_{\mathrm{O,OEA}}) = x_{\mathrm{O,OEA}}\mathrm{d}\dot{n}_{\mathrm{o}} + \dot{n}_{\mathrm{o}}\mathrm{d}x_{\mathrm{O,OEA}} = \frac{Q_{\mathrm{O}}}{\delta}\left(p_{\mathrm{i}}x_{\mathrm{O,NEA}} - p_{\mathrm{o}}x_{\mathrm{O,OEA}}\right)\mathrm{d}A \tag{6.60}$$

$$\mathrm{d}\dot{n}_{\mathrm{O,i}} = \mathrm{d}(\dot{n}_{\mathrm{i}}x_{\mathrm{O,NEA}}) = x_{\mathrm{O,NEA}}\mathrm{d}\dot{n}_{\mathrm{i}} + \dot{n}_{\mathrm{i}}\mathrm{d}x_{\mathrm{O,NEA}} = -\frac{Q_{\mathrm{O}}}{\delta}\left(p_{\mathrm{i}}x_{\mathrm{O,NEA}} - p_{\mathrm{o}}x_{\mathrm{O,OEA}}\right)\mathrm{d}A \tag{6.61}$$

由式 (6.60) 和式 (6.61) 得到膜丝微元段内外气体中摩尔氧浓度变化量为

$$\mathrm{d}x_{\mathrm{O,NEA}} = \frac{1}{\dot{n}_{\mathrm{i}}}\left[-\frac{Q_{\mathrm{O}}}{\delta}\left(p_{\mathrm{i}}x_{\mathrm{O,NEA}} - p_{\mathrm{o}}x_{\mathrm{O,OEA}}\right)\mathrm{d}A - x_{\mathrm{O,NEA}}\mathrm{d}\dot{n}_{\mathrm{i}}\right] \tag{6.62}$$

$$\mathrm{d}x_{\mathrm{O,OEA}} = \frac{1}{\dot{n}_{\mathrm{o}}}\left[-\frac{Q_{\mathrm{O}}}{\delta}\left(p_{\mathrm{i}}x_{\mathrm{O,NEA}} - p_{\mathrm{o}}x_{\mathrm{O,OEA}}\right)\mathrm{d}A - x_{\mathrm{O,NEA}}\mathrm{d}\dot{n}_{\mathrm{o}}\right] \tag{6.63}$$

微元段内膜丝内外侧总气体摩尔流量变化率为

$$\mathrm{d}\dot{n}_{\mathrm{i}} = -\left[\frac{Q_{\mathrm{O}}}{\delta}\left(p_{\mathrm{i}}x_{\mathrm{O,NEA}} - p_{\mathrm{o}}x_{\mathrm{O,OEA}}\right) + \frac{Q_{\mathrm{N}}}{\delta}\left(p_{\mathrm{i}}x_{\mathrm{N,NEA}} - p_{\mathrm{o}}x_{\mathrm{N,OEA}}\right)\right]\mathrm{d}A \tag{6.64}$$

$$\mathrm{d}\dot{n}_{\mathrm{o}} = \left[\frac{Q_{\mathrm{O}}}{\delta}\left(p_{\mathrm{i}}x_{\mathrm{O,NEA}} - p_{\mathrm{o}}x_{\mathrm{O,OEA}}\right) + \frac{Q_{\mathrm{N}}}{\delta}\left(p_{\mathrm{i}}x_{\mathrm{N,NEA}} - p_{\mathrm{o}}x_{\mathrm{N,OEA}}\right)\right]\mathrm{d}A \tag{6.65}$$

根据物料平衡关系, 膜丝内外侧气体总的摩尔流量存在如下关系:

$$\mathrm{d}\dot{n}_{\mathrm{i}} = -\mathrm{d}\dot{n}_{\mathrm{o}} \tag{6.66}$$

式中, Q_{O}、Q_{N} 为氧、氮渗透系数, $\mathrm{mol/(m \cdot s \cdot Pa)}$; p_{i} 和 p_{o} 为膜丝内、外气体总压, Pa, 膜丝外侧压力为中空纤维膜所处环境背压, 随飞行高度变化, $p_{\mathrm{o}} = 101325 \times \left(1 - \dfrac{H}{4.43 \times 10^4}\right)^{5.256}$; $x_{\mathrm{O,NEA}}$ 和 $x_{\mathrm{N,NEA}}$ 为膜丝内侧富氮气体中氧氮摩尔浓度, $x_{\mathrm{O,OEA}}$ 和 $x_{\mathrm{N,OEA}}$ 为膜丝外侧富氧气体中氧氮摩尔浓度。

顺流流动模型中, 当 $z = 0$ 时, 入口条件下膜丝内外的气体总流量为

$$\begin{cases} \dot{n}_{\mathrm{i}}|_{z=0} = \dot{n}_{\mathrm{in}} = \dot{m}_{\mathrm{in}}/M_{\mathrm{AIR}} \\ \dot{n}_{\mathrm{o}}|_{z=0} = 0 \end{cases} \tag{6.67}$$

式中, $\dot{m}_{\mathrm{in}}$ 为发动机所引空气的质量流量; M_{AIR} 为空气摩尔质量。当 $z = 0$ 时, 入口处膜丝内侧氧浓度与发动机引气一致, 即

$$x_{\mathrm{O,NEA}}|_{z=0} = 0.21 \tag{6.68}$$

而膜丝外侧初始氧浓度可根据渗透关系按照下式求解而得

$$\frac{x_{\mathrm{O,OEA}}|_{z=0}}{1 - x_{\mathrm{O,OEA}}|_{z=0}} = \frac{Q_{\mathrm{O}}(p_{\mathrm{i}}x_{\mathrm{O,NEA}}|_{z=0} - p_{\mathrm{o}}x_{\mathrm{O,OEA}}|_{z=0})}{Q_{\mathrm{N}}\left[p_{\mathrm{i}}x_{\mathrm{N,NEA}}|_{z=0} - p_{\mathrm{o}}x_{\mathrm{N,OEA}}|_{z=0}\right]} \tag{6.69}$$

通过联立式 (6.59)~式 (6.66) 组成的微分方程组以及式 (6.67)、式 (6.68) 所给出的入口条件，通过龙格–库塔法求解即可得出膜丝内外气体总摩尔流量以及各组分气体 (氧气与氮气) 沿 z 方向的变化规律。

3. 中空纤维膜性能试验与影响因素分析[19,20]

在机载环境中，由于膜的分离效率不仅与引气压力、温度，而且与飞行高度、环境温度、NEA 出口压力等众多因素相关，而这些因素又均随飞行状态变化而变化。例如，在飞行包线内，随着飞行高度、速度的变化，来自发动机的引气压力、温度将发生相应的变化，同时，惰化所需的 NEA 流量及浓度等也将随飞行状态变化而变化。也就是说，在实际飞行包线内，膜分离效率是随整个飞行过程变化而变化的动态参数，而要获取在实际飞行状态下膜的分离效率，除首先必须掌握影响膜分离效率的主要因素外，还必须掌握这些因素的作用机理及其相互关系。不幸的是：虽然理论上可以参考渗透机理来研究膜的分离性能与影响因素，并建立其分析模型，但由于实际的气体分离膜非理想现象极其严重，现行的理论模型及计算结果与实际情况差异较大，并不能为实践所采信，因此，最为可靠的方式仍然是采用试验手段来获取机载中空纤维膜的分离特性。

对一个既定的空气分离器而言，其输入参数包括：进口压力、膜工作温度、富氧出口压力 (飞行高度)、进口流量和富氮出口压力；空气分离器的输出参数包括：富氮气体氧浓度、富氧气体氧浓度、富氮气体流量、富氧气体流量和富氮侧压降。其中富氮气体的流量会受富氮出口压力的影响，而飞行高度和富氧侧出口压力一一对应。对于燃油箱惰化过程而言，主要关注 NEA 氧浓度和 NEA 流量这两个输出参数，富氧侧压降用于惰化系统的压力设计。在以上的参数中，一般选择独立的 6 个参数进行研究：进口压力、膜工作温度、飞行高度、进口流量、NEA 氧浓度、NEA 流量。进口流量的大小会随着进气压力的变化而改变，而 NEA 出口压力的大小稳定在一定范围内，这两个参数的变化同 NEA 的浓度以及制氮效率的相关性没有前 4 个参数大，而当这 6 个参数中的 4 个参数确定的时候，其他参数也确定了。为了便于研究，本书把影响参数定为膜工作温度、进口压力、飞行高度、NEA 流量这 4 个。

膜分离器性能试验系统结构如图 6.23 所示，其主要由大气环境模拟舱、机载制氮试验平台、中空纤维膜空气分离器及相关的测量和调节仪器仪表组成。其中，大气环境模拟舱利用真空泵来调节压力，模拟高空的低气压环境；用加热器或冷却器来调节温度模拟高空低温的大气环境。

输入膜装置的压缩空气气源是由压缩机储气罐、调压阀、孔板流量计、第一级冷却器、水分离器、过滤器、第二级冷却器、加热器等部件组成。供气流量由调节阀 F1 和 F2 控制，由孔板流量计测出每次试验所需的供气流量，气体经第一级冷却后，由水分离器分离出水，再经过主路过滤器 (AFF8B-06D)、油雾分离器 (AM350-06D) 和微雾分离器 (AMD350-06D) 三级过滤后才能进入被试膜装置。输入空气需要加温时打开调节阀 F3，需要冷却时打开调节阀 F4。开动真空泵后，可用调节阀 F5 调节舱内高度。环境温度由调节阀 F8、F9、F10 调节。加热时打开 F8，冷却时打开 F9 和 F10 经两级冷却后供给环境舱。膜装置输出产品氮气流量控制是经减压阀稳压后，通过流量调节阀 F7 实现的，输出流量由转子流量计测出。打开调节阀 F6 使少量输出产品气流过氧气分析仪以测量产品气中的含氧百分比。

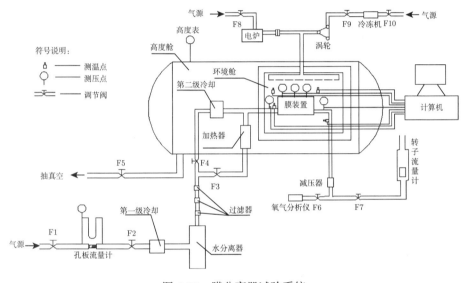

图 6.23　膜分离器试验系统

　　著者曾就中国科学院大连化学物理研究所研制的 NM-5010P 中空分离膜进行过相关性能试验，该膜的最大工作压力为 1.5MPa，试验结果如下所述。

　　1) 膜工作温度的影响

　　图 6.24 和图 6.25 是在不同进气压力和飞行高度下，改变膜组件的工作温度对制氮效率和 NEA 氧浓度的影响。图中左侧一列的 NEA 流量为 13kg/h，右侧的 NEA 流量为 23kg/h。

　　从图 6.24 中可见，在 25～45°C 范围内，随着温度升高，NEA 氧浓度降低，当 NEA 流量达到 23kg/h 后，氧浓度下降更加明显，因此提高膜组件的进气温度对提高 NEA 的纯度是有利的。从图中还可以发现，在其他条件相同的情况下，NEA 的流量越大，所制取的 NEA 纯度越低，这揭示了膜组件的一个特点，即同一组膜组件在其他条件不变时，NEA 流量变大，则富氮纯度会降低。

　　从图 6.25 中可以发现，即随着进气温度增加，制氮效率下降。结合图 6.24、图 6.25 还可以看出，NEA 的流量越大，制氮效率越高，富氮纯度越低。

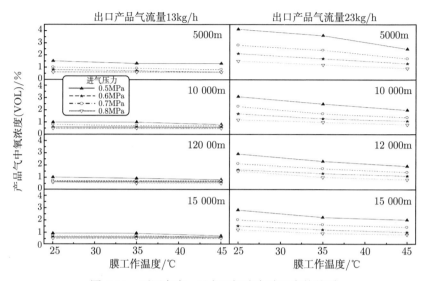

图 6.24　不同高度、压力下氧浓度随温度的关系

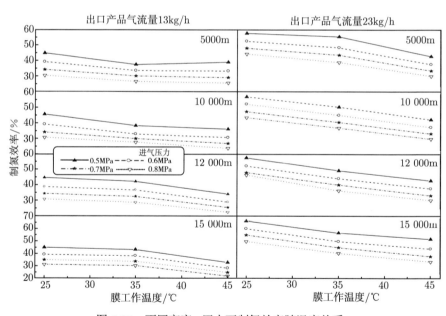

图 6.25　不同高度、压力下制氮效率随温度关系

此外，有试验表明随着进气温度从 20℃ 升高到 100℃，NEA 的氧浓度会出现最低点，如图 6.26 所示，其极值温度在 60~80℃，这一现象值得进一步研究。

2) 进气压力的影响

图 6.27、图 6.28 分别给出了不同温度、高度下氧浓度和制氮效率随进气压力

的关系。从图 6.27 中可见，随着进气压力的增加，NEA 的氧浓度下降，其原因也在于进气压力越大，膜壁两侧压差增大，从而增加了空气中的氮气对膜壁的渗透。从图 6.28 中可以发现随着进气压力的增加，NEA 氧浓度和制氮效率显著下降，其原因在于进气压力的增加使得膜壁两侧的压差增加，导致更多的氧气渗透到膜外侧，从而 NEA 的占比下降，NEA 的氧浓度下降。

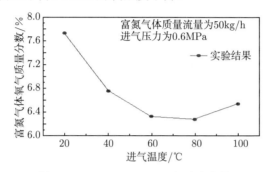

图 6.26 20~100℃ NEA 氧浓度变化

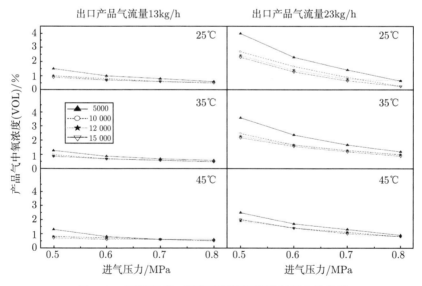

图 6.27 不同温度、高度下氧浓度随进气压力的关系

3) 飞行高度的影响

从图 6.29 中可见，随着飞行高度增加，NEA 的氧浓度下降，其原因在于飞行高度越高，则环境背压越低，膜壁两侧的压差越大，而空气中的氧气比氮气越容易通过膜壁渗透出去，但是由于环境压力随高度增加的降低越来越小，对膜壁两侧压差的贡献不断减小，因此对 NEA 氧浓度的影响也随高度的增加而减小。

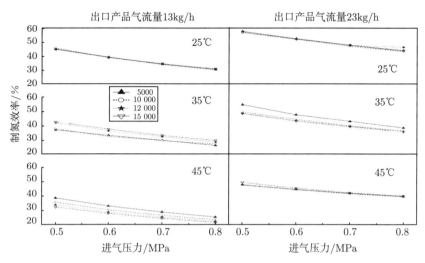

图 6.28　不同温度、高度下制氮效率随进气压力的关系

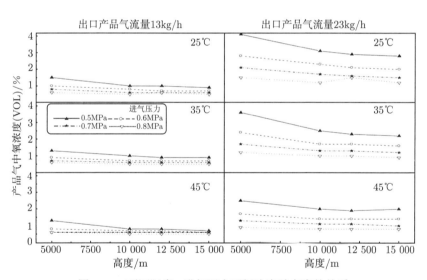

图 6.29　不同温度、进气压力下氧浓度随高度的关系

　　正是由于飞行高度对氧气穿越膜壁的影响较小，因此轻微的试验误差就容易造成制氮效率的大幅度变化，从图 6.30 中可见，虽然总体而言，飞行高度对制氮效率的影响也很小，但是不同的入口温度和 NEA 流量下，制氮效率的变化趋势不明显，有上升有下降，甚至出现交叉现象。

　　对比分析图 6.24—图 6.30 的试验数据，可以得出以下结论：

　　(1) 相比于膜工作温度、飞行高度，进气压力对 NEA 氧浓度和制氮效率影响最大。进气压力越高，所制取的 NEA 纯度也越高，但制氮效率会降低。

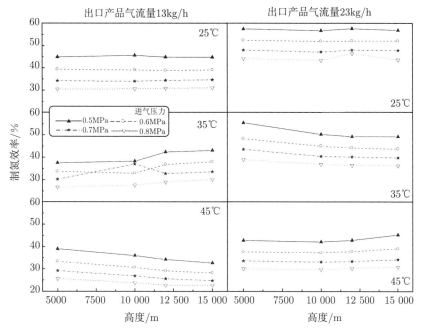

图 6.30 不同温度、压力下制氮效率随高度的关系

(2) 在 25~45℃ 范围内，温度的升高会导致 NEA 氧浓度和制氮效率同时下降。而在 20~100℃ 的范围内，NEA 氧浓度会随着温度的上升先下降，再升高，其极值温度在 60~80℃ 范围内。

(3) 飞行高度对膜分离性能影响较小，因此地面试验获得的空气分离器的性能具有较高的参考意义。

(4) 膜组件制取小流量的 NEA 时，其纯度较大而流量较低，制氮效率较低；膜组件制取大流量的 NEA 时，其纯度较小而流量较大，且制氮效率较高。因此，在飞行的不同阶段，结合对应的飞机燃油箱的压力变化情况，可以通过控制流量大小来达到最优的惰化效果。

6.3 燃油箱惰化系统性能计算分析

燃油箱惰化系统性能计算，如图 6.31 所示，就是将上述提到的燃油箱内氧浓度计算方法和空气分离器的性能数据结合起来，以飞行包线和引气的压力、温度为计算条件，计算得到燃油箱内氧浓度随时间变化的过程。

CCAR-25(R4) 的附录 N 中规定，如果燃油箱每个舱室内的总体平均氧气浓度在海平面到 3048m (10 000ft) 高度之间不超过 12%，3048m (10 000ft) 到 12 192m

(40 000ft) 高度之间该浓度值从 12% 线性增加至 14.5%，高于 12 192m (40 000ft) 线性外推，则该燃油箱被认为是惰性的。

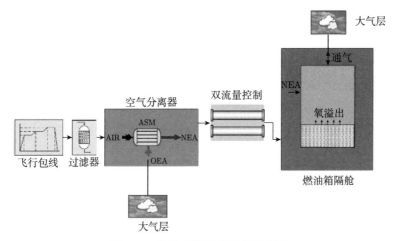

图 6.31　惰化系统性能计算示意图

在进行燃油箱惰化系统性能计算分析时，如果要求在单次航程内惰化系统能够将燃油箱内的氧浓度从 21% 降低到着陆之后的 12% 以下，会导致惰化系统设计流量过大。参考国内外众多机型的经验，一般在过夜温差导致的燃油箱呼吸作用下，8~12h 内被惰化的燃油箱内氧浓度会升高 0.5%~1%，具体的数值和燃油箱通气系统的设计关系密切。一种对惰化系统友好的通气系统，应该在能够保证燃油箱内外压差平衡的同时，尽量降低燃油箱内惰化气体的流失。

鉴于燃油箱的惰化状态可以在常规航线运营中持续保持的特性，在进行惰化系统性能计算时，一般将燃油箱的初始氧浓度设置为 12%，当飞机在 CCAR-25(R4) 附录 N25.4 中规定的航程结束后，各燃油箱内的氧浓度不能超过 11.5%~11%，这样加上过夜时燃油箱氧浓度的升高值 0.5%~1%，仍能够保证下次飞行前，燃油箱仍然处于惰化的状态，确保燃油箱在整个地面阶段的安全。

对于安装有 FRM 的飞机燃油箱，过夜温降应根据附录 N25.4 的规定，使用以下数据定义过夜温降：

(1) 过夜期起始温度，该温度等于前一次飞行的着陆温度，是一个基于高斯分布的随机数。

(2) 过夜温降值是一个基于高斯分布的随机数。

(3) 对于任何以过夜地面停放结束的航段 (每天一个，在每天平均航段数之外，取决于所评估特定机型的使用情况)，着陆外界大气温度 (OAT) 作为随机值从表 6.6 的高斯曲线中选取。

表 6.6 着陆外界大气温度 (OAT)

参数	着陆外界大气温度/℉
平均温度	58.68
负一个标准差	20.55
正一个标准差	13.21

(4) 外界大气温度 (OAT) 的过夜温降作为随机值从表 6.7 的高斯曲线中选取。

表 6.7 外界大气温度 (OAT) 过夜温降

参数	外界大气温度过夜温降/℉
平均温度	12.0
一个标准差	6.0

高斯分布又名正态分布,过夜温降值是一个基于高斯分布的随机数,为了便于计算分析,一般取过夜温差为 2 个标准差,这样可以覆盖超过 97% 的温差情况,如图 6.32 所示。燃油箱内的气体因为热胀冷缩的作用,同大气进行气体交换,造成惰化燃油箱内氧浓度的上升。

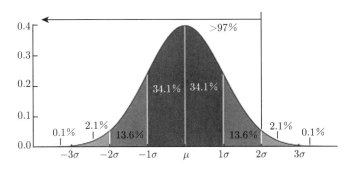

图 6.32 三个标准差的正态分布 (高斯分布)

典型的惰化系统性能计算曲线如图 6.33 所示,其中的点划线代表了燃油箱内的氧浓度。计算曲线从暖机后的 30min 开始,在飞机爬升前,燃油箱的氧浓度假定为 12%,空气分离器制取 NEA 的氧浓度约为 9%;在爬升阶段随着飞行高度不断提高,空气分离器制取的 NEA 氧浓度不断降低,当到达 31 000ft 时,NEA 氧浓度降低到 4% 左右,燃油箱的氧浓度随着惰化系统工作持续降低;在巡航阶段,NEA 的氧浓度保持不变,一直维持到下降前,燃油箱的氧浓度持续降低,不断逼近 NEA 的氧浓度数值;在下降阶段,随着飞机的飞行高度迅速降低,燃油箱外的大气压力迅速升高,燃油箱内外压差驱使大量空气从燃油箱通气口进入燃油箱内部,导致燃油箱内氧浓度的迅速上升。与此同时,由于环境气压的升高,NEA 的氧浓度随着飞行高度的降低而增加，甚至部分工况超过 12%。燃油箱内的氧浓度从巡航末期的最低值不断上升，一直到飞机进近阶段，燃油箱内的氧浓度才重新恢复下降的趋势，并维持到飞机降落。

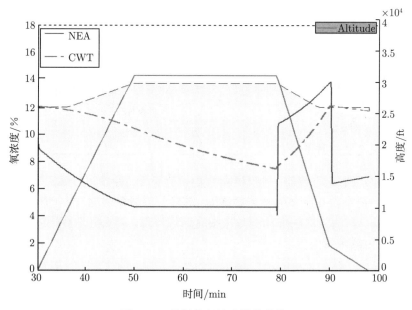

图 6.33　单隔舱氧浓度计算曲线

图 6.33 中的虚线表示燃油箱内氧浓度的可燃性下限，通常在飞机的下降阶段，可允许燃油箱内的氧浓度短时间内超过可燃性限制，因为此时的燃油箱经过巡航阶段的降温后，燃油的温度会低于其燃油闪点，燃油箱即使不处于惰化状态，仍然处于不可燃的状态。

针对下降阶段空气的进入会导致燃油箱氧浓度急剧升高的现象和空气分离器的工作特点，工程技术人员提出双流量控制的概念，即在下降阶段通过增加 NEA 的流量来降低外界空气的进入量，虽然增加 NEA 的流量会导致 NEA 氧浓度的提高，但是 NEA 的流量的增加会减少进入燃油箱的外界空气量，从而降低氧浓度的升高，这种方法被实际飞行测试证明是实用而有效的。

6.4　燃油箱惰化系统安全性与可靠性分析

6.4.1　安全性分析

燃油箱惰化系统将空气分离制取出 NEA，并将其通入燃油箱内，通过降低燃油箱上部空间的氧浓度以降低燃油箱的可燃性，从而达到保护燃油箱和飞机安全的目的。然而如果惰化系统设计不当,会给飞机和燃油箱带来额外的危险,比如:高温高压的发动机引气可能在意外情况下被通入燃油箱内,引起燃油的自燃,进而引发燃油箱的爆炸。

机载系统安全性分析一般根据 SAE ARP 4761《民用飞机机载系统和设备安全性评估过程指南和方法》开展, 作为一种简明的安全性评估历程如图 6.34 所示。系统的安全性评估方法主要包括功能危害性分析 FHA(function hazard analysis)、初步系统安全性评估 PSSA (primary system safety assessment)、系统安全性评估 SSA (system safety assessment) 和共因分析 CCA (common cause analysis) 等。

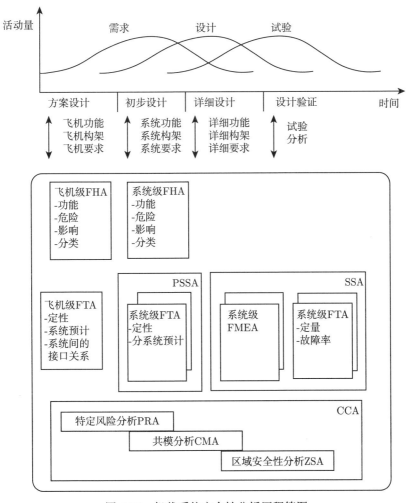

图 6.34　机载系统安全性分析历程简图

为满足系统安全的独立性要求, 共因分析 CCA 是指对由于同一个原因导致的失效进行分析，提供用以验证独立性或确定具体相关性的方法，以排除会导致灾难性失效的共因事件。共因分析可分解为如下三个部分。

1. 特定风险分析 PRA (particular risk analysis)

民用飞机所包含的特定风险项目见表 6.8。

表 6.8　民用飞机特定风险项目

序号	类型	特定风险项目名称
1	含高能转子的装置	发动机非包容转子爆破
2		APU 非包容转子爆破
3		RAT 转子爆破
4	具有高能量释放潜能的设备	氧气瓶
5		轮胎爆破，轮缘松脱
6		蓄压器爆破
7		任意摆动的轴杆
8	外来物	鸟撞
9	管路泄漏	液体泄漏：燃油、液压油、水、废水等
10		引气管路泄漏破坏
11	压力变化	快速释压
12		后压力框破裂
13	极端气象	冰、雪
14		火山灰
15	安保	系统存活性
16		数据安全
17	其他风险项	火灾
18		E3：闪电、高强度电磁辐射、电磁干扰
19		起落架未放下着陆
20		发动机持续不平衡
21		货物漂移
22		擦尾

2. 共模分析 CMA (common mode analysis)

对设计实施、生产、维修错误、系统部件失效等导致冗余设计失效的影响应进行共模分析，以确认其独立性是否有效。

3. 区域安全性分析 ZSA (zonal safety analysis)

区域安全性分析针对飞机的每个区域进行，该分析的目的是确保系统和结构的安装满足关于基本安装、系统间干扰或维修差错的安全性要求。

这些分析可在设计过程的任何阶段进行，但是由于对于系统构架和安装存在的潜在影响，在设计过程的早期就开始进行分析是最经济的。特定风险分析评估是由系统和项目外部事件或影响所定义的风险，这些事件或影响可能违背失效独立性声明。除了按照适航规章要求进行分析的特定风险外，其他由飞机或系统已知外部威胁而导致的特定风险也需进行分析。这些特定风险可能同时影响几个区域，而区域安全性分析仅限于每个特定区域。共模分析用于验证故障树 (fault tree analysis, FTA) 中 "与门" 事件的独立性，对设计实施、生产、维修错误、系统部件失效等导致冗余设计失效的影响应进行分析。一般来讲，共模分析用于验证部件安全的独立性是否可信。

在飞机的方案设计阶段，应根据飞机的功能完成飞机级功能危险性分析，其目的在于检查飞机级系统的功能，以确定潜在的功能失效，并根据具体的失效状态对功能危险进行分类，FHA 应在飞机系统设计的早期开展，并随着新功能或失效状态的更新而更新，对功能危险进行分类的标准如表 6.9 所示，分为五类。

表 6.9 功能失效状态各等级的影响及概率要求

影响等级	无安全影响	较小的	较大的	危险的	灾难性的
对飞机影响	对飞机运行能力和安全性没有影响	轻微降低飞机运行能力或安全裕度	较大降低飞机运行能力或安全裕度	极大降低飞机运行能力或安全裕度	妨碍飞机持续安全飞行或着陆
失效状态分类	V 类	IV 类	III 类	II 类	I 类
对飞行机组影响	没有影响	机组使用正常程序，轻微增加工作负荷	机组使用非正常程序，身体不舒适且较大地增加工作负荷	机组使用应急程序，并处于危险状态，工作负荷极大增加，完成任务的能力极大降低	致命的或丧失能力
对乘客和客舱机舱的影响	不方便	身体不舒适	身体极度不适，可能受伤	少部分乘客或客舱机组严重受伤或死亡	较多乘客或客舱机组死亡
定性概率要求	经常	不经常	微小	极微小	极不可能
定量概率要求/h^{-1}	无	10^{-3}	10^{-5}	10^{-7}	10^{-9}

在飞机的初步设计阶段，应完成惰化系统的功能危险性分析，同时还应开展系统的初步安全性评估，初步安全性评估是对所提出的构架进行系统性检查，以确定失效如何导致 FHA 中所确定的失效状态。初步安全性评估的目的是完善系统或项目的安全性需求，并确认所提出的构架能够合理地满足安全性需求。初步安全性评估过程中需对 I 类和 II 失效进行相应的故障树分析，将失效概率分配到组件和部件，并确定设备的研制保障等级等。对于一般的燃油箱惰化系统而言，应对 "高温气体进入燃油箱"、"燃油从惰化系统管路倒流进入系统高温部分" 这两种具有严重危害的失效进行故障树分析。典型的高温气体进入燃油箱的故障树分析如图 6.35 所示，应保证超过 204℃ (400 ℉) 的高温气体进入燃油箱的概率 $< 10^{-9} h^{-1}$。如果在

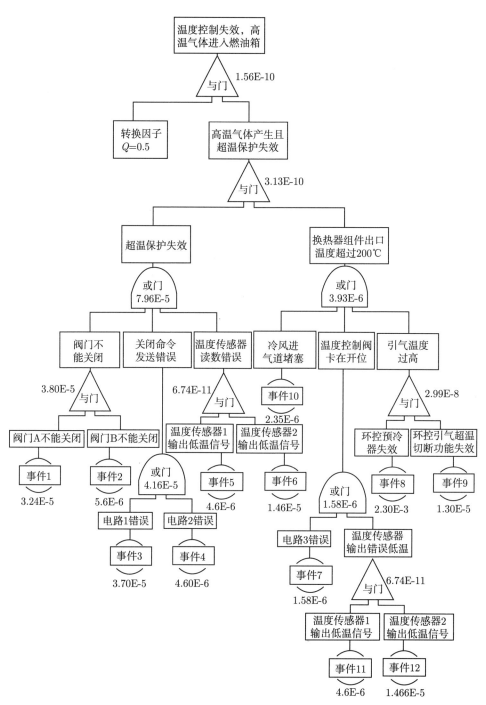

图 6.35　典型高温气体进入燃油箱故障树分析

飞机的初步设计阶段无法提供定量的失效概率,可以先开展定性分析,在详细设计阶段补充完善相应的定量分析。

6.4.2 可靠性分析

飞机的可靠性和维修性参数集中反映了对经济和航班正点率的要求。系统的可靠性和维修性参数应满足飞机级的要求,常用的参数见表 6.10,下文将对主要参数进行解释。

表 6.10 可靠性和维修性参数

参数类型	参数名称
综合	签派可靠度 (DR)
	日利用率 (Utilization)
可靠性	平均故障间隔时间 (MFHBF)
	重要事件率 (SIR)
	发动机空中停车率 (IFSR)
	设备平均非计划拆卸间隔时间 (MTBUR)
维修性	每飞行小时直接维修工时 (DMMH/FH)
	每飞行小时直接维修成本 (DMC)
	短停时间 (TRT)
	故障检测率 (FDR)
	虚警率 (FAR)
	维修间隔期 (TBM)
	结构检查间隔期
	发动机更换时间 (ERT)

1. 签派可靠度

签派可靠度 (dispatch reliability,DR) 是指没有延误 (技术原因) 或撤销航班 (技术原因) 而运营离站的百分数。技术性延误是指由于机载设备和部件工作异常而进行检查和必要的修理使飞机最后离站的时间延迟。在下述任一种情况中,若超过预定离站时间一段时间 (通常为 15min) 时,则认为发生了技术性延误。签派可靠度 R_d 是用来描述飞机准时离站的指标,通常用式 (6.70) 表示:

$$R_d = 1 - \frac{技术性延误和取消航次数}{营运总离站次数} \tag{6.70}$$

签派可靠度是民机使用最为广泛的参数指标。该指标与飞机的固有可靠性、运营环境和航空公司的维修保障水平 (包括技术能力和维修资源情况) 都有关系。通常情况下,飞机的可靠性好,故障率低,签派可靠度就高;航空公司人员培训好,用于排故和维修的资料齐全且方便,维修工作花费时间就短,飞机的签派可靠度也就高。从含义上看，该指标类似于军机的战备完好性指标。对于燃油箱惰化系统而言，签派可靠度一般应达到 99.5% 以上。

根据目前的航空公司运营经验，可以在惰化系统故障不工作的情况下安全地派遣飞机，一般的安全期限定为 10 天或 60 飞行小时，以先到为准。具体的故障安全性派遣时间应根据可燃性分析结果确定。

2. 飞机日利用率

飞机日利用率表示特定机队中一架飞机平均每日的飞行小时数，利用率也是一个综合性的参数，它与飞机的可靠性及维修性、地面维修、产品支援、航空公司的航班安排和管理等因素有关。但该参数一般不直接用于飞机设计，仅作为航空公司的一个与经济性相关的统计指标，但可作为指标的约束条件提出。

按照国际民航组织的统计规定，飞机利用率计算用的飞行小时为轮挡小时 (从飞机在停机坪取下轮挡、准备滑行算起，到飞机着陆后加上轮挡时为止的持续时间)；日指的是飞机一年中总的使用日数，包括维护及大修所占的日数，但不包括重大事故或大的改装而使飞机不能使用的日数。日利用率高的机型会给航空公司带来更大的利润空间。影响日利用率的根本因素是飞机的可靠性、维修性、航线结构和产品支援水平。虽然利用率反映了航空公司的管理水平，但该参数也能间接地说明飞机具备的可靠性水平。

签派可靠度和日利用率是最重要的可靠性和维修性的综合性指标，主要机型的相关数据见表 6.11。

表 6.11　主要竞争机型的签派可靠度、日利用率汇总表

机型	签派可靠度/%	日利用率/(h/d)
B737	99.3	8.6
A320	99.79	8.2
B747	99.38	10.0

3. 平均故障间隔时间 (MFHBF)

MFHBF 是可修复产品使用可靠性的一种基本参数，其度量方法为：在规定时间内，产品积累的总飞行小时与同一期间内的故障总数之比。

$$\mathrm{MFHBF} = \frac{\text{产品飞行小时数}}{\text{总故障数}} \tag{6.71}$$

$$\mathrm{MFHBF} = \frac{1}{\lambda_\mathrm{S}} \tag{6.72}$$

$$\lambda_\mathrm{S} = \sum_{i=1}^{n} n_i \lambda_i = \sum_{i=1}^{n} n_i \frac{1}{\mathrm{MFHBF}_i} = \frac{1}{\lambda_\mathrm{S}} \tag{6.73}$$

民用飞机通常采用 MFHBF 作为主要的整机使用可靠性参数，其参数值影响飞机的日利用率、签派可靠度、航班可靠度以及维修费用和保障资源费用，它受到飞机在飞行起落内所有发生的故障数量的影响，是一个涉及飞机设计、制造、使用、维护、检测、管理等方面的总体情况的量值。在研制阶段通常需要依靠提高设计、制造的技术水平，以及提高民机各系统和设备的故障预测和控制水平来提高整机的 MFHBF，进而为提高飞机的整体市场竞争力打下良好的基础。燃油箱惰化系统的 MFHBF 一般要大于 4000 飞行小时。

4. 航线平均故障修复时间 (MTTR)

平均故障修复时间 (MTTR) 是飞机维修性的一种基本参数。其度量方法为：在规定的条件下和规定的时间内，修复性维修总时间与被修复的故障总数之比。航线 MTTR 仅包含在航线上进行修理的工作。平均修复时间的长短，直接影响到飞机的签派可靠度、维修费用和飞机的日利用率。因此，它从根本上影响着用户的盈利空间。燃油箱惰化系统的 MTTR 一般在 30min 左右。

5. 短停时间

航空公司在给出短停时间时，综合考虑了飞机的维修、勤务、飞机加油、客舱清洁、配餐、货物/行李装卸、旅客下客/登机等工作时间以及经停机场的保障能力。表 6.12 是统计的几种机型短停时间的情况，从中可以看出：短停时间处于 20～25min 之间不等。过站时间，含飞机上下客时间和过站检查时间，短停时间的长短直接影响到飞机的日利用率和用户的盈利。

表 6.12　不同飞机的短停时间

机型	TRT/min	维护人数	过站时间/min
B737	20～25	1	40～50
A320	约 20	1	约 50
B747	20～25	1	约 50

参 考 文 献

[1] 刘卫华, 冯诗愚. 飞机燃油箱惰化技术 [M]. 北京: 科学出版社, 2017.

[2] 魏树壮. XX 型飞机燃油箱惰化系统设计与仿真研究 [D]. 南京: 南京航空航天大学, 2014.

[3] 汪明明. 飞机燃油箱气相空间氧浓度控制技术的理论研究 [D]. 南京: 南京航空航天大学, 2010.

[4] 冯晨曦. 民机油箱气相空间氧浓度控制技术研究 [D]. 南京: 南京航空航天大学, 2012.

[5] Manatt S A. Design, fabrication, and testing of a full-scale breadboard nitrogen generator for fuel tank inerting application[R]. FAA-RD-77-147. U S department of trans-

portation federal aviation administration. 1977.

[6]　鹿世化. 油箱惰化空间浓度场模拟和气流优化的理论与实验研究 [D]. 南京: 南京航空航天大学, 2012.

[7]　吕明文. 民机燃油箱惰化系统数值仿真技术研究 [D]. 南京: 南京航空航天大学, 2013.

[8]　钟发扬. 飞机燃油箱上部空间氧浓度场变化规律研究 [D]. 南京: 南京航空航天大学, 2015.

[9]　高秀峰, 刘卫华, 熊斌, 等. 飞机燃油箱冲洗惰化过程的理论研究 [J]. 西安交通大学学报, 2010, 44(9): 16-20, 114.

[10]　Burns M, Cavage W M. Inerting of a Vented Aircraft Fuel Tank Test Article With Nitrogen-Enriched Air[R]. DOT/FAA/AR-01/6, 2001.

[11]　Cavage W M. Modeling Inert Gas Distribution in Commercial Transport Aircraft Fuel Tanks// 22nd AIAA Aerodynamic Measurement Technology and Ground Testing Conference, 2002.

[12]　Cavage W M. Modeling of In-Flight Fuel Tank Inerting for FAA OBIGGS Research// 4th Triannual Fire and Cabin Safety Research Conference, 2004.

[13]　Michael B, William M C, Richard H, et al. Flight-testing of the FAA Onboard Inert Gas Generation System on an Airbus A320[R]. DOT/FAA/AR-03/58, June, 2004.

[14]　Cavage W M. Modeling In-Flight Inert Gas Distribution in a 747 Center Wing Fuel Tank// 35th AIAA Fluid Dynamics Conference and Exhibit, Fluid Dynamics and Co-location Conference, 2004.

[15]　薛勇, 冯诗愚, 王澍, 等. 一种描述燃油与气体组分传质的频率传质模型 [J]. 航空动力学报, 2013, 28(12): 2709-2716.

[16]　薛勇. 机载中空纤维膜分离性能及民机燃油箱冲洗惰化研究 [D]. 南京: 南京航空航天大学, 2010.

[17]　卢吉. 机载空分装置及惰化系统的理论研究 [D]. 南京: 南京航空航天大学, 2012.

[18]　冯诗愚, 卢吉, 刘卫华, 等. 机载制氮系统中空纤维膜分离特性 [J]. 航空动力学报, 2012, 27(6): 1332-1339.

[19]　Reynolds T L, Eklund T I, Haack G A. Onboard inert gas generation system/onboard oxygen gas generation system(OBIGGS/OBOGGS) study part Ⅱ: Gas separation technolog-State of the art[R]. NASA/ CR-2001-210950-PT2, 2001.

[20]　Reynolds T L, Baileyetal. Onboard inert gas generation system/onboard oxygen gas generation system(OBIGGS/OBOGGS)study part1: Aircraft system requirement[R]. NASA/ CR-2001-210903 PT1, 2001.

第7章　降低燃油箱可燃性技术措施发展趋势与可行性研究

2008 年 9 月 19 日，FAA 颁布了 25-125 修正案，与 25-102 修正案不同，25-125 修正案是将降低运输类飞机燃油箱可燃性作为其修订重点。它不仅强调了从设计和维护两个方面来保障对点火源的控制要求；而且从设计和维护两个方面提出了对燃油箱可燃性暴露时间的控制要求。

在适航规章牵引下，民用运输类飞机降低燃油箱可燃性技术措施的应用获得了长足进步，新理念与技术措施的不断涌现，使得该领域成为燃油箱防爆技术中最为活跃的部分，为了系统地总结近年来在降低燃油箱可燃性技术措施中提出的新理念，指明其发展趋势，本章将从飞机燃油箱燃爆抑制技术途径、降低燃油箱可燃性技术措施应用现状与发展趋势、降低燃油箱可燃性技术措施实施要点与适航审定方法等方面来对该问题进行论述。

7.1　飞机燃油箱燃爆抑制技术途径分析

燃烧与爆炸是指可燃物质与氧气发生激烈的氧化反应，反应中伴随着放热和发光效应。具体而言，形成燃烧、爆炸必须具备三个条件，一是要有足够的氧化剂 (氧气)；二是要有足够的可燃物质；三是要有一定能量的点火源。按照燃烧反应过程的控制因素，燃烧分为扩散燃烧和动力燃烧，飞机燃油箱内的燃烧实质上是燃油箱内燃油蒸气与空气的预混气燃烧，它属于动力燃烧范畴。

图 7.1 所示为飞机燃油箱内可燃蒸气形成与燃烧、爆炸过程。由图可见，要抑制飞机燃油系统的燃烧与爆炸，提高飞机的安全性，无疑可以从限制点火源、氧气浓度、可燃蒸气浓度和减轻燃油蒸气点燃影响 (IMM) 等方面着手。

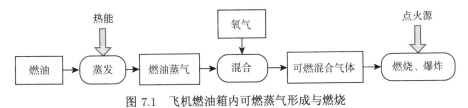

图 7.1　飞机燃油箱内可燃蒸气形成与燃烧

7.1.1　限制点火源产生

依据飞机事故调查结果，对燃油系统因故障而产生的点火源，按照其方式不同，可分为四类。

1. 电火花和电弧

电火花和电弧来源于飞机内部向燃油箱引进能量的电子和电气系统 (如油量指示系统 (fuel quantity indication system，FQIS)) 由于线路故障所引起的放电现象；此外，还有由环境条件所产生的瞬间电流 (如雷击、流星撞击) 等引起的放电现象。试验测得电火花点燃碳氢燃油蒸气的最小点火能为 200mJ，因此要防止由于电火花和电弧所产生的点火源，必须将在燃油箱内产生电火花和电弧的能量限制在 200mJ 之内。例如，在 AC 25.981-1C 中规定了应考虑潜在点火源的范围，强调了应采取有效避免由闪电、静电、热源、摩擦造成的点火源，并将系统正常运行时进入燃油箱电能限制在 50mJ 之内，发生故障时则不超过 200mJ。

静电火花和电弧也可归入此类。当流质的碳氢化合物和其他物体表面产生相对运动时会产生静电荷，这些物体包括加油管、滤清器、喷嘴、燃油箱结构和飞机管道等。SAE AIR 1662 中推荐燃油流动时 $V \times D < 0.5\text{m}^2/\text{s}$，AC 25.981-1C 指出在加油出口被燃油覆盖后可接受的流速应该在 $6\sim7\text{m/s}$，指导也指出在加油出口被燃油覆盖之前流速不应超过 1m/s。如果无法实现双流速的加油系统，可采用多加油出口和笛形管的方法将加油速度限制在低于 1m/s，来满足这个要求。

2. 电器元件发热

试验表明：当大约 100mA 均方根 RMS(root-mean-square) 电流存在于导线截面时，将点燃燃油蒸气。因此对于燃油箱内电气或电子系统 (例如 FQIS)，需要对其进入燃油箱的电流加以限定。在 AC 25.981-1C 中规定：对于细丝加热类点火源，如燃油量测量系统，电流限制值已由以前最大的 30mA RMS 更改为：正常状态下限制在 25 mA RMS 以内，失效情况限制在 50mA RMS 以内，闪电时引起的瞬间峰值电流限制在 125mA 以内。

3. 摩擦火花

燃油系统维修历史表明：泵入口单向阀、导流片、螺母、螺栓、铆钉、紧固件、保险丝、滚销、开口销、钻、磨屑和元件碎屑等，曾进入油泵并接触到叶轮，有可能导致金属沉淀物附着在油泵转动和静止的部件上。这种状态下会导致摩擦火花的产生，在油液环境中产生极大的点燃风险。

4. 高温热表面

由于故障原因，将可能导致燃油箱壁面温度高达 400 ℉ 以上，并达到燃油蒸气的自燃点, 引起燃油箱的燃爆事故。

事实上, 点火源是飞机设计与制造者竭力避免, 但难以根除的问题。人们不仅需要防范潜在的点火源, 而且要限制点火能量。有关这方面, 人们已经开展了大量的研究工作, 但大量的飞行实践表明, 仅仅采用点火源防范尚不能根绝燃油箱燃爆事故的发生, 为此还必须采用降低燃油箱可燃性 (FRM) 等技术措施。

考虑到点火源限制问题是一个涉及面较广的话题, 它已经超出本书论述范围, 因此不再进行深入的讨论。

7.1.2 限制氧气浓度 —— 燃油箱惰化技术

作为支持燃烧、爆炸的助燃剂, 燃油箱内空余空间的氧气来源有如下两种途径。

1. 环境大气

飞机燃油箱通过通气系统同外界保持联系, 并在整个飞行任务中, 完成对燃油箱的增压和平衡。例如, 随着燃油的消耗, 气相空间体积增大, 会导致外界环境空气源源不断地进入燃油箱; 另外在飞机俯冲下降阶段, 外界环境压力急剧升高, 也会有大量空气灌入燃油箱, 这些都会使得已惰化的燃油箱空余空间氧气浓度增大。

2. 燃油中溶解氧的逸出

在飞机加油过程中, 会有大量的氧气溶解在液态燃油中并随之进入燃油箱, 在飞机爬升过程中, 燃油箱内的压力会随大气压力的降低而降低, 此时溶解在燃油中的气体将按气体溶解度比例从燃油中析出, 使得气相空间中氧气浓度迅速提高。

从 20 世纪 50 年代开始, 美国军方就对燃油箱惰化技术开展了大量的理论与试验研究, 并先后出现了液氮/气氮、Halon1301、催化惰化、机载分子筛制氮惰化、机载空气分离膜制氮惰化等不同类型限制燃油箱空余空间氧浓度的技术措施, 其中某些技术措施还成功地应用于不同机型中。

从 20 世纪 80 年代开始, FAA 也针对燃油箱内不支持燃烧的最大氧浓度界限及技术措施进行了研究; 当不满足燃油箱可燃性适航条款指标要求时, FAA 还推荐采用机载空气分离装置来降低燃油箱可燃性的暴露时间。

总之, 限制燃油箱空余空间的氧浓度以实现燃油箱 "惰化" 是目前军机和民用运输类飞机为降低燃油箱可燃性所采取的行之有效的技术措施, 该技术措施有着不同的具体实施方法, 某些方法已成功应用于现代飞机, 另一些方法则尚在深入的论证和完善之中, 对于这些方法的工作原理和技术可行性分析, 将是后续章节重点介绍的内容。

7.1.3　限制燃油蒸气浓度 —— 使之落入可燃界限区域之外

飞机燃油箱中装载有大量的航空燃油，且航空燃油是由多种碳氢化合物组成的混合物，在一定的压力、温度下，燃油挥发后形成蒸气弥散在燃油箱的空余空间。燃油的挥发速度与其温度和压力水平直接相关，在飞机飞行中，机翼燃油箱与外界气流发生显著的热交换，燃油得到良好的冷却，其油温相对较低，燃油蒸气浓度也较低；而中央翼燃油箱处于飞机腹部，不仅散热效果差，而且还有周围环境对它的传热，使得其燃油温度明显偏高，蒸气浓度亦偏高；另外飞机燃油箱通过通气系统同外界大气相连，燃油箱内压力会随环境压力的变化而变化，且飞机在地面滑行、爬升及空中巡航阶段，飞机燃油箱始终处于振动和摇晃之中，这也会加剧燃油的挥发。

正是由于不同的燃油温度、不同的燃油箱气压和晃动程度会使得燃油箱空余空间燃油蒸气浓度有所不同，为此，人们对于限制燃油蒸气浓度的研究重点放在不支持燃烧的燃油蒸气浓度界限 (燃烧上限、燃烧下限)、影响因素和实现手段上。

燃油箱内油气是必然存在的，虽然人们曾考虑过采用燃油箱上部空间空气吹袭方式来降低燃油蒸气浓度，由于涉及环保要求，该方式并没有得到应用和推广，但该思路还是得到了延续，目前国外亦有相关专利申请，期望通过冷却、吸附等技术手段来降低燃油蒸气浓度。

无疑，降低燃油温度可有效降低燃油蒸气浓度，避免燃爆事故的发生，为此，FAA 在其颁布的 25-102 号修正案中就明确提出："要求在燃油箱安装设计时必须将燃油箱内可燃蒸气的发展降至最低；或采用缓解燃油箱内燃油蒸气点燃效果的技术措施来降低点燃影响"，它要求不加热燃油箱并且努力使得各类燃油箱具有与被评估的运输类飞机机翼燃油箱相当的冷却速率 (可以采用冷却、通风等技术措施)，通过降低燃油温度来降低燃油箱可燃性；或者对位于中央翼、水平安定面和货舱内燃油箱进行惰化处理。

虽然通过对燃油蒸气主动冷却来降低燃油箱可燃性措施 (FRM) 尚未有机型的应用报道，但对该技术措施已有较为深入的研究和相关技术专利报道，为此，著者亦将系统地总结该技术措施发展趋势作为后续章节重点介绍的内容之一。

7.1.4　减轻燃油蒸气点燃影响措施 (IMM)

严格来说，减轻燃油蒸气点燃影响措施 (IMM) 并不能防止燃油箱燃烧现象的发生，它不属于降低燃油箱可燃性 (FRM) 的技术范畴，而属于燃油箱防爆技术范畴，其主要功能是使得燃油蒸气点燃所造成的损伤不会妨碍飞机继续安全飞行和着陆。

由于降低燃油箱可燃性的功用就是防止燃烧与爆炸，保障飞机的安全飞行和着陆，这与减轻燃油蒸气点燃影响措施目的是一致的，为了更全面系统地总结燃油箱防火抑爆技术发展趋势, 在本章中亦对该技术的发展与应用情况给予了简介。

7.2 降低燃油箱可燃性技术措施应用现状与发展趋势分析

如上所述, 降低燃油箱可燃性的技术途径可分为控制 "氧浓度" 和控制 "燃油蒸气浓度" 两个方面, 为此, 本节将从这两个方面来对降低燃油箱可燃性技术措施 (FRM) 的应用现状与发展趋势进行系统地总结与分析。

作为对降低燃油箱燃爆事故所造成危害的另一类技术方式 —— 减轻燃油蒸气点燃影响措施 (IMM), 其主要目标是使得燃油蒸气点燃所造成的损伤不会妨碍飞机继续安全飞行和着陆, 虽然该技术不属于降低燃油箱可燃性范畴, 但其功用与可燃性降低是一致的, 都是燃油箱防爆抑爆技术措施, 为此, 亦在本节对其发展趋势与应用现状给予了介绍。

7.2.1 "氧浓度" 控制技术

"氧浓度" 控制技术又称为燃油箱 "惰化" 技术, 按燃油箱空余空间氧浓度控制方式、工作原理的不同, 它可细分为稀释、消耗和吸附三种方式。

1. 通过稀释方式来控制 "氧浓度"

所谓的稀释方式控制 "氧浓度" 就是燃油箱惰化, 它是将惰性气体不断通入燃油箱 (具体通入方式有燃油洗涤和上部空间冲洗两种), 并与燃油箱空余空间气体充分混合后再由通气管路排入外界环境, 以达到逐步降低燃油箱 "氧浓度" 的目的。

依据稀释气体 (惰性气体) 的来源不同, 通过稀释方式来控制燃油箱空余空间氧浓度的技术又可分为机载瓶装气体惰化技术、机载制氮燃油箱惰化技术和燃油箱地面惰化技术。

1) 机载瓶装气体惰化技术 [1]

常用机载瓶装的惰性气体有液氮、气氮和 Halon1301 等, 它应用于早期的军用飞机, 其特点是可以满足军用飞机瞬时大流量惰化的技术要求, 但由于气体携带总量有限, 持续惰化时间较短, 且对地勤保障系统要求高, 目前已逐步被淘汰。

(a) 气氮、液氮惰化技术

传统的气氮、液氮惰化技术是在每次飞行前通过向飞机上的气氮、液氮储存罐充氮 (气氮、液氮储存在机上的绝热罐内, 在每次飞行后都必须重新加满), 当飞机燃油箱需要惰化时, 由飞行员打开气氮、液氮开关 (液氮瓶内具有一定压力的液氮通过温控器转换成氮气), 氮气由管路不断充填到燃油箱内, 以保持燃油箱气相无油空间氧气浓度低于 9%, 从而达到燃油箱惰化的目的。

气氮惰化系统出现在 20 世纪 50 年代末和 60 年代初，F-86 和 F-100 飞机演示了气态氮惰化系统为这些飞机的燃油箱提供部分时间的惰化。F-86 所用系统的质量为 52.6kg，仅提供 9min 的燃油箱惰化使用时间；经过重大改进后的 F-100 所用系统为 19kg，惰化时间为 35min，但这些系统均未投入作战使用。

液氮惰化系统在 20 世纪 60 年代后期出现在 SR-71"黑鸟"、XB-70"北欧女神"(在项目的原型机阶段即被取消) 和 C-5A"银河" 超大型运输机上。在 SR-71 飞机上对燃油箱惰化的主要需求是防止燃油自燃，因其以大马赫数飞行时，燃油温度可能达到 200℉ 以上。

对液氮惰化方法的主要挑战在于遥远战区的后勤支援措施。对于 C-5A"银河"，这个问题还是可以接受的，因为该飞机仅在全世界少数几个大型基地上使用。

虽然气氮、液氮惰化技术可以满足飞机燃油箱对惰性气体瞬时大流量的要求，但其质量较大，并且需要一套复杂的后勤保障系统，成本高，效率低，因此并不适合大多数军机应用。

(b) 哈龙 1301(Halon1301) 惰化技术

20 世纪 70 年代初期，美国军方研制成功了一种使用哈龙 1301 的惰化系统方法并经过验证，后来用于 F-16"战隼" 飞机。

哈龙 1301 是一种低沸点 (其沸点为 −57.75℃) 并具有较好热稳定性和化学惰性的物质，通常被压缩成液态储存在飞机上，当燃油箱需要惰化时，控制系统将打开惰化气体流量控制器，大量的哈龙 1301 气体流向飞机燃油箱，以保证飞机燃油箱在整个任务过程中始终处于安全状态。

由哈龙 1301 系统提供的防护效果随哈龙气体浓度而变化。例如，9% 哈龙气体浓度 (按体积计)，将提供对 50mm 口径的穿甲燃烧弹 (armor-piercing incendiary，API) 的防护；而需要用 20% 的浓度来防护 23mm 口径高能燃烧弹 (high-energy incendiary，HEI) 弹头造成的更大的威胁。

由于重量和空间的限制，哈龙 1301 惰化系统仅可使用相对较短的时间，因此，驾驶员必须在进入敌方空域之前，选择使用该惰化系统。图 7.2 给出 F-16 哈龙惰化系统原理图。驾驶员一旦做出抉择，无油空间压力从大约 38kPa(表压) 减少到 13.8kPa(表压)，空气排出机外，此时哈龙释放到所有燃油箱，历时 20s，达到立即惰化的状态。从这一点起，由哈龙比例控制阀与来自通气系统的进入空气按照固定的比例混合，随着飞行高度的增加，在燃油箱内保持一个恒定的哈龙水平，在上升过程中，为了维持所要求的无油空间压力，通气系统使无油空间内的哈龙/空气混合物排出机外。为补偿燃油对哈龙的吸收和燃油消耗，通过一个固定不动的限流孔，连续地向无油空间释放哈龙。由于哈龙气体随燃油消耗以及随飞机机动飞行而不断消耗，因此，完全惰化的飞行时间长短受到所携带的液体哈龙数量的限制。

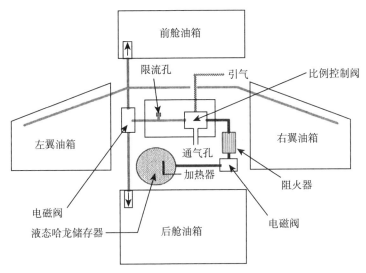

图 7.2　F-16 飞机哈龙 1301 惰化系统原理图

　　F-16"战隼" 是采用该方式惰化燃油箱的第一架飞机,后来这一系统的衍生型还曾安装在 F-117"夜鹰" 上。

　　为了完善该技术,美国军方还研制了一种精密气体传感器,它可与燃油数字综合管理技术相结合,使哈龙 1301 气体能按精确需要供给燃油箱,节省了哈龙 1301 气体的消耗,在同等性能条件下,减少了储存哈龙 1301 系统的体积和质量。该技术成功应用于 A-6 "入侵者" 飞机上。

　　由于哈龙是一种碳氟化合物,有破坏大气臭氧层的作用,鉴于来自美国环境保护局 (Environmental Protection Agency,EPA) 的压力,目前已不再生产应用哈龙气体的惰化系统了。

　　2) 机载制氮燃油箱惰化技术

　　20 世纪 70 年代后期,通过机载设备制取惰性气体的机载燃油箱惰化技术 (OBBIGS) 发展十分迅速,早期美国军方研究显示,相对于携带惰性气体的方式而言,虽然 OBBIGS 有较大的技术难度,但由于后勤保障要求低,且能实现飞行过程中燃油箱上部空间始终保持低于支持燃油燃烧的氧浓度水平,因而值得重点发展与推广。

　　机载燃油箱惰化技术是目前应用最为普遍的燃油箱可燃性降低技术,在军/民用飞机上都获得了广泛应用,与瓶装惰化气体相比,它的核心就是机载空气分离,可产生源源不断的惰化气体用于燃油箱惰化。

　　机载空气分离方式,除目前已有机型应用实例的机载中空纤维膜制氮、机载分子筛制氮方式外,还不断有新的机载空气分离方式提出。

(a) 机载分子筛制氮方式

分子筛制氮系统的发展源于机载制氧系统 (OBOGS) 的应用。基于变压吸附 (PSA) 技术的分子筛制氮是利用分子筛中吸附剂 (如 4A 沸石吸附剂) 对空气中的氮气和氧气的吸附能力不同，通过循环改变分子筛吸附和解吸压力实现氮气和氧气的分离。其工作原理如图 7.3 所示，发动机引气经过增压、冷却、过滤、干燥和调压器调整压力后经旋转阀进入吸附床 A，在高压下，氧分子首先被分子筛吸附，而氮分子在沸石结构内不容易被吸附，所以它能自由通过吸附床 A，并在其顶部富集成产品气，一部分供飞机燃油箱惰化使用，另一部分流经定径孔对吸附床 B 进行降压解吸。当吸附床 A 吸附饱和后，顶部氮浓度逐渐降低，此时旋转阀将空气流切换至解吸干净的吸附床 B，对床 B 进行加压吸附，而床 A 进行降压解吸再生，使分子筛恢复吸附能力。旋转阀以一定速度旋转使得两床交替进行变压吸附循环，从而形成连续的富氮气流。

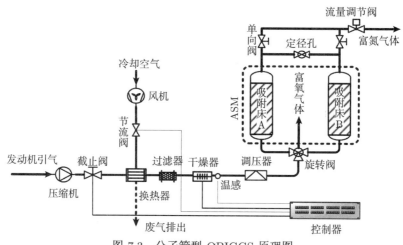

图 7.3　分子筛型 OBIGGS 原理图

20 世纪 80 年代，美国对军用飞机的机载分子筛制氮系统进行了应用研究[2−4]，并于 1982 年 11 月在 AH-64 武装直升机上率先使用了 OBIGGS。与此同时，波音军用飞机公司也对 C-5B 飞机和 F-16、KC-135 等先进战斗机和加油机进行了机载制氮系统的设计研究。1986 年，以 P. M. Mc Connell G. A. Dalan, C. L. 为代表的美国空军设计、制造了基于机载分子筛制氮方式的燃油箱惰化系统并进行了地面模拟试验，通过这次试验，分析了航空燃油 JP-4 和 JET A 的氧氮溶解特性并完成了用于 KC-135 飞机燃油箱惰化的富氮气体需求量分析，研究结果表明，空气分离器需要每分钟产生 1.362kg(氧浓度为 5%) 富氮气体用于惰化 KC-135 飞机的机翼燃油箱。同年，美国卡尔顿生命保障公司 (Carleton Life Support Systems Inc, Carleton LSS) 从 Boeing 公司承接了一项 V-22 垂直起落直升机机载制氮/制氧工程的研制合同, 该系统采用沸石分子筛进行富氮, 而采用碳分子筛制氧, 其中机载制氧系统为 4 名空勤人员提供呼吸用氧气, 而机载制氮系统在飞机执行任务全程为燃油箱输入表压 10kPa 左右的富氮气体, 防止燃油箱燃烧或爆炸。1987 年, 以Vennice、Grenich 和 Howell 为代表的波音军用飞机公司对机载制氮系统进行了初步设计和飞行试验测试, 并将该系统与其他几种飞机燃油箱惰化的主要技术措施进行了比较分析, 着重比较了全寿命周期费用 (LCC) 这一指标, 充分说明了基于机载制氮系统的飞机燃油箱惰化技术的优越性 (图 7.4)。

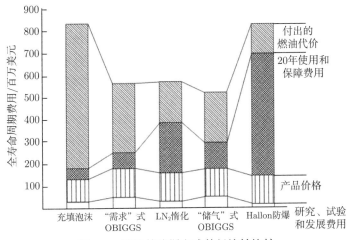

图 7.4   燃油箱防爆方式的经济性比较

进入 90 年代, 美国应用于军用飞机的机载分子筛制氮系统已经日趋成熟, 并展开了多种机型装机试验, 先后曾有 AH-64、CH-53、HH-60、MH-60、AH-1Z 和UH-1Y 等多型号飞机分子筛机载制氮系统 (MSOBIGGS) 经历了从研发、试验评价到产品投产、装机使用的全过程考验, 但由于分子筛制氮存在分子筛组件性能受环境温度和介质温度影响大、工作可靠性低等缺陷, 随着膜渗透空气分离技术的发展, 分离效率的提高, 从 20 世纪 90 年代后, 分子筛制氮方式逐步为中空纤维膜制氮方式所取代, 目前国内外新型军机更倾向于采用膜空气分离技术。

(b) 机载中空纤维膜制氮方式

机载中空纤维膜制氮方法在美国军方亦早有研究, 例如, 1972~1974 年, WarellaBrowall 等对渗透膜用于运输机燃油箱惰化系统可行性进行了研究; 1976~1977 年,Manatt、Buss 和 Funk 针对应用于 AH-1G、CH-47C、OV-1D 以及 UH-1B 等军用直升机的中空纤维膜制氮系统, 从方案可行性初步论证、系统初步设计、详细设计到搭建试验平台试验测试进行了系统的研究, 并制定了相应的设计标准和规范。但受限于当时的膜制造工艺和性能水平, 机载中空纤维膜制氮方式不敌机载分子筛制氮方式。

　　受益于美国 DOW 化学公司的不断努力,机载中空纤维膜空气分离技术在 20 世纪 80 年代中期取得了重大突破。由于膜技术的快速发展,其分离效率、成本和质量的优势,使得应用该技术可使飞机能以较小的质量代价获得足够量的富氮气体。

　　渗透膜制氮系统 (PMOBIGGS) 利用中空纤维膜分离技术,在压差作用下,通过中空纤维膜对空气中的氮气和氧气的选择透过性,把空气分离为富氮气体 (NEA) 和富氧气体,其工作原理如图 7.5 所示。

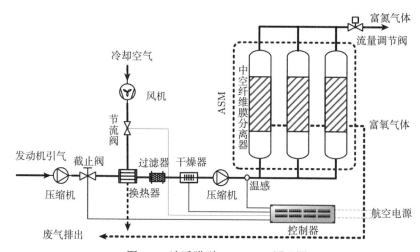

图 7.5　渗透膜型 OBIGGS 原理图

　　空气分离模块 (ASM) 采用中空纤维膜分离器,如图 7.6 所示,为圆筒结构,内置大量细小的中空纤维膜,沿圆筒轴线方向形成纤维丝束。发动机引气经过增压、冷却、过滤、干燥以及再增压后输入分离器,渗透率高的氧气迅速透过膜,沿纤维丝束的径向排出并富集成富氧气体排出大气,而渗透率小的氮气则保留在膜内沿轴向富集成富氮气体直接输出。

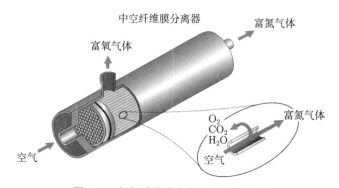

图 7.6　中空纤维膜分离器结构示意图

与分子筛制氮系统相比,渗透膜制氮系统更适合用于机载,其突出的优点是:

(1) 体积小,质量轻,耗气量少。中空纤维膜分离器填充密度很大,很小的体积内就可以有很大的渗透面积,而且采用原料气走丝内的流程,分离器外壳不需承压,避免了沉重的承压结构,系统更为简单,所需管道与阀门数量都少得多,质量更轻,更适合在飞机上使用。它还特别能生产出含氧量更低的气体且在性能要求一定的情况下,其引气量只有分子筛系统的一半。

(2) 可靠性高。由于分子筛制氮依靠压力变化实现氧氮分离,在要求连续供氧的场合下,只能用两床、三床或多床分子筛系统并依靠旋转阀切换工作状态,结构复杂,尤其是快速变压吸附系统,旋转阀运动频繁,其寿命一直是一个难以解决的问题;而膜分离系统的运动部件相对较少,系统更为简单,可靠性更高。

(3) 对水蒸气不敏感。分子筛对水有极大的亲和力,而且吸水性对压力变化不敏感,因此在快速变压吸附过程中分子筛一旦吸水则很难脱附,吸水量的累积会导致制氮能力不断下降。而膜分离则明显不同,操作上只要保证进入膜组件的原料气相对湿度低于 90%,避免水蒸气在膜表面冷凝,就可以保证水蒸气的渗透不会影响到富氮气体流量。

当前已有若干类不同的纤维源可供使用,每一种纤维源都具有不同的特性,这些纤维的设计和制造工艺还具有高度的知识产权,属于各生产厂商核心技术。与早期纤维产品相比,在 NEA 浓度和流量方面,可供使用的最新纤维源均具有很大的改善。

纤维技术的改进继续到如今,新的渗透膜纤维膜已成为现代军机 OBIGGS 系统中标准的空气分离方式。例如,2004 年,C-17 飞机完成了 OBIGGS 的更新 (原系统采用机载分子筛制氮),它采用了最新的渗透膜纤维技术,这一新系统直到现在还在运行使用。C-17 更新惰化系统后不久,新的渗透纤维膜技术已在美国 F-22"猛禽"、F-35"联合攻击战斗机"、欧洲 A400 军用运输机上得到了应用。在这些系统中,通过使用最新纤维膜,OBIGGS 均为按需设计的系统,不再需要携带机载 NEA 存储装置,大大降低了系统的复杂程度,提高了系统的可靠性。

对于商用飞机市场而言,提供某种形式的机载抑爆系统,在设备购置成本和营运费用方面的矛盾,长期以来一直成为燃油箱惰化系统应用的主要障碍,一直到 20 世纪 80 年代后期,膜技术进步使得机载空气分离系统营运成本能为各航空公司所接受,且在适航条款要求的促进下,使得机载燃油箱惰化技术在民用运输类飞机上得到了广泛应用。

在相关适航规章颁布贯彻之前,为使得 FRM 技术在航线上应用经济、可靠、安全,FAA 联合美国国内的飞机制造商、SAE 行业协会、成品供应商通过对 B737、B747 进行改装,完成了大量的机载惰化对比试验,形成了一套理论与试验技术 DOT/FAA 类研究文献 (注:这些研究文献从 FAA 官方网站上均可免费下载), 简要地概述, 这些文献大体涵盖: 地面惰化可行性与经济性研究、燃油箱惰化气量需求研究、惰化气体管路系统布置方案研究、燃油箱惰化地面试验研究和装机试验研究等内容。

关于惰化流量需求问题, FAA 的 Burns Michael 和 Cavage William 首先针对简单矩形模拟燃油箱进行了理论和试验研究, 结果表明, 采用 95% 富氮气体 (NEA) 将气相空间氧浓度惰化至 8% 所需的富氮气体量大约是气相空间体积的 1.5～1.6 倍, 即体积置换次数 (VTE) 为 1.5～1.6[5]。

同时, Burns Michael 和 Cavage William 还采用 B737-700 进行了燃油箱惰化地面测试和飞行测试, 分析了风况 (无风速、模拟风速、自然风等) 和载油率对燃油箱气相空间氧气浓度的影响。研究结果表明: 采用 95% 富氮气体将 B737-700 的中央翼燃油箱惰化至 8% 的氧气浓度, 需要的体积置换次数约为 1.8, 即需要 1.8 倍于气相空间体积的富氮气体; 风速、交叉流、高载油率能够显著影响地面测试以及飞行测试条件下燃油箱气相空间的氧气浓度, 特别地, 当无风速、无交叉流、低载油率时, 气相空间氧气浓度能够长时间维持在 10% 以下; 飞行测试时, 随着载油率的增加对气相空间氧气浓度的影响并不如预期那么明显, 而燃油消耗的影响却比较显著。

在 B737-700 的试验测试过程中, 由于采用了较为复杂的富氮气体分配系统 (图 7.7), 将富氮气体均衡地分配至每个隔舱, 得到的富氮气体需求量 (用体积置换次数表示) 比同等条件下的理论计算值要高, 反映出富氮气体分配系统的效率低下, 为此, Cavage William 和 Kils Ole 建立了 B747SP 的模拟燃油箱的试验平台, 该平台上安装了可改变分配方式的富氮气体分配系统, 以及可变的排气方式, 通过试验测试得出了简单有效的富氮气体分配方式, 从而降低了惰化燃油箱的富氮气体需求量 (体积置换次数约为 1.3～1.4), 提高了燃油箱惰化效率。

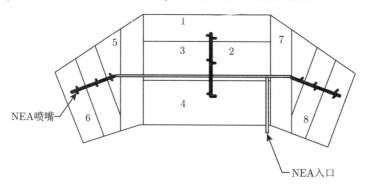

图 7.7   B737-700 中央翼燃油箱气体分配示意图

现有的军用飞机惰化系统通常采用管路将惰性气体均衡分配至燃油箱的各个

隔舱, 而运用于商用运输机上的惰化系统, 为了满足简单、质量轻及安装方便要求, 应该使得管路或富氮气体分配系统尽量简单。为了设计出最佳的富氮气体分配系统, FAA 开展了大量的试验测试和数值模拟研究, 其中包括 B747SP 试验测试、24%缩比燃油箱模型测试 (图 7.8)、工程模型以及 CFD 模型仿真分析, 研究结果表明, 上述测试与数值模拟分析得出的各隔舱氧浓度随体积置换次数的变化曲线非常一致, 这也为采用简单的工程仿真计算方法来探寻最佳惰化系统管路布置提供了科学依据。

图 7.8 B747SP 燃油箱 24%缩比模型

在 SFAR88 颁布之后, 波音公司和空客公司还着手对民机中央翼燃油箱惰化系统进行飞行试验评估。

波音公司在 B747 和 B767 飞机上对串联安装的惰化盘 (由渗透纤维膜空气分离器、气动元件和控制设备组成) 进行飞行试验。在每种情况下, 空气分离器系统的规格仅提供这些飞机的中央翼燃油箱保持惰化状态, 不对机翼燃油箱实施惰化。B747、B767 惰化验证系统如图 7.9、图 7.10 所示。

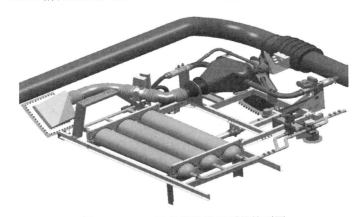

图 7.9 B747 飞机惰化验证系统构型图

图 7.10　B767 飞机惰化验证系统构型图

空客公司也作了相应的惰化系统改装测试试验,如将 A320 飞机作为验证机,对改装后的惰化系统进行了空中试验和测试。A320 飞机惰化验证系统构型如图 7.11 所示。

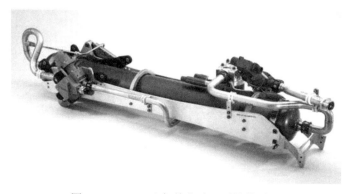

图 7.11　A320 飞机惰化验证系统构型图

21 世纪以来,世界各国对飞机的运输安全性有了更高、更迫切的要求。大型民用客机如 B787 系列机、A380(仅货机型,由于客机未设置中央翼燃油箱,故未采用惰化系统) 等代表了当今民用航空领域最先进的飞机都装配了机载制氮系统 (OBIGGS)。目前,采用先进膜分离技术的机载制系统 (PMOBIGGS) 已相对成熟,被世界各国的多种类型的飞机广泛接受与采用,我国自主研发的大型旅客机 C919 亦采用了机载惰化系统来惰化燃油箱。

(c) 机载低温制氮方式 [6]

2017 年 4 月 18 日,空客公司获得了一份美国发明专利 US9623982 批准,该专利保护了空客公司所提出的一种机载低温制氮燃油箱惰化技术。

空客公司提出的 "低温制氮燃油箱惰化技术" 工作原理如图 7.12 所示,系统不仅可以从飞机发动机压缩机引气,而且也可以从座舱或冲压空气处接受外界

空气；所引气体经初步冷却与压缩后送至第一换热器，并在第一换热器中冷却到
−120 ~ −70℃(采用液氦或液氖作为冷边)；将被冷却的气体流入气体分离装置，以
产生富氮气体，其中：一部分富氮气体可直接通入燃油箱实现燃油箱惰化，另一部
分气体则送至第二换热器，进一步冷却至 −210 ~ −195℃使其液化，并储存于氮气
容器之中作为机载冷源。

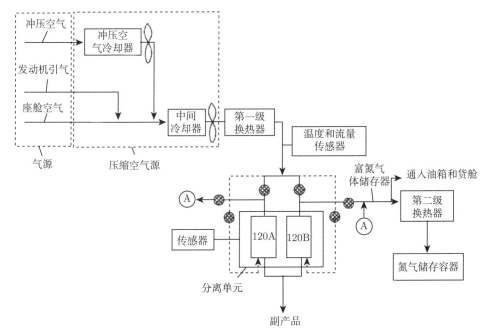

图 7.12　机载低温制氮惰化系统原理图

系统中的气体分离装置采用了两床吸附柱，其吸附柱中填充物类型包括：低温
陶瓷分离膜、钙钛矿分离膜、沸石分离膜等。装置中当一个吸附柱吸附时，另一个
解吸，以实现气体的持续分离。

系统中采用了氧气传感器来监测分离出的富氮气体中氧气含量，用以确定吸
附柱饱和程度；并通过一组阀门的启闭来控制气体流向，使冷却气流交替地通过两
个吸附柱。

与现行的机载中空纤维膜制氮系统相比，空客公司认为，该技术专利具有如下
优势：

(1) 系统中通过第二换热器的氮气可以液态形式存储，相比于气态存储而言，
存储系统体积小、质量轻、压力低，安全性高；

(2) 系统可以使用冲压空气来替代飞机发动机压缩机的引气，可方便于不能
直接从发动机引气的场合；

(3) 所存储的液氮可以产生低温环境来为超导发电机提供运行保障。

由于液氮温度是高温超导材料的工作温度, 有了机载液氮产生系统, 超导发电机的冷却系统就得到了保障, 而超导发电机对于激光武器、大功率用电设备意义重大, 是未来机载发电设备的一个优选方案, 因此, 该系统不仅可满足燃油箱惰化要求, 而且可为超导发电机提供低温保障, 从而为整个飞机带来质量和体积的优势。

值得注意的是: 机载低温制氮燃油箱惰化技术虽然有上述专利报道, 但尚无应用实例, 且它主要优势体现在为超导发电机提供低温保障, 因此该技术是否可行, 还有待试验验证和深入研究。

(d) 燃料废气惰化技术 [7]

在以空客公司为代表的一系列多功能燃料电池系统专利申请中, 功能之一就是将燃料电池废气作为惰化气体填充燃油箱, 降低气相空间氧浓度, 从而达到惰化的目的。

空客公司研制的一个燃料废气惰化系统如图 7.13 所示, 该系统包括一个空气入口、氢气入口、惰性气体出口、水出口、电能出口、空气分离器以及由低温燃料电池组成的燃料电池堆。其工作原理为: 空气由空气入口进入气体分离器中, 分离器将气体分为氮气和氧气, 氧气被送入燃料电池堆中与由氢气进口进入的氢气在低温条件下反应, 产生液态水, 液态水被水收集器收集后, 一部分经过处理当作饮用水, 另一部分被排出; 反应过程中产生的能量经过电流转换器后转换为电能, 作为辅助能源供飞机系统的使用; 而由空气分离器分离出的富氮气体被送到飞机燃油箱内, 对燃油箱进行惰化。

该系统的运行可以提供电能、水、富氮气体以及热量, 这些功能的耦合, 使之具有较大的发展前景。例如, 燃料电池中氧气和氢气在低温条件下反应产生液态水, 不需要冷凝器和水分离器, 提高了系统的效率, 降低了系统质量; 又如, 反应过程中产生的能量可用以提供电能, 减少了燃油消耗、替代了燃气涡轮发动机上的辅助能源。

以空客公司为代表, 研究人员们还探讨了一系列的燃料电池惰化方案。在霍尼韦尔公司的一个燃料电池惰化系统中, 空气和燃油蒸气混合物从燃油箱气相空间中导出进入初级压缩机, 压缩后送入燃油处理器, 在处理器中反应产生氢气, 并将氢气导入燃料电池作为电池阳极的燃料产生电能, 电池反应产生的第一排气产品进入燃烧室燃烧产生燃烧气体, 经过第一换热器冷却后, 作为惰性气体导入燃油箱对燃油箱进行惰化。另外, 该燃料电池与一辅助动力装置 (APU) 相连, 辅助动力装置为电池提供阴极气体, 电池阴极反应产生的第二排气产品作为惰性气体直接导入燃油箱, 对燃油箱进行惰化。

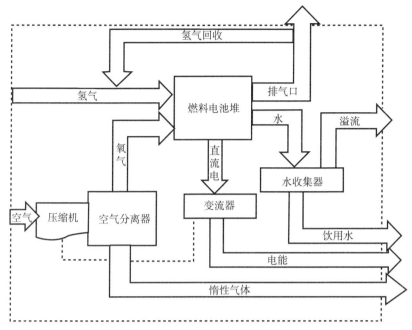

图 7.13 燃料电池惰化系统示意图

在该系统中, 可适用的燃料电池有很多, 例如质子交换膜电池、固体氧化物电池、磷酸电池以及高温电池等。电池化学反应产生的电能能够用来为其他飞机系统或者组件提供动力, 电池反应废气进入燃烧室中燃烧产生的气体也能够带动涡轮, 同时涡轮运转可以产生更多的电能为其他飞机系统提供动力, 另外, 废气产品在燃烧室中燃烧能够消耗掉混合物中剩余的燃油, 产生二氧化碳用来惰化燃油箱, 实现了废气的有效再生利用。而且系统采用冲压空气替代发动机引气或者座舱引气。

综上所述可知, 这个系统具有质量轻、体积小、成本低、环境友好、运行效率高等优势。

3) 燃油箱地面惰化技术

为了寻求出最经济的民用运输类飞机燃油箱惰化方案, 2000 年, FAA 对全美境内载客量 19 人以上的商用客机两种惰化方案进行了性能比较与费用评估, 其中一种方案是对燃油箱进行预先地面惰化 (ground based inerting, GBI), 即在飞机起飞前, 将富氮气体通入燃油中, 通过富氮气泡与燃油的传质把燃油中大部分的氧置换出来 (燃油洗涤), 使得飞机在爬升的过程中没有氧从燃油中析出, 并通过冲洗使得燃油箱在起飞前处于惰化状态; 另一种方案是进行持续的即时冲洗, 且只对中央翼热燃油箱 (hot center wing tank, HCWT) 进行冲洗, 即在飞行的过程中利用通入富氮气体来不断稀释燃油箱气相空间原有的氧和在飞行过程中从燃油内溢出的

氧 (目前这种方法成为民机惰化系统的首选方案), 上述两种方案在实施时又有两种具体的方式可以选择, 分别为循环惰化和非循环惰化。循环惰化是指洗涤或冲洗后排出燃油箱的混合气体, 被收集起来作为制取富氮气体的气源, 送入空气分离模块 (air separation module, ASM) 的入口, 由此进行气体的循环利用; 非循环惰化则只利用新鲜空气作为富氮气体的气源, 惰化后的混合气体直接排入大气, 不再加以利用。两种方案的评估时期为 2000 年以后的 10 年, 评估结果表明: 即时冲洗中央翼热燃油箱方案要比地面惰化方案节约 50% 左右的费用, 而非循环惰化要比循环惰化节约 50% 左右的费用。由此可见地面惰化方案并不经济。

随着适航条款中对燃油箱可燃性暴露时间要求的日趋严格和机载惰化系统的设计优化, 燃油箱地面惰化方案不但不具备经济优势, 且难以满足相关适航条款要求, 因此该方案并没有得到实际的应用。

2. 通过消耗方式来控制 "氧浓度" [8]

通过消耗方式来控制 "氧浓度" 的技术又称为 "耗氧型" 惰化技术。它是通过催化燃烧, 使得燃油蒸气混合物在燃烧室进行催化反应生成 CO_2 和 H_2O, 分离 H_2O 后, 用 CO_2 作为惰化气体。

1969 年, American Cyanamid 公司以 C-141 型飞机为样机对燃油催化惰化技术进行了预研, 其中包括概念设计、催化剂选择、系统部件及整体性能计算, 为早期催化惰化技术的研究奠定了基础。

早期预研中对催化惰化提出了一系列技术指标要求, 如: 惰气氧浓度为2%~9%; 含水量不超过 5ppm; 维护良好状态下催化剂寿命要求超过 500h; 系统质量不超过燃油质量的 0.4%; 可在 101.3kPa/min 的压降下保证惰化需求; 可在 24km 高度下对亚音速和超音速飞机燃油箱提供惰化保护等。

American Cyanamid 公司对 12 种不同类型的催化剂进行了试验, 根据催化剂选型试验, 通过对反应温度、惰性气体成分、催化剂寿命等方面进行分析, 初步挑选出了 Code A 和 F 型催化剂, 进一步采用丙烷和 JP-7 燃料试验后, 优选了 Code A 型催化剂, 其最低反应温度为 306℃, 而最高为 564℃, 平均为 435℃。

催化反应器如图 7.14 所示, 当系统启动时, 加热原件首先将催化剂温度提升, 燃油通过催化反应器外壁进行预热, 然后通过引射泵与引气混合通入反应器, 混合物在燃烧室进行催化反应生成二氧化碳和水, 并产生一定热量, 冷却水通过换热管道, 将催化反应温度控制在合理范围。

C-141 催化惰化系统总质量约为 1200kg, 其中, 反应器重 170kg, 换热器重 580kg, 气体除水装置重 380kg, 冷却水重 80kg。显然, 装置质量和尺寸过大且需要水冷, 大大增加了设备的复杂性。

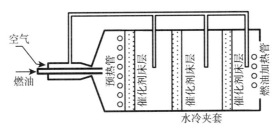

图 7.14　American Cyanamid 公司催化反应器

1971 年, Hamilton Standard 公司为远程战略轰炸机 B-1 的惰化系统进行了预研, 旨在初步发展催化惰化系统的概念, 在这项研究中完成了对燃油催化惰化系统的概念设计, 并以 B-1 为应用对象研制了燃油催化惰化系统样件, 完成燃油催化惰化系统的地面测试。

Hamilton Standard 公司认为系统所采用的材料要具备以下几个特点: 在满足系统厚度、强度、质量需求的前提下, 具有一定的经济性; 在 JP-5 燃料燃烧下 (260~510℃), 系统材料本身不产生燃烧副产物, 同时必须有优越的耐高温和抗氧化性; 在局部高温应力和短时蠕变时不会发生应力断裂现象。根据上述要求, 最终优选出了铬镍铁合金。

同时, Hamilton Standard 公司对催化反应器、换热器、燃油–气体混合器、引射器、涡轮冷却及相关控制组件进行了设计。Hamilton Standard 公司直接采用了 American Cyanamid Code A 型催化剂, 反应器为圆柱形筒体, 其中存在一个很大的流动区域加强流体的流动, 满足大流量的需求。催化剂采用直径 0.15cm、长 0.3cm 的小颗粒, 采用专门的金属网板固定这些颗粒。

经过大量理论与计算研究, 设计的惰化系统如图 7.15 所示。从图中可见, 其设置了三级催化反应器, 且每级反应器后均设置了换热器, 该换热器采用板翅式, 第一级和第二级换热器结构热侧流通长度为 18.69cm, 冷侧为 30.96cm, 第三极换热器热侧为 34.62cm, 冷侧为 27.61cm。同时, 系统中还设置了预冷器、油冷器、再热器等多个其他换热器, 对燃油和反应器出口产物进行冷却或加热。而且从图中可以看出, 该系统由来自发动机的引气驱动, 不消耗任何电力。

该惰化系统只有同期液氮惰化系统质量的 50%。从流程可以发现, Hamilton Standard 公司的方案设计虽然十分完善, 考虑了启动预热和紧急下降等各种极端情况, 但是相对于同期进行研究的膜分离和分子筛惰化系统而言, 该流程十分复杂, 因此最终并未对系统进行相关装机试验研究。

Airesearch Manufacturing 公司于 1974 年为大型轰炸机设计了新一代催化惰化系统, 通过对 American Cyanamid、Hamilton Standard 公司设计系统进行改进, 系统质量大幅减少, 性能显著提高。

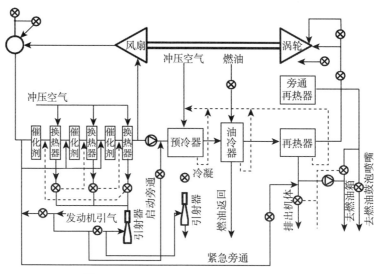

图 7.15   Hamilton Standard 公司流程图

该系统设计以大型轰炸机典型的飞行任务为对象，制定了系统相关性能的设计需求，包括惰性气体流量、成分及系统质量限制等参数。图 7.16 显示了一个飞行包线下不同阶段惰性气体流量需求，在该飞行包线下系统总惰化气体需求量为 242kg。从图 7.15 中可见，下降阶段的气量需求远大于正常爬升和巡航阶段。图 7.17 给出了最大正常下降和紧急下降时惰性气体流量需求，可以发现紧急下降时气量需求较正常下降大了约一倍。

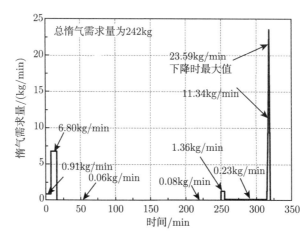

图 7.16   不同飞行阶段惰气需求

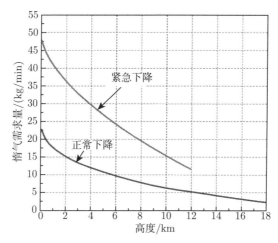

图 7.17 两种下降方式下惰气需求比较

为满足不同模式下的流量需求，系统安装了 2 个不同的反应器，系统设计为低速、最大正常降落、紧急下降 3 种不同的工作模式。惰化系统流程如图 7.18 所示，由大流量反应器、小流量反应器、反应器控制组件、阻火器、电加热器、燃油泵、冷凝器、涡轮、模式控制组件、水分离器、压力控制组件和过滤装置等组成。

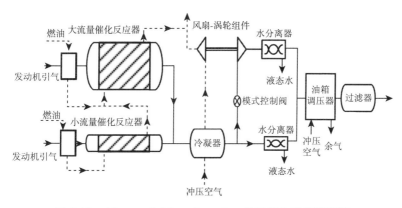

图 7.18 Airesearch Manufacturing 公司惰化系统流程图

Airesearch Manufacturing 公司测试了 41 种不同工况，并对冲压空气流量、工作模式、油气比等进行了分析，测试结果显示，催化反应温度最高达到约 760℃，且引气比对反应器温度也有直接影响。反应温度过高制约了该系统的实际应用。

事实上，早期的催化惰化技术并不是现代意义的"耗氧"型惰化技术，它的核心是催化燃烧生成 CO_2，采用 CO_2 作为稀释介质来控制燃油箱上部空间氧浓度，但催化燃烧是现代"耗氧"型惰化技术的基础，催化惰化技术的研究为现代"耗氧"型惰化技术发展奠定了基础，为此，亦有人将其归为第一代"耗氧"型惰化技术。

　　虽然催化惰化技术在性能、质量和后勤方面均有许多优势，但它存在着：催化反应温度过高，燃油存在燃烧的风险；系统控制较为复杂；催化反应器易产生积碳，需要定期维护，滤网需要定期更换；催化燃烧后产生的气体对燃油箱的腐蚀性尚未完全明确；在催化燃烧中有可能生成未完全氧化产物，如一氧化碳 (CO)、一氧化氮 (NO) 以及硫化物等缺陷，因此，目前除了俄罗斯的伊尔 76/78 运输机安装有该系统外，并无其他实际应用的报道。

　　沉默多年后，2004 年美国 Phyre 公司在为空军研发一种用于去除燃油中溶解氧气的新型除氧系统时，开发出了一种经济、高效、环保的耗氧型燃油箱惰化系统。该惰化系统核心亦是催化燃烧，但它与早期的催化惰化技术有所不同，它以消耗燃油箱上部空间氧浓度和生成 CO_2 为目标，其工作原理如图 7.19 所示。图中的安全装置用于防止反应产物从气体处理系统泄漏返回燃油箱。该系统完全使用催化产生的 CO_2 和燃油箱空间空气中的氮气作为惰性气体，可以说是一种自产自销的闭式循环系统 (所谓闭式是指燃油的反应产物返回燃油箱，而不是排出去，但并不是绝对的闭式，因为还需要补充空气以平衡压力和保证燃油蒸气充分氧化及除去水蒸气等)。

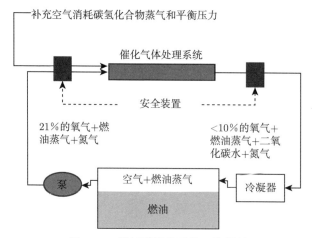

图 7.19　耗氧型惰化系统工作原理

　　与纤维膜式 OBIGGS 不断地向燃油箱充入惰性气体所不同，耗氧型惰化系统的惰性气体是循环使用的，因此降低了氮气的需求量，不需要从发动机引气制氮，从而消除了对发动机性能的影响。其创新点在于，使用催化剂将燃油蒸气氧化，这样既消除了燃油蒸气又达到了除氧的目的，反应生成的 CO_2 还可作为惰性气体循环使用，可谓一举三得，因此系统效率更高、结构紧凑。

　　2007 年后，Phyre 公司对该系统进行了完善与测试。由于该系统不但能够解决中空纤维膜式 OBIGGS 存在的需要发动机引气的问题，而且不像纤维膜式系统一样，需要排放富氧气体，因而也被称作"绿色机载惰性气体发生系统"(GOBIGGS)。图 7.20 为 Phyre 公司 GOBIGGS 样机照片及与燃油箱的连接方式。

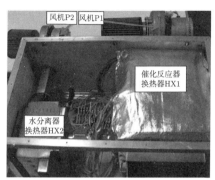
(a) GOBIGGS样机照片

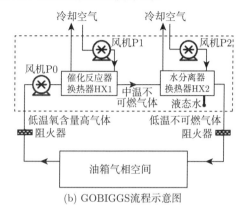
(b) GOBIGGS流程示意图

图 7.20　GOBIGGS 流程和装置

从图 7.20(a) 中可看到，样机紧凑，壳体内主要有催化反应器/换热器 HX1 和水分离器/换热器 HX2，换热器 HX1 尺寸为 38cm×30.5cm×30.5cm，质量为 28kg，换热器 HX2 为 23.5cm×17.8cm×12.7cm，质量为 5kg。系统有 3 台风机，其中，风机 P1 和 P2 分别为换热器 HX1 和换热器 HX2 冷侧提供冷却气源，而风机 P0 从燃油箱抽吸气相空间气体。

从图 7.20(b) 可以看出，GOBIGGS 只要将进出口管道与燃油箱气相空间进出口连接即可完成安装，相比 OBGISS 需要考虑从发动机引气及 OEA 等气体的排出而言要简单许多。

GOBIGGS 系统于 2007 年 5 月在 FAA 大西洋城市技术中心进行了技术验证。图 7.21 是 GOBIGGS 样机放置在 FAA 环境模拟舱中的照片，测试中选用了短程

图 7.21　FAA 模拟环境测试舱

的 FL-350 飞行包线，其总飞行时间约为 105min，所惰化的燃油箱为标准的中央翼燃油箱，燃油箱总容积为 0.48m³，装载有 64L 的 JP-8 燃油。

图 7.22 是模拟测试结果，从图中可以看出，该模拟十分完善，涵盖了燃油箱中压力和温度的变化。显然，当温度升高后，总烃 (THC) 浓度也会上升，但是 GOBIGGS 样机的表现十分出色，系统启动后约 7min，就将燃油箱气相空间氧浓度惰化至 12% 以下；运行 20min 左右，就将气相空间氧浓度拉低至 0%，而如果采用分离膜，基本不可能达到如此低的氧浓度，且分离效率十分低；在俯冲下降阶段，氧浓度略有上升，但是最高也低于 4%，绝对可满足惰化中氧浓度控制要求。

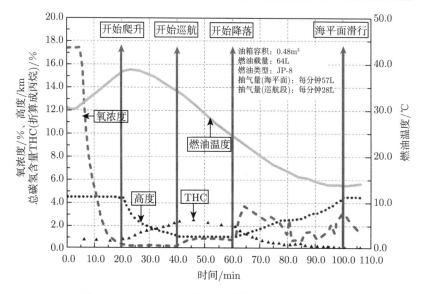

图 7.22　GOBIGGS 在 FAA 模拟飞行的测试结果

2011 年，在中国湖海军武器测试中心，GOBIGGS 样机在 UH-60 直升机上进行了包括滑行、起飞、爬升、巡航、下降及着陆等所有飞行过程的试验，结果显示，与 OBIGGS 系统相比，其代偿损失更小。

目前，这项技术尚处于试验阶段。一旦技术成熟，GOBIGGS 有可能成为与纤维膜式 OBIGGS 相媲美甚至更优秀的 OBIGGS。

3. 通过吸附方式来控制"氧浓度"

通过吸附等方式来控制"氧浓度"虽无具体应用实例，但已有航空产品制造公司开展过研究并申请了相关专利。

1) 采用金属钴的"氧吸附"技术 [9]

伊顿 (EATON) 公司在其 2017 年所申请的发明专利 WO2017064209A2 中介绍了一种使用金属钴或钴的衍生物吸附氧来惰化燃油箱的新技术。

金属钴是一种银白色铁磁性金属，它常在工业上用于制造各种特殊性能的合金，采用还原法制成的细金属钴粉在空气中能发生自燃并生成氧化钴。

图 7.23 给出了金属钴吸附氧惰化燃油箱的系统结构，该燃油箱惰化系统是将氧吸附装置与燃油箱上部空余空间相连接，并利用吸附装置对氧气的强吸力将无油空间中的氧气吸附。

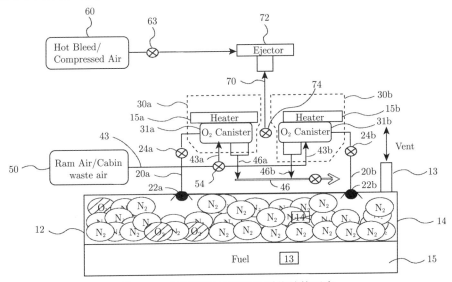

图 7.23　氧吸附燃油箱惰化系统结构示意

系统中，吸附装置一般成对设置，一个吸附时，另一个解吸，从而保证持续的吸氧能力。整个吸氧过程将由控制器控制，控制器中可以设定每小时循环数次或每 5min 循环一次。加热吸附装置可使得其释放所吸附氧气，以恢复吸附能力。采用冲压空气引射排放口，以对吸附剂腔产生负压，使得吸附剂所释放氧气可以顺利排出机外。

为了评估该系统性能，伊顿公司还进行了计算机模拟，模拟中对象为短航程单通道客机。模拟结果为：首次飞行全过程中所需要的吸氧量为 2.465kg，如果采用两个 3.6kg 吸附柱，每小时的氧气吸附量为 2.16kg，且该系统表现出良好的性能质量比。

伊顿公司亦介绍了采用吸附原理来设计气体分离装置，即机载惰性气体产生系统，如图 7.24 所示。

该系统使座舱空气或冲压空气通过一组氧气吸附装置，从而降低其中氧气含量，产生富氮气体，并将富氮气体充入燃油箱，实现燃油箱惰化。系统使用高压引气作为引射器的驱动力来排出氧气，由于高压引气的使用，吸附装置的吸附效率将进一步提高。

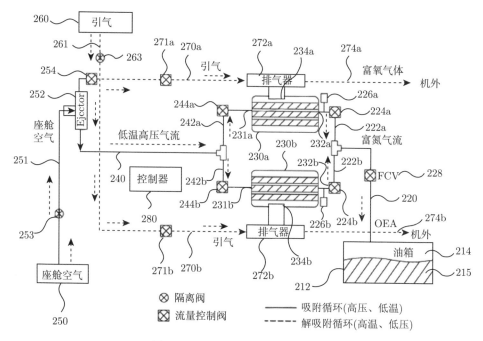

图 7.24　氧吸附惰性气体产生系统

系统中, 氧气吸附装置为装有钴金属或其衍生物的腔体, 吸附介质形态可以是水晶或坚硬层, 适用物质有: N,N'-bis(亚水杨基) 乙二胺钴 (Co(salen)), CoSalophen, DiCobalt-o-Bistern, Co(S-Me2en)(NO$_3$)$_2$, 2,4,6-Tri(mesityl)-phenol, 2-aminotereph-thalato-linked deoxy system, C80h97Co4N17O29。也可以使用一些已经商业化的吸附剂, 如: 用于食品保存的吸氧剂。可用的商业化氧吸附剂有: 铁粉氧化、维生素 C 酸氧化、酶性氧化、不饱和烃氧化、感光燃料氧化、尼龙聚合物等。

据伊顿公司介绍, 该方法的技术优势在于: 系统结构简单、氧气吸附剂已货架化、研发成本低、体积质量比优势明显。

2) 顺磁泵除氧技术 [10]

在伊顿公司的另一份专利申请 WO 2017077100A1 中还提出了一种使用顺磁泵除氧的惰化方法。

氧气是一种顺磁物质, 它沿着磁场强的方向运动, 相反地, 氮气、二氧化碳和大多数烃类燃油被强磁场排斥。利用这一原理, 可以为去除燃油箱中的氧气提供动力。

图 7.25 为顺磁泵除氧的工作原理图, 顺磁泵由一系列磁场产生元件组成, 这些元件可产生空间分离磁场, 因此, 氧气会被吸附到磁场最强的区域, 而氮气和碳氢化合物被隔离在磁场中间区域。

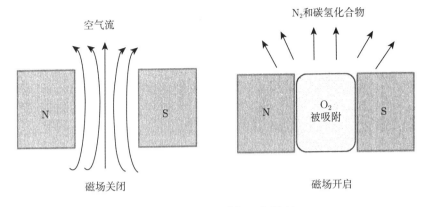

图 7.25 顺磁泵除氧工作原理

顺磁泵可以组成一个驱动范围以创建潜在的或运动的磁场，通过产生有序磁场，将力作用在氧气上，从而提供氧气流动方向的驱动力。

顺磁泵去氧惰化系统既可以单独使用，作为空气分离装置将氧气和氮气进行分离来为惰化系统提供富氮气体，也可以与其他惰化系统联合使用以减少氮气用量。同时，顺磁泵去氧惰化系统不需要从发动机引气，其气源可采用座舱空气，属于低温低压惰化系统，磁场元件永磁铁的维护成本低，电子设备少，系统运行成本低，与中空纤维膜惰化系统相比，该发明可以降低系统质量和体积，具有明显的能量效率优势。

7.2.2 "燃油蒸气浓度" 控制技术

由可燃界限的基本概念可知，燃油蒸气浓度控制可以从两个方面出发，一是通过富集燃油蒸气，使其超出可燃界限的上界限，具体而言，该方法可以采用加热燃油，促使燃油蒸气快速挥发来实现；二是降低燃油蒸气浓度，使其落入可燃界限的下界限之外，该方法可以通过冷却燃油/燃油蒸气或 "移走" 燃油蒸气来实现。

加热燃油使其快速蒸发造成燃油蒸气超出浓度上限的降低可燃性措施，虽然理论上可行，但在实际应用中，由于燃油可燃上界限变化范围较大 (图 7.26)，控制不易，且容易产生其他附加的危险，因此，并无相关研究和应用报道。

通过 "移走" 燃油蒸气来实现降低燃油箱可燃性，人们亦曾开展过该技术的研究，为此，FAA 也曾检查过从燃油箱中移走可燃蒸气混合物的新想法和其他改进燃油箱安全的方法，但是，FAA 给出的最终结论是：从燃油箱中移除可燃蒸气的方法不可行 (详见 AC25.981-2A)。例如，为了降低坠毁后地面着火的燃油箱爆炸危险，考虑了能 "擦洗" 液面上空间内蒸气的系统，即空气通风燃油箱，以阻止可燃蒸气的形成，但 FAA 发现由于它们的质量、复杂性、不可靠性和对环境的破坏作用使得这些系统不切合实际。

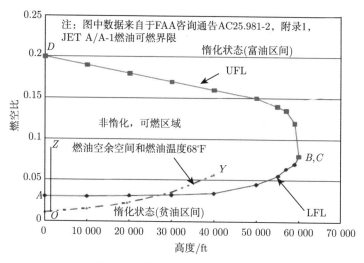

图 7.26　燃空比随高度的变化曲线

通过降低燃油温度来降低燃油箱可燃性已是人们的共识,目前,在民用运输类新飞机设计中,如果放置在燃油箱内或附近的热源显著增加燃油箱内可燃蒸气的形成或如果燃油箱所处的飞机区域太小或没有冷却,则必须考虑使用通风冷却或冷却空气来降低燃油箱的可燃性;但对于未能满足可燃性暴露时间适航指标要求的现役飞机,通过改变飞机结构布局,主动采用通风或冷却空气来降低燃油温度的技术措施 (如通过燃油流动以充分利用机翼燃油箱的良好的冷却能力,设置换热器冷却燃油等),虽然有人提出,但并无具体应用的实例。

波音公司认为,由于飞机载油量较大,通过冷却燃油方式来显著降低燃油箱可燃性所需冷量巨大,难以实现,为此,2009 年,波音公司提出了一种不使用惰性气体、通过冷却燃油蒸气方式的惰化系统,并在美国和中国均申请了专利保护(US9016078,CN103121508)。

该专利名称为 "燃油箱可燃性降低和惰化系统及其方法",它是将燃油箱空余空间中的混合气体抽吸,通过冷却后使得燃油蒸气冷凝,并将除去燃油蒸气后的气体返回燃油箱空余空间 [11−13]。

图 7.27 是该专利的工作原理图。它首先将燃油箱中空余空间的燃油蒸气和空气混合物冷却到 0~3℃,使得燃油蒸气充分冷凝,然后使用分离器将液态燃油分离出来,并通过导管返回燃油箱,从而实现降低燃油箱空余空间燃油蒸气浓度的目的。

在波音公司 Alankar Gupta 所撰写的 SAE 报告中,对该技术方法进行了较为充分的介绍。

在 Alankar Gupta 的报告中,他提出了如下观点:

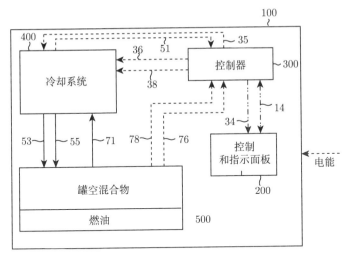

图 7.27 燃油蒸气冷却惰化系统原理图

(1) 将燃油冷却是不现实的, 但去除燃油蒸气则简单可行;

(2) 燃油蒸气在温度低于饱和温度时会变成液体, 方法是将无油空间的燃油蒸气以高于产生的速度冷凝;

(3) 抽出一部分蒸气由冷却和冷凝系统进行冷凝, 抽出流量大于蒸气产生流量;

(4) 蒸气冷却和冷凝系统将无油空间降至 0~3℃, 将一部分流量的蒸气冷凝为液体燃油, 另一部分保持气态。无油空间中的空气同时也被降到很低温度。

该专利中还设计了两套冷却系统, 一是无油空间冷却机 (ullage cooling machine, UCM), 另一个是无油空间气体制冷器 (ullage gas chiller, UGC)。

图 7.28 为无油空间冷却机系统结构图, 它使用一台电机驱动的压缩机将燃油箱中的无油空间混合物抽出, 压缩后送往压力和温度较高的换热器。冷空气由涡轮风扇抽出, 通过换热器将高温的无油空间混合物降至低温, 然后, 高压低温的混合物从换热器流出, 通过涡轮并膨胀至低压, 变成低温混合物。

一部分蒸气冷凝为燃油液滴, 一部分高压和低压混合物旁通涡轮, 从旁通阀流出, 用以将涡轮排出的气体温度控制在 0~3℃。涡轮产生的功率用以驱动风扇。冷凝后的燃油经分离器分离后返回燃油箱, 整个系统由控制器控制。

图 7.29 为无油空间气体冷却器工作原理图。该系统使用抽吸/压力泵抽出燃油箱中的无油空间混合物并输送到蒸发器, 将其冷却至 0~3℃。冷凝的燃油被送至燃油分离器, 移除的燃油和冷却后的燃油蒸气返回燃油箱。无油空间制冷器与厨房制冷器类似, 它使用高压存储的制冷剂, 高压制冷剂流入蒸发器, 带走无油空间混合物的热量, 制冷剂发生相变变成气体。然后制冷压缩机将制冷剂气体压力升高, 温

度升高送入冷凝器。冷空气将高压高温的制冷剂气体冷却,制冷剂变回液体送入蓄液器以备下次使用。

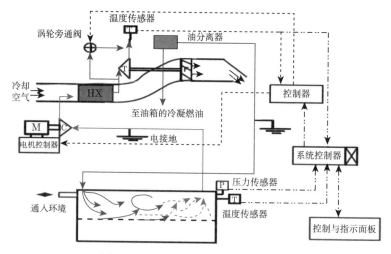

图 7.28　无油空间冷却机系统结构图

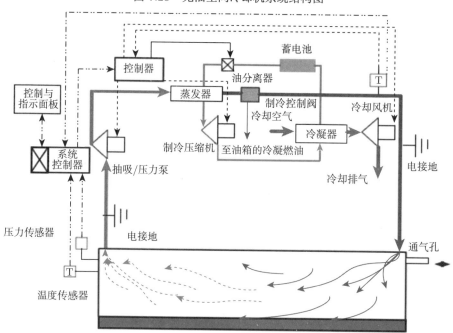

图 7.29　无油空间气体冷却器工作原理图

UCM 和 UGC 系统比较:两者均可用于惰化通气和非通气、加热和非加热燃油箱。UCM 的性能系数较低,如用于大型飞机的 7000Btuh[①]的空气制冷器只需使

_____
① 非法定单位,1Btuh=1Btu/h=2.93071×10^{-1}W。

用 2.5kW 功率, 其性能系数为 0.82, 而 UCM 的估算性能效率仅为 0.28, 但 UCM 系统在质量、体积和可靠性方面优于 UGC, 7000Btuh 的空气制冷器的估算质量为 80lb①, 相同能力的 UCM 估算质量为 40lb。

与富氮气体惰化方法相比较, 该系统具有如下优势:

(1) 该系统不需要从发动机引气或压缩空气, 因此研发和认证成本较低;

(2) 非循环成本低, 不需要复杂设备;

(3) 循环成本低, 不需要周期性维修和替换件;

(4) 运行成本低;

(5) 质量轻, 如 A320 惰化系统重 84lb, 而 UCM 估算质量为 50lb;

(6) 系统性能和燃油箱可燃性易于监控;

(7) 环境友好, 不排出碳氢气体;

(8) 可靠性高, 因为系统结构简单、使用成熟技术、采用了闭环系统。

著者认为: 虽然波音公司所提出的燃油蒸气冷却方式理论上可行, 且具有诸多优势, 但从 2009 年波音公司提出该概念后, 此项工作并未见后续研究报道, 因此, 其真实可行性还有待时间的检验。

7.2.3　减轻燃油蒸气点燃影响措施 (IMM)

与严禁燃油箱产生燃烧现象的技术方式有所不同, 减轻燃油蒸气点燃影响措施 (IMM) 作为一类 "被动式" 燃油箱防火抑爆技术措施, 其目的是限制燃油箱燃烧, 并将燃油箱燃烧所造成的恶劣后果降至最低。

"减轻燃油蒸气点燃影响" 是通过在燃油箱内填充网状防爆材料对点燃后的火焰传递进行抑制, 通过控制火焰的传递或熄灭来达到减少燃烧后所造成损伤的目的。

根据燃油箱充填的网状抑爆材料不同, 它可以分为两类, 一是网状聚氨酯类抑爆泡沫; 二是网状铝合金抑爆材料。

网状聚氨酯泡沫塑料由软质聚氨酯泡沫采用特殊的热加工工艺经网状化处理而成。这种泡沫塑料的结构形式是纤维互连的三维网络, 一般是十二面体形式, 其表面为五边形。网状聚氨酯泡沫塑料与纤维间有薄膜物质的开孔聚氨酯泡沫相比, 降低了密度, 改善了柔软度和压缩、弯曲等性能。由于其密度低, 壁壳呈立体骨架结构, 因而在过滤材料、充填材料等方面得到了广泛的应用。

将泡沫塑料充填到飞机燃油箱内, 其海绵状结构能抑制燃油箱内火焰的扩散, 从而防止燃油箱爆炸。美国空军于 1968 年开始在 F-105、C-130 和 F-4 等飞机上, 采用以网状聚氨酯泡沫塑料为抑爆材料填充燃油箱的方法来防止燃油箱爆炸, 后

---

① 非法定单位, 1lb=0.453 592kg。

来又相继在 A-7、A-10 和 F-15 等飞机上采用同样方法来保护燃油箱，以提高飞机的生存力、利用率和可靠性。

网状铝合金抑爆材料是由厚度很薄的铝箔，经过切缝、拉伸成网状，然后将其折叠或盘绕而成一个块料，最后将块料切割成与燃油箱内部几何尺寸相匹配的形状，通过燃油箱口盖安装在燃油箱内。

用铝合金网状材料充填到燃油箱内，可将燃油箱分隔成无数个小室，燃油箱一旦着火可起阻尼作用，同时利用其良好的传热性能将着火区的局部高温迅速扩散开来，从而有效地抑制燃油箱着火爆炸。

抑爆材料的工作机理如下：

(1) 抑爆材料蜂窝状的高孔隙结构能将燃油箱分隔成众多"小室"，这些"小室"能高效地遏制火焰的传播，使得燃爆压力波急剧衰减。

(2) 抑爆材料蜂窝状的高孔隙结构有"容纳"和"束缚"燃油的作用，能极大地减少因燃油箱运动时的燃油晃动，减少或避免了因摩擦产生静电火花而引发的爆炸，同时也减少了燃油箱内蒸气的产生。

(3) 当抑爆材料为铝合金材料时，其极高的表面效能和良好的吸热性，在点火源能量较小时可以迅速地熄灭火焰，在火焰较大，一旦发生燃爆时也可将燃爆释放的能量很快地吸收掉，使燃爆压力难以升高；当抑爆材料为泡沫塑料时，热弹头击穿燃油箱，泡沫材料能起缓冲作用，此外，泡沫材料在高温弹头作用下会发生熔融变形，在一定程度上能堵住弹道周围的缝隙，延缓燃油泄漏。

国外早在第二次世界大战后就开始了飞机燃油箱防爆材料的研究，美国于 20 世纪 60 年代首先研制成功聚氨酯泡沫塑料抑爆材料，但最初的实际效果并不非常理想，根据美国空军在越战中的经验表明，在东南亚热带气候的高温和高湿作用下，燃油箱中放置的聚氨酯泡沫塑料会产生水解作用而破碎，使燃油受到污染，油路发生堵塞，一般只能使用 3~5 年；20 世纪 70 年代，美国在这方面取得了突破，研制出抗水解变质的聚醚泡沫塑料，能使用 10 年，不过它具有较大的电阻，会产生静电荷；后来加拿大又研制成功了铝合金网状抑爆材料，美国军方组织有关试验室历经 4 年的性能研究和质量鉴定后认为，这是一种先进的抑爆材料。在上述试验的基础上，美国于 1982 年颁布了美国军用规范 MIL-B-87162"用于飞机燃油箱抑爆的网状铝防护材料"，该材料已在美、英、德等国获得了专利。国外工业和商业用的汽油容器中使用铝合金网状抑爆材料已有多年的历史，并已成功地用于公共汽车、卡车、装甲车、油槽车、特种警车和消防车等车辆的燃油箱；在轻型飞机、巡逻快艇上也得到了应用；在日常生活中还可用于液化石油气罐等易燃、易爆流体存储容器。

简而言之，聚氨酯类飞机燃油箱防爆材料在 20 世纪 60 年代初由美国 Scottpater 公司首先研制成功，并于 1968 年提出网状泡沫塑料（Ⅰ型）标准，后来又发展了更先进的网状泡沫塑料 (Ⅱ型和Ⅲ型), 1973 年对它们进行了标准化, 1975 年又进行了修订, 后又发展了两种聚醚型网状泡沫材料 (Ⅳ型和Ⅴ型), 并于 1978 年重新标准化, 1981 年、1984 年又进行了二次修订, 随后还进行了大量的改性和试验研究工作。

苏联也进行了一系列网状泡沫材料的研究, 并制定了相应标准, 如: TY6-05-5127-82, 并在苏 -27 等飞机上进行了使用。

中航工业 601 所、609 所早在 20 世纪 80 年代初亦对聚氨酯网状泡沫材料应用效果开展过初步研究工作, 并进行过弹击试验, 但并未形成产品或应用于飞机上。

虽然抑爆泡沫/网状铝合金抑爆材料能给飞机燃油箱提供有效的保护, 但也存在着增加质量 (其质量一般比同需求的惰化系统高)、减少载油量 (由于泡沫占据一定的燃油箱容积, 它大约减少燃油箱有效载油量 2%~6%)、易于静电积聚 (采用抑爆泡沫的燃油箱, 燃油中通常有抗静电添加剂)、易于过早老化和更换周期短、经济效益差等问题。

简而言之, 维护性差、燃油代偿损失大、经济性欠佳等可能是抑爆泡沫方式逐步被飞机所摒弃的主要原因。

7.3 降低燃油箱可燃性技术措施实施要点与适航审定方法研究

通过上述燃油箱防爆技术措施应用现状与发展趋势的系统总结, 可以得出, 具有实际应用和发展前景的燃油防爆主要技术方式有: 机载空气分离燃油箱惰化技术、耗氧型燃油箱惰化技术、燃油蒸气冷却技术和减轻燃油蒸气点燃影响措施。为此, 本节将对这四类措施的实施要点与适航审定方法展开研究。

7.3.1 机载空气分离燃油箱惰化技术

如上所述, 机载空气分离燃油箱惰化技术根据空气分离方式的不同, 具体可分为机载分子筛空气分离技术、机载中空纤维膜分离技术和低温制氮燃油箱惰化技术, 在这三类技术中, 膜分离技术占据主导地位, 且在军/民用飞机中广泛获得应用, 同时这三类技术的适航审定方法也是相同的 (满足燃油箱惰化后可燃性指标要求), 为此, 本节仅以机载中空纤维膜空气分离燃油箱惰化技术来说明其实施要点和适航审定方法。

1. 实施要点分析

1) 惰化系统故障不能造成影响飞机安全性事故的发生

由于惰化系统直接联系着燃油箱与发动机引气导管, 其安全性必须保证, 为此, 在惰化系统设计中应不仅具有防止高温气体直接进入燃油箱的措施, 而且应具有防止燃油倒灌的措施。为此, 实施中可以考虑如下方法:

(1) 设置引气切断阀、闸门阀等双重保护措施, 使得高温气体进入燃油箱的概率小于 10^{-9};

(2) 设置止回阀 (单相阀) 和低位检测口, 使得燃油进入机载制氮系统概率小于 10^{-7};

(3) 设置过压保护装置, 防止过压气体直接进入燃油箱, 造成燃油箱结构损坏;

(4) 设置火焰抑制器, 防止火焰传播至燃油箱, 产生燃油箱的燃爆事故。

2) 严格控制惰化系统的尺寸与质量

由于质量与尺寸是机载燃油箱惰化系统设计中关键的控制指标, 必须尽可能地降低, 并确保在技术要求范围之内, 为此, 实施中可以考虑采取如下方法:

(1) 惰化系统最好从环控系统引入气体进行氮氧分离, 这样不仅可大幅度地降低整个惰化系统尺寸与质量, 而且可使得引气冷却系统与环控引气系统得以综合考虑, 可降低整个机电系统的质量。

(2) 如果系统设计中必须直接从发动机压缩机引气, 则可以考虑将惰化系统热交换器中所需的冷边气流直接引用环控系统冲压气流, 这样不仅可避免因惰化系统冷却需要而单独开设冲压通风口的麻烦, 而且可以将惰化系统中的热交换器直接安装在环控系统中, 节省安装空间。

(3) 惰化系统引气设计与环控系统引气设计最好合二为一, 共同考虑。

3) 惰化系统设计应使燃油箱空余空间氧浓度满足适航条款要求

由于适航条款中, 对不同飞行高度 "惰化" 时, 空余空间氧浓度限定指标不同, 为此, 在系统设计计算中, 必须考虑:

(1) 分别计算: 地面阶段、爬升阶段、巡航阶段、下降阶段的惰化流量需求, 并以其最大值为设计指标;

(2) 惰化流量计算时考虑在飞机下降、发动机慢车状态下、燃油箱为空燃油箱时, 惰化流量需求;

(3) 燃油箱内氮气浓度分布设计应考虑飞机压力、高度的变化导致外界空气进出燃油箱的影响, 考虑燃油消耗造成的液面气相空间变化以及氧气从燃油中析出的共同影响。

4) 按所选用的空分装置效率与安全使用要求来确定相关部件性能要求

惰化系统中, 空气分离装置是核心部件, 设计和考虑引气及其处理子系统时, 必须充分考虑分离膜的性能与使用安全要求。

(1) 系统中应设置臭氧转换装置, 以延长分离膜的使用寿命;

(2) 系统中应设置调温装置, 以控制分离膜入口温度, 使之处于最佳温度工作区间;

(3) 系统中应设置过滤装置, 以满足分离膜入口的清洁度要求;

(4) 最大引气流量应根据分离膜效率来确定;

(5) 考虑到膜在冷态和热态时分离效率之间的差异, 并设计相应的预热方式, 以提高膜的分离效率;

(6) 考虑膜在新/旧状态下性能的差异; 在实际设计中, 采用新状态确定最大引气流量, 而采用旧状态确定分离装置尺寸 (按国外公司研究成果, 膜在最初使用状态 (新状态) 与寿命终了状态 (旧状态) 阶段, 其分离效率相差 20% 左右)。

(7) 燃油箱内氮气浓度分布设计应考虑燃油箱内富氮气体喷嘴/限流孔的结构形式、位置、数量, 充入的富氮气体流量、浓度和压力, 以及燃油箱本身的结构形式 (如是否存在隔间)、燃油箱的通气形式等影响。

(8) 系统设计应在缩短地面发动机慢车状态下, 对空燃油箱进行初始化惰化时间 (如采用三流模式, 在初始惰化阶段, 采用中流量模式, 以缩短惰化时间)。

5) 依据设计要点来开展惰化系统功能流程分析, 并绘制惰化系统功能流程图

图 7.30 所示为 XX 型飞机惰化系统功能流程图, 图中清晰地反映了各功能之间的逻辑对应关系。

6) 对功能流程进行的分解或综合, 依据部件产品继承性的要求, 绘制惰化系统功能部件图, 以明确各功能部件间及系统与外部的接口关系, 如图 7.31 所示

7) 展开燃油箱惰化系统原理方案设计 (图 7.32), 并进行质量、尺寸的估算与部件选型

8) 系统构建、试验与完善。

2. 适航审定方法探讨

作为 FAA 所推荐的 FRM 方法, 机载燃油箱惰化系统的适航审定流程是成熟的, 它需要申请人提交 "燃油箱惰化系统性能分析报告" "燃油箱惰化系统可靠性分析报告" "燃油箱空余空间氧浓度测试报告" "燃油箱可燃性分析报告" "油箱可燃性计算程序修改报告 (如有)" 等。在此, 报告人根据自己的理解, 提出如下适航审定方法。

(1) 审定在给定飞行包线下, 燃油箱惰化后空余空间氧浓度测量结果与性能分析的计算结果。

如果实际测量的燃油箱空余空间氧浓度低于 (或等于) 性能分析的计算结果, 则该分析报告偏于安全, 可以接受; 反之, 则需要适航审定人员依据国外同类机型审定结果来进行判断 (由于适航标准并未规定性能分析计算结果高于实测结果时, 高多少、时间持续多长为不可接受, 因此这个问题需要适航审定人员根据自身的理解来进行判断)。报告人认为, 对于这个问题, 还需要分两种情况来进行讨论, 一是虽然计算结果高于实测结果, 但它还是在 "惰化" 概念范围内 (对于使用 JET A 燃

油的燃油箱，从海平面到 3048m (10 000ft) 高度，当燃油箱内气相空间最大氧浓度不超过 12%；3048m(10 000ft) 到 12 192m (40 000ft) 高度，不超过从 12%线性增加至 14.5%，燃油箱处于 "惰化" 状态)，则可以接受；二是计算结果高于实测结果且超出 "惰化" 概念范围，对于这种情况，建议适航审定人员仿照燃油温度计算与实测对比结果 (如果计算所得燃油温度不高于实测 3 ℉，且连续时间不超过 5min，

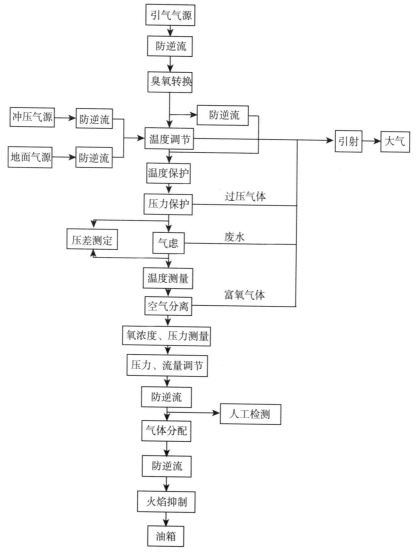

图 7.30 惰化系统功能流程分析图

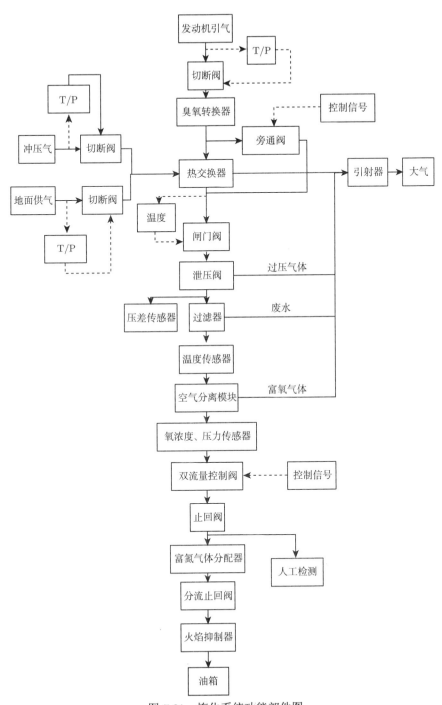

图 7.31 惰化系统功能部件图

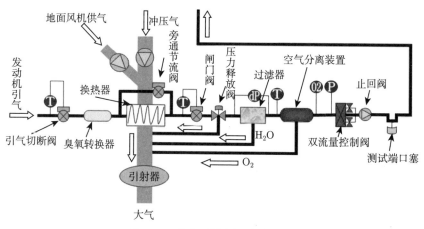

图 7.32　惰化系统原理方案设计

则认为可以接受) 来对给予限定 (建议采取持续时间不超过 5min —— 与燃油温度规定一致)。

(2) 审定申请人提交的、嵌入燃油箱可燃性分析程序中的反映燃油箱惰化性能的计算程序。

要求在任意给定的飞行包线下，该程序计算结果满足精度要求，并按上述 (1) 所述类型进行分析和审定。

(3) 审定申请人提交的 "燃油箱惰化系统可靠性分析报告"。

重点关注该分析报告中惰化系统的可靠性分析结果与燃油箱可燃性计算中的 "可靠性影响输入" 项的一致性，它主要包含：两次失效的平均间隔时间 (MTBF)、失效探测能力和最低设备清单 (MEL) 假设等内容。

(4) 依据 FAR25 部附录 M "燃油箱系统降低可燃性的措施" 条款规定，逐条对申请人所提交的 "惰化系统性能分析报告" 和 "惰化系统可靠性分析报告" 进行审定。

7.3.2　耗氧型燃油箱惰化技术

耗氧型惰化技术催化燃烧燃油箱上部气相空间的可燃混合气，在产生惰气的基础上也消耗了燃油箱中的氧气，由于可燃混合气中燃油蒸气量并不大，因此可以有效控制反应温度，同时，该技术还具有惰化效率高、流程简单的特点，在很多无法从发动机引气的场合将优于现有的中空纤维膜机载惰化技术，因此获得了较为广泛的研究。

作为一项新技术，由于尚缺乏实际装机件的研制经验，著者仅能根据自身对该技术前期研究成果和思考提出如下片面的研究要点和适航审定方法。

1. 耗氧型燃油箱惰化技术的研究要点

要实施耗氧型燃油箱惰化技术，尚需从理论和实际应用方面开展大量的研究工作，为此，著者绘制了图 7.33 所示的耗氧型燃油箱惰化技术理论研究所需要解决的问题及相互关系示意图。

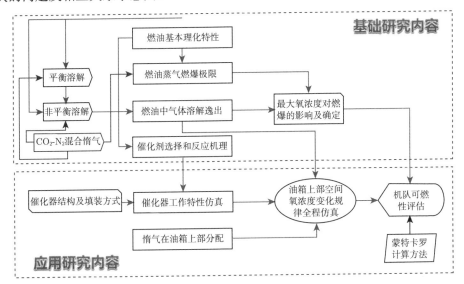

图 7.33 理论研究问题及相互关系示意图

具体需开展的研究工作如下：

(1) 基于催化无焰燃烧的 GOBIGGS 中，惰气并非中空纤维膜 OBIGGS 中采用的单一组分 N_2，而是 CO_2 和 N_2 的混合物，因此需要解决燃油蒸气在 CO_2-N_2 混合惰气中的燃爆极限及气体从燃油中的溶解和逸出问题。

(2) 当燃油和惰气类型发生变化后，燃爆极限随浓度、温度、压力及点火能量等因素的关系也会改变，因此需要在大量试验的基础上，基于对燃爆机理的认知，建立适合的预测模型和计算方法及公式。

(3) CO_2、N_2 和 O_2 等常见气体在油中溶解量远大于其在水中的溶解量，气体在燃油中溶解逸出过程对飞机燃油箱上部空间氧浓度的影响很大，因此精确地预测平衡溶解度就显得尤为重要。

(4) 需要在催化剂的选择和合成、催化反应机理、CO_2 对燃油的燃爆极限影响、耗氧型惰化系统流程和设计等各个方面展开详细研究。

2. 适航审定方法思考

作为一个新技术，耗氧型燃油箱惰化技术的适航审定与中空纤维膜技术适航审定将有所不同，其首要差别体现在对燃油箱 "惰化" 的重新定义 (采用 CO_2+N_2

惰化, 理论上允许燃油箱具有更高的氧浓度); 此外, 对于该系统的性能、可靠性也将提出不同的适航审定要求, 因此, 著者认为, 该技术的商业应用将会带来新的适航审定条款修改, 其适航审定方法将依据新的适航条款要求来展开。

7.3.3　降低燃油蒸气温度

虽然降低燃油蒸气温度的措施并无应用实例, 但著者认为: 该方法理论上是可行的。

降低燃油蒸气温度措施的实施要点就是采用合适的冷却方法使得燃油蒸气冷却远大于蒸气生成速率。

采用降低燃油蒸气温度措施后, 其适航审定方法也将发生重大改变。目前的适航审定方法假设燃油温度与蒸气浓度对应关系, 因此, 通过燃油温度来反映其浓度关系, 并采用温度界限作为可燃性判别依据; 但采用降低燃油蒸气温度技术措施后, 该对应关系将被打破, 因此, 其适航审定方法也将发生相应的改变。

著者认为: 如果采用降低燃油蒸气温度成为现实, 则适航审定方法将可能作如下修改:

(1) 直接测量燃油箱空余空间可燃蒸气浓度, 并采用浓度可燃界限作为可燃性判据;

(2) 分析燃油蒸气冷却与可燃界限的对应关系, 并制订一套可计算燃油箱空余空间可燃蒸气浓度的方法 (类似于现在的蒙特卡罗方法), 而现行的可燃性暴露指标可能不变。

7.3.4　减轻燃油蒸气点燃影响措施

1. 实施要点分析

在燃油箱中填充聚氨酯泡沫塑料是有效的防火抑爆方法, 但是由于填充这种泡沫塑料要增加燃油箱的自重, 占用一部分燃油体积, 并且由于泡沫塑料的吸附作用要减少可用燃油量。为了克服以上缺点, 对于强度较高的整体燃油箱, 采用了"中空"设计方案, 其一是对燃油箱进行部分填充; 其二是在大块聚氨酯泡沫塑料中拉出一些孔洞。具体的设计方案有直墙式、中空圆柱式、实心球体、中空球体、蛋脱式等。美国战斗机的燃油箱中填充的聚氨酯泡沫塑料"中空"最大为 50%, 并且可有效防止燃油箱的燃烧和爆炸。填充率取决于燃油箱的几何形状和耐压程度, 并且应进行实弹射击试验验证后才能采用, 通常, 为取得最佳的防火抑爆效果, 网状泡沫填充率不低于 70%。

2. 适航审定方法

对于减轻燃油蒸气点燃影响措施而言, 其适航审定有专门的要求, 即"该措施使得燃油蒸气点燃所造成的损伤不会妨碍飞机继续安全飞行和着陆"。由于适航审定规范中并未规定蒸汽点燃强度，著者认为，申请人在提交的符合性报告中至少应该采用试验方法证明当点火源能量 >200mJ 后 (200mJ 为燃油蒸气最小的点燃能量)，所产生的燃烧不会妨碍飞机继续安全飞行和着陆。

事实上，减轻燃油蒸气点燃影响措施很少在民用运输类飞机中获得应用，著者还认为，采用该措施后，可能产生的塑料碎片对燃油系统的影响也可能成为适航审定重点。

参 考 文 献

[1] 刘卫华，冯诗愚. 飞机燃油箱惰化技术 [M]. 北京: 科学出版社，2017.

[2] Anderson C L, Grenich A F, Tolle F F. et al. Performance tests of two inert gas generator concepts for airplane fuel tank inerting//19th Joint Propulsion Conference. 1983.

[3] McDonald G H, Rou Sseau J. Catalytic reactor for Inerting of aircraft fuel tanks[R]. ADA000939.

[4] Anderson C L. Vulnerability Methodology and Protective Measures for Aircraft Fire and Explosion Hazards. Volume 3. On-Board Inert Gas Generator System (OBIGGS)studies. Part 1. OBIGGS Ground Performance Tests[R]. ADA167357, 1986.

[5] Cavage W M. Ground-Based Inerting of a Boeing 737 Center Wing Fuel Tank[J]. SAE Conference Paper 2001-01-2656, 2001.

[6] Gupta A. Method and System for Making a Fuel-tank Inert without an Inert Gas. SAE International Journal of Aerospace, 2009, 2(1): 75-82.

[7] 空客公司. 用于降低燃料箱的爆炸危险的安全系统 [P]. CN102015451 A, 2011. 4.

[8] 邵垒. 飞机燃油箱耗氧型惰化技术理论与试验研究 [D]. 南京: 南京航空航天大学，2018.

[9] EATON LIMITEDFuel Tank Inerting System[P]. WO2017/064209 A2, 2017. 4.

[10] Pankaj, ShireeshFuel Tank Inerting[P]. WO2017/077100 A1，2017. 3.

[11] 波音公司. 燃料箱可燃性降低和惰化系统及其方法 [P]. CN103121508 A，2013. 5.

[12] The Boeing CompanyFuel Tank Flammability Reduction and Inerting System and Methods Thereof[P]. US6016078 B2 2015. 4.

[13] Anurag SharmaOn-board Aircraft Nitrogen Enriched Air and Cooling Fluid Generation System and Method[P]. US9623982 B2 2017. 4.

索　引